低碳供應鏈運營決策優化與協調

江文 著

財經錢線

摘要

近年來，人類活動導致二氧化碳等溫室氣體排放急遽增加，並由此導致全球氣候變暖，對全球生態系統和人類生存環境造成了嚴重威脅。企業作為人類活動的重要載體，在承擔氣候變化的責任方面，面臨著來自多方面的挑戰。一方面，為了促使企業節能減排，政府出抬的限額與交易政策會影響到企業決策；另一方面，企業進行綠色技術投資，也會使得傳統的生產和訂貨決策變得更加複雜。而企業是基於供應鏈參與市場競爭的，只有站在供應鏈的視角去研究企業決策行為，才能真正實現節能減碳和緩解氣候變化。另外，由於動態定價在易逝品銷售過程中被頻繁使用，使得顧客普遍具有了戰略顧客行為。因此，結合戰略顧客行為的消費特徵，去研究考慮綠色技術投資的低碳供應鏈企業決策與協調問題，具有重要的理論和實踐價值。

本書在限額/限額與交易政策下，結合戰略顧客行為的消費特徵，首先立足單一製造商，分不考慮和考慮綠色技術投資兩種情境，研究製造商決策；隨後將單一製造商拓展至由一個製造商和一個零售商組成的兩級供應鏈，分不考慮和考慮綠色技術投資兩種情境，研究了其供應鏈決策與協調。

首先，本書研究了不考慮綠色技術投資時的單一製造商決策。研究表明：①限額政策和限額與交易政策下，理性預期均衡和數量承諾兩種情形，製造商有唯一的最優生產和定價策略；②限額政策下，根據碳排放限額的高低，數量承諾策略使得製造商產量降低或不變、價格升高或不變和最大期望利潤增加或相等；③限額與交易政策下，不管限額與交易政策参數為多少，數量承諾策略都會使得製造商最優產量降低、最優價格升高和最大期望利潤增加。

其次，本書研究了考慮綠色技術投資時單一製造商的決策。研究表明：①限額政策和限額與交易政策下，當模型參數滿足一定條件時，理性預期均衡和數量承諾兩種情形，製造商均有唯一最優生產、定價和綠色技術投資策略；②限額政策和限額與交易政策下，不管碳排放政策參數為多少，數量承諾都會使得製造商最優產量降低、最優價格升高、最優綠色技術投資減少和最大期望利潤增加。

再次，本書研究了不考慮綠色技術投資時，一個製造商對一個零售商的供應鏈企業決策與協調。研究表明：①限額政策和限額與交易政策下，分散化供應鏈存在唯一的最優批發價格、零售價和訂貨量。②限額政策和限額與交易政策下，分散化供應鏈最優訂貨量低於等於、最優價格高於等於集中化（數量承諾）的情形；分散化供應鏈最大期望利潤小於等於集中化（數量承諾情形）供應鏈最大期望利潤。③限額政策和限額與交易政策下，以集中化（數量承諾）情形為基準，基於收益分享合同分別設計了供應鏈協調策略並且找到了帕累托改進時的收益分享比例的範圍。

最後，本書研究了考慮綠色技術投資時分散化供應鏈企業決策與協調。研究表明：①限額政策和限額與交易政策下，當模型參數滿足一定條件時，供應鏈存在唯一的最優批發價格、綠色技術投資策略、零售價和訂貨量。②限額政策和限額與交易政策下，不管碳排放政策參數為多少，製造商最優綠色技術投資和零售商的訂貨量低於集中化（數量承諾）的情形；零售商價格高於集中化（數量承諾）的情形；供應鏈最大期望利潤小於集中化（數量承諾）的情形。③限額政策和限額與交易政策下，以集中化（數量承諾）情形為基準，收益分享合同無法實現供應鏈協調。考慮製造商進行數量承諾，基於收益分享—成本分擔合同分別設計限額政策和限額與交易政策下的供應鏈協調策略。

本書通過比較分析和數值仿真，還得到以下重要管理啟示：

（1）限額政策對製造商是硬約束，只要碳排放限額低於不考慮碳排放政策時的最優碳排放量，無論是否考慮綠色技術投資，製造商的產量均會降低。而限額與交易政策給企業提供了更多柔性，限額與交易政策下的供應鏈營運決策都與碳排放限額無關，而只與碳排放權交易價格相關。但是限額與交易政策下供應鏈最大期望利潤是否大於（等於、小於）限額政策，則取決於碳排放限額的大小。這表明，限額與交易政策能夠同時發揮政府管制和市場調節功能，促使企業碳減排。

(2) 綠色技術投資能夠為供應鏈企業決策提供柔性，使得供應鏈最優產量增加、最優價格下降、最優單位產品碳排放量減少。研究還發現，考慮綠色技術投資總是能夠增加分散化供應鏈的利潤。

(3) 收益分享合同是常見的供應鏈協調合同之一，但是基於戰略顧客行為，考慮綠色技術投資的供應鏈卻無法通過傳統的收益分享合同實現協調。原因是製造商承擔了所有的綠色技術投資成本卻無法獲得所有增加的收益。因此，在設計供應鏈企業合作機制時，除了收益分享還需成本共擔，這樣才能實現整個供應鏈系統最優。

關鍵詞： 綠色技術投資　低碳供應鏈　限額與交易　戰略顧客行為　營運決策

Abstract

In recent years, carbon dioxide and other greenhouse gases emissions caused by human activities have increased dramatically, leading to the global climate warming which caused serious threat to the global ecological system and human beings. As an important subject of human activity, enterprises have faced many challenges in terms of undertaking the responsibility for climate change. On the one hand, in order to encourage enterprises to save energy and reduce emissions, the government has set the cap-and-trade policy which may affect the enterprises' decisions. On the other hand, green technology investment has also made the traditional production and order decision become more complicated. In addition, the enterprises participate in market competition based on the supply chain. So that only by researching enterprise decision-making in the perspective of supply chain can we truly achieve carbon reduction and mitigation of climate change. Furthermore, as dynamic pricing has frequently used in the perishable product sales, it has made customers have strategic behavior, and can also affect the enterprise decision-making. Therefore, researching the low carbon supply chain enterprises' decision - making and coordination problems with green technology investment considering the characteristics of the strategic customer behavior has important theoretical and practical value.

Under cap-and-trade policy, and considering the characteristics of the strategic customer behavior, this thesis firstly studies the decisions of single manufacturer with and without the green technology investment in two scenarios. Then, it expands the single manufacturer to the two echelon supply chain consisting of a manufacturer and a retailer, and studies the supply chain decisions and coordination.

First of all, studies the manufacturer's decisions without green technology investment. The results show that: ① in two situations of rational expectations equilibrium and quantity commitment, manufacturer has a unique optimal production and pricing strategy under cap and cap-and-trade policy; ② under cap policy, according to the quantity of carbon emissions quota, quantity commitment can make the manufacturer's production decreasing or unchanging, pricing increasing or unchanging and maximum expected profit increasing or equivalent; ③ under cap-and-trade policy, no matter how much the carbon emissions quota is, quantity commitment can make the manufacturer's optimal production decreasing, optimal pricing increasing and maximum expected profit increasing.

Secondly, studies the manufacturer's decisions with green technology investment. The results show that: ① in two situations of rational expectations equilibrium and quantity commitment, manufacturer has a unique optimal production, pricing and green technology investment strategy under cap and cap-and-trade policy when model parameters satisfy certain conditions; ② under cap and cap-and-trade policy, no matter how much the carbon emissions quota is, quantity commitment can make the manufacturer's optimal production decreasing, optimal pricing increasing, optimal green technology investment increasing and maximum expected profit increasing.

Thirdly, this thesis studies the decisions and coordination of supply chain consisting of a manufacturer and a retailer without green technology investment. The results show that: ① under cap and cap-and-trade policy, there exist the optimal wholesale price, retail price, and ordering quantity in decentralized supply chain; ② under cap and cap-and-trade policy, the optimal ordering quantity, retail price of decentralized supply chain is less than or equal to and is more than or equal to the centralized supply chain; ③ under cap and cap-and-trade policy, taking the situation of centralized (quantity commitment) as a benchmarking, we design the supply chain coordination strategy by revenue sharing contract and find the scope of the revenue sharing proportion when it achieves Pareto improvement.

Finally, this thesis studies the decisions and coordination of supply chain with green technology investment. The results show that: ① under cap and cap-and-trade policy, there exist the optimal wholesale price, retail price, and ordering quantity of supply chain when model parameters satisfy certain conditions; ② under cap and cap-and-trade policy, no matter how much the carbon emissions quota is, the manufacturer's optimal green technology investment and retailer's optimal ordering quantity are less than, retailer's retail price is more than and the maximum expected profit of supply chain is less than the situation of centralized supply chain; ③ under cap and cap-and-trade policy, taking the situation of centralized (quantity commitment) as a benchmarking, revenue sharing contract cannot coordinate the supply chain. Considering the manufacturers taking the quantity commitment, we design the supply chain coordination strategy respectively under cap and cap-and-trade policy based on the revenue sharing- cost sharing contract.

Furthermore, we also get the following important management enlightenment by comparative analysis and numerical simulation:

(1) The cap policy is a hard constraint for manufacturers. As long as the carbon emissions quota is less than the emissions without carbon constrains, whether or not considering the green technology investment, the optimal production of the manufacturers is decreasing. However, the cap-and-trade policy offer more flexible to the enterprise, as the supply chain operation decision under cap-and-trade policy has nothing to do with the carbon emissions quota. Nevertheless, whether the maximum expected profit of supply chain under cap-and-trade policy is more than (equal to or less than) that under cap policy depends on the quota of carbon emissions. It suggests that cap-and-trade policy can play the roles of government regulation and market adjustment function at the same time to make the enterprise reduce carbon emissions.

(2) Green technology investment can also provide flexible for supply chain decisions. It makes the supply chain's optimal production increases, the optimal price decreases and the optimal carbon emissions of unit product decreases. We also found that considering green technology investment is always able to increase the profit of the decentralized supply chain.

(3) Revenue sharing contract is one of the common contracts of supply chain coordination, but based on strategic customer behavior, the traditional revenue sharing

contract cannot coordinate the supply chain when considering the green technology investment. Because the manufacturer has undertaken all the green technology investment costs but is unable to gain all of the increased revenue. Therefore, when designing supply chain cooperation mechanism, we should consider the cost sharing in addition to the revenue sharing, so as to achieve the optimal of whole supply chain.

Keywords: green technology investment low carbon supply chain cap-and-trade strategic customer behavior operation decisions

目錄

1 緒論

1.1 研究背景與意義

近年來，二氧化碳等溫室氣體過量排放所導致的全球氣候變暖對人類的生存和發展帶來了嚴峻的挑戰，如海平面上升、熱浪肆虐、強降雨不斷、干旱四起等[1]。研究表明：全球氣候變暖很可能90%由人為原因造成[2]。因此，轉變人類生產和生活方式，實現可持續發展的低碳經濟成為全球關注的熱點[3]。

據統計，2013 年全球人類活動碳排放量達到 360 億噸，其中，中國碳排放總量最大，占比高達 29%[4]。作為全球最大的二氧化碳排放國，中國在 2014 年《聯合國氣候變化框架公約》第 20 輪締約方會議上表示：2016—2020 年中國將把每年的二氧化碳排放量控制在 100 億噸以下[5]；到 2020 年，單位國內生產總值二氧化碳排放比 2005 年下降 40%~45%[6]。2015 年 3 月，中國政府工作報告提出要實施「中國製造 2025」，實現由資源消耗大、污染物排放多的粗放製造向綠色製造轉變。實現綠色製造的首要工作就是在企業的生產與經營活動中進行節能減排。因此，低碳製造，即合理高效地利用能源資源，投資先進的環保生產技術，以盡可能少的碳排放生產出盡可能多的高質量環保綠色產品[7]，將成為未來製造業減少企業碳排放和實現節能減排目標的重要方式與舉措[8]。而企業是以供應鏈的形式參與市場競爭的，要真正實現低碳製造，必須在供應鏈各環節開展有效的節能減排工作[9]。因此，研究低碳供應鏈企業的決策與協調問題具有重要的現實背景。

為了促使供應鏈企業節能減排和供應鏈低碳化，實施碳排放政策成為各國政府的必然選擇。主要的碳排放政策有三種：碳稅（Carbon emissions tax）、限額（Mandatory carbon emissions capacity）和限額與交易（Cap-and-trade）[10]。限額與交易是指買賣雙方通過簽訂合同或協議，一方用資金或技術購買另一方的碳減排指標，買方將購得的減排額用於履行減排義務和目標，賣方則獲得資金或技術[11]。相比其他的政府規制政策，限額與交易政策不僅能在不顯著增加成本的情況下有效減少企業碳排放[12]，而且在政策可行性、公平性和企業參與度方面具有明顯優勢[13]。限額與交易政策通過管制和市場的雙重手段達到有效碳減排的目的，成為了各國政府的優先選擇[14]。限額政策可以視為限額與交易政策的特例，不同點在於當企業碳排放權不足或過剩時，無法通過外部碳排放權交易市場進行碳排放權交易[15]。中國自 2011 年起，先後在北京、天津、上海、重慶、廣東、湖北和深圳 7 地開展碳排放權交易試點。截至 2015 年 7 月 24 日，中國碳排放權交易市場累計成交量達 4, 030. 4 萬噸，累計成交 12. 13 億元。2016 年中國將啓動全國碳排放權交易市場，首批試點行業將包括電力、冶金、有色、建材、化工和航空服務等六大行業，碳排放交易量可能涉及 30 億~40 億噸，為歐盟碳排放權交易市場的一倍[16]。因此，研究限額與交易政策下低碳供應鏈企業決策優化問題具有重要的理論和實踐價值。

限額與交易政策的實施，使得碳排放權成為了企業生產的要素而變成了稀缺資源。對供應鏈企業而言，除了碳排放權交易外，通過生產工藝改進、生產過程中的碳捕獲和碳儲存等綠色技術投資是獲得碳排放權的另一重要途徑[17-18]。進行綠色技術投資會增加企業的生產成本，但是也能夠為企業節約碳排放權而獲得額外收益。而且隨著消費者環保意識的逐漸增強，購買低碳產品日益成為趨勢。企業進行綠色技術投資還能迎合消費者的低碳需求，並獲得相應的競爭優勢。供應鏈企業需要權衡綠色技術投資的成本和收益，並決策是否進行綠色技術投資。在限額與交易政策約束下考慮綠色技術投資，使得供應鏈企業的營運決策變得更加複雜，表現為決策目標（提高利潤和減少碳排放雙重目標）、決策變量（定價、訂貨等傳統決策變量和綠色技術投資、碳交易等低碳決策變量）和決策環境（產能、資金等傳統約束和限額等低碳約束）的複雜。因此，研究低碳供應鏈企業決策優化問題，必須考慮製造企業同時進行傳統決策和綠色技術投資決策的制定。

另外，隨著競爭加劇、科技更新加快和市場環境快速多變，易逝品（短生命週期產品）正變得越來越普遍。除傳統的服務（如航空、酒店）、農產品、時裝等，越來越多的高科技產品也具有易逝品特徵。在易逝品銷售過程中，為了避免產品剩餘產生損失，企業經常通過打折的方式來處理剩餘產品。這就使得顧客會權衡立即購買和等待購買之間的效用大小，可能會選擇等待產品降價再購買。這種顧客等待行為被學術界稱為戰略顧客行為並受到了廣泛關注。研究表明，供應鏈企業在制定營運決策時，忽略戰略顧客行為會對企業績效產生不利影響[19-20]。戰略顧客行為在易逝品銷售過程中已經成為普遍現象，許多學者均做此假定[21,22,23]，假定顧客為戰略顧客成為營運管理領域研究的基本假設[24]。因此，研究低碳供應鏈的決策與協調問題時，假定顧客為戰略顧客更加符合實際，具有重要的現實意義。

綜上，本書在限額/限額與交易政策下，結合戰略顧客行為的消費特徵，分不考慮和考慮綠色技術投資兩種情境，研究由一個製造商和一個零售商組成的兩級供應鏈的企業決策與供應鏈協調策略。本書的研究結果對於豐富和完善低碳供應鏈管理理論具有重要的學術價值，對於低碳供應鏈企業的訂貨/生產、定價、碳交易、綠色技術投資和協調優化策略制定具有重要的實踐價值，對於政府碳排放政策的制定具有重要的參考價值。

1.2 文獻綜述

為了系統深入地把握相關研究的動態和現狀，本書將從以下兩個方面進行梳理和總結：①低碳供應鏈企業決策研究；②考慮戰略顧客行為的供應鏈企業決策研究。隨後，通過文獻述評找到現有研究的空白與不足，為本書研究問題的提出提供依據。

1.2.1 低碳供應鏈企業決策研究

低碳供應鏈是指在供應鏈運作的全過程中通過運用適當的材料和合理的技術手段降低碳排放量，包括採購、運輸、生產、銷售、回收等環節。低碳供應鏈概念提出之初，主要是研究低碳供應鏈的碳排放跟蹤和供應鏈網絡設計等問題[25]。隨著限額與交易政策在各國的實施，基於限額與交易政策視角的低碳供應鏈研究成為學術界的研究熱點。

隨後，部分學者將綠色技術投資納入低碳供應鏈的研究框架。綠色技術投資是指企業在生產經營過程中的碳減排的技術投資。現有關於綠色技術投資的研究，部分學者從綠色技術本身切入，主要介紹和說明綠色技術如何實現減排，如 Syed（2006）[26]、Wang（2008）[27]、Sengupta（2012）[28]、Chong（2014）[29]、Lee（2015）[30]和 Huisingh（2015）[31]。還有部分學者從宏觀的角度，通過實證研究、建模分析等手段研究綠色技術投資與企業減排效果的關係，或分析綠色技術在相關產業的應用，如 Zhao（2012）[32]、Nalianda（2015）[33]、Huisingh（2015）[34]、Liu（2015）[35]、Lee（2015）[36]、Xia

(2015)[37]。與本書研究密切相關的研究，即考慮綠色技術投資時低碳供應鏈企業運作決策優化的研究，這是本書綜述的重點內容。

因此，本書從限額/限額與交易政策的研究、限額/限額與交易政策下單企業決策研究、限額/限額與交易政策下供應鏈企業決策與協調優化研究三個方面進行文獻綜述。

1.2.1.1 限額/限額與交易政策的研究

限額和限額與交易政策都是一種基於政府規制的碳排放政策，不同的是，限額與交易為企業提供了一種靈活的市場機制，使之成為一種直接管制和經濟激勵相結合的減排手段。

限額政策是一種行政命令或強制標準。政府對相關行業或企業制定碳排放上限，相關行業或企業的碳排放量不得超過政府制定的上限，否則將受到嚴重處罰，而且這種處罰對於相關行業和企業來說一般無法承受。它的優點在於可以在非常短的時間內達到碳減排目標，而它的缺點則在於社會協調成本較高。

限額與交易政策通過對不同區域和不同排放主體設定二氧化碳的排放限額，人為地將二氧化碳變為稀缺性資源，促使碳排放權在二級市場進行交易。當碳排放權不夠時，通過減排投資降低碳排放量，或在碳排放權交易市場購買碳排放權；當碳排放權過剩時，又可以出售碳排放權獲得額外收益。限額與交易政策通過管制和市場的雙重手段以達到有效減排的目的，在世界範圍內得到廣泛應用。

國內外關於限額/限額與交易政策本身的研究主要停留在宏觀層面，比如 Rose 等（1993）[38]、Cramton 和 Kerr（2002）[39]、Bode（2006）[40]、Stern (2008)[41]、Lopomo 等（2011）[42]、Betz 等（2010）[43]、Goeree 等（2010）[44] 相關學者探討了限額/限額與交易政策的初始碳排放權分配問題；Johnson 和 Heinan（2004）[45]、Rehdanz 和 Tol（2005）[46]、Smale 等（2006）[47]、Subramanian 等（2007）[48]、Stranlund（2007）[49]、Demailly 和 Quirion（2007）[50]、Diabat 和 Simchi－Levi（2009）[51]、Paksoy（2010）[52]、Ahn 等（2010）[53]、Hahn 和 Stavins（2010）[54]、Lee 等（2011）[55] 相關學者分析了限額/碳限額與交易政策對行業的影響。

與本書密切相關的研究，主要是基於微觀層面的，即限額/限額交易政策下的單企業決策和供應鏈企業決策及協調策略研究。

1.2.1.2 限額/限額與交易下的單企業決策研究

國內外文獻中關於限額/限額與交易政策下單企業決策的研究較多，可以分為限額/限額與交易下的生產決策、定價決策、生產和定價聯合決策、綠色技術投資決策等。為了與本書的研究相匹配，以下從不考慮綠色技術投資和考慮綠色技術投資兩方面對相關文獻進行綜述。

（1）不考慮綠色技術投資的單企業決策研究

Penkuhn 等（1997）[56]研究了限額與交易政策下製造企業的聯合生產計劃問題。通過建立非線性規劃模型，運用仿真手段求解得到模型結果，並已將結果應用於實際企業的氨合成裝置。

Dobos（2005）[57]認為考慮碳排放權交易時應增加一個線性的碳排放權買賣成本，並基於動態 Arrow-Karlin 模型，比較了不考慮和考慮碳排放權交易時企業的最優產量，從而得到碳排放權交易對企業生產決策的影響。

Letmathe 和 Balakrishnan（2005）[58]採用混合整數規劃方法，建立了限額政策下的企業生產模型，通過求解得到了企業的最優產量。

Rong 和 Lahdelma（2006）[59]研究了限額與交易政策下熱電廠的最優生產模型。採用隨機優化方法進行模型求解，得到了限額與交易政策下熱電廠的最優產量。

杜少甫等（2009）[60]考慮生產商可以通過政府配額、市場交易和淨化處理三種方式獲取碳排放權，並據此建立了限額與交易政策下生產商的生產優化模型，研究得到了生產商的最優生產策略。

Rosič等（2009）[61]將碳排放納入銷售企業決策，構建了考慮碳排放成本約束的單週期對偶模型，從而解決在傳統銷售企業制定最優決策時只考慮經濟效益，忽略環境影響的問題。

Zhang 等（2011）[62]以報童模型為基礎，構建考慮碳排放權交易時製造企業的生產與庫存決策優化模型，通過模型求解，得到了限額與交易政策下，企業面臨隨機需求時的最優庫存策略。

桂雲苗等（2011）[63]考慮單產品製造商，面臨著隨機的顧客需求和政府限額政策的約束，構建了基於 CVaR 測度的製造商生產優化模型。研究得到了限額政策下製造商的最優生產策略。

Hua 等（2011）[64]研究了確定需求下考慮限額與交易政策的企業最優訂貨批量問題，在得出企業最優訂貨批量的同時，分析了碳排放限額和碳排放權交易價格對企業最優訂貨批量、碳排放量和總成本的影響。

何大義等（2011）[65]運用庫存理論，建立限額與交易政策下的製造企業生產與庫存決策模型，研究得到了企業的最優生產、碳交易和碳減排策略。

Hong 等（2012）[66]構建了限額與交易政策下綠色製造商的生產模型，在給定碳排放限額的情形下，利用動態規劃的方法，求解得到製造商的最優生產和碳排放權交易策略，並分析了碳排放權交易價格對製造商最優策略的影響。

Bouchery 等（2012）[67]考慮碳排放政策約束，將傳統的經濟訂貨批量模型拓展為多目標決策模型，得到了考慮碳排放政策約束時企業的最優訂貨批量，並分析了碳排放政策對企業最優訂貨批量的影響。

Song 和 Leng（2012）[68]研究了碳稅、限額和限額與交易等碳排放政策下經典單週期問題。研究得到了每種碳排放政策下企業的最優生產數量及相應的期望利潤。研究表明，限額與交易政策下，限額應該設置在使得企業邊際利潤低於碳排放權購買價格處。研究還得到了使得企業期望利潤增加且碳排放減少的條件。

魯力和陳旭（2012）[69]研究了碳排放權交易下壟斷企業的生產決策問題，從不考慮和考慮碳排放權交易兩種情形進行建模和求解，得到了不同情形下的企業最優產量和最大利潤。結果表明碳排放權交易為企業創造了新的盈利空間。

Arslan 等（2013）[70]在傳統 EOQ 模型的基礎上新增了碳足跡，運用單變量優化方法，對考慮碳足跡的 EOQ 模型進行求解分析，得到了限額與交易政策約束下製造商的最優生產數量。

魯力和陳旭（2013）[71]考慮一個生產普通產品和綠色產品兩類產品的壟斷製造商，研究其在限額政策下的生產決策。研究表明：考慮限額政策時，製造商的最優產量和最大利潤小於不考慮限額政策時的最優產量和最大利潤。

Zhang 等（2013）[72]考慮一個面臨隨機需求的多產品製造商，研究得到了其在限額與交易政策下的最優生產策略，並討論了碳排放限額、碳排放權交易價格對最優生產策略、碳排放量和企業利潤的影響。

Chen 等（2013）[73]考慮了一個生產具有替代關係的兩產品（普通產品、綠色產品）製造商，研究限額和限額與交易政策兩種情形下的最優生產策略，並討論了碳排放政策對製造商最優產量和最大利潤的影響。

Rosic 等（2013）[74]考慮一個面臨雙源採購（境內和境外）的零售商，在限額與交易和碳稅政策下研究了其最優訂貨量和最優訂貨源選擇，並比較了兩種碳排放政策對碳排放的控制效果。

侯玉梅等（2013）[75]假定碳排放權交易市場的管理者為完全理性，在此基礎上，基於博弈論研究了碳排放權交易價格對閉環供應鏈中定價的影響。

馬秋卓（2014）[76]研究了在限額與交易政策約束下，製造企業低碳產品的最優銷售價格及碳排放策略問題。

Giraud-Carrier（2014）[77]在三種主要的排放政策（限額、限額與交易、碳稅）下，模擬了企業的運作決策過程，研究指出在任何規制政策下，產量將不可避免的減少，但是當污染帶來的負效應很大時，這些規制政策會使得社會整體福利提高。

He 等（2015）[78]基於 EOQ 模型，在碳稅和限額與交易政策下研究了生產企業的生產批量問題。研究發現限額與交易政策下的最優生產批量取決於碳排放權交易價格，且兩種政策在降低碳排放方面並不總是優於對方。

Xu 和 He（2015）[79]在碳稅和限額與交易政策下，研究了多產品製造商的生產和定價聯合決策，並比較了兩種政策在總碳排放量、企業的最大利潤和社會福利方面的表現。再次證明了兩種政策在上述方面並不總是優於對方。

Chang 等（2015）[80]研究了限額與交易政策下具有製造—再製造混合功能的壟斷製造商的生產決策問題。通過建立兩個利潤最大化模型，分別求得了製造商在製造新產品和再製造回收產品兩個階段的最優生產量。

（2）考慮綠色技術投資的單企業決策研究

Klingelhöfer 等（2009）[81]研究了企業進行排污處理技術投資，碳排放權交易對企業技術投資的影響。研究表明考慮碳排放權交易對企業進行技術投資會有影響，但這一影響對於企業進行環保投資並不總是正向激勵。

Zhao 等（2010）[82]以完全競爭市場為研究對象，研究了該種市場中，當存在外部碳排放權交易市場時，製造企業如何進行技術選擇的問題。

Drake 等（2010）[83]研究了企業在限額與交易和碳稅兩種政策下如何進行綠色技術選擇和產能決策的問題。研究表明限額與交易政策下的最大期望利潤和最優期望碳排放量均低於碳稅的情形，而最優產量卻高於碳稅的情形。

Yalabik 等（2011）[84]在考慮消費者選擇和政府規制的情形下研究了製造企業對環境友好型產品的投資決策，研究表明當消費者是碳排放敏感型需求時，企業有動力進行綠色技術投資以降低碳排放。

Sengupta（2012）[85]指出當企業意識到消費者具有碳排放敏感型需求時，企業將積極地公開其綠色技術投資並獲得更好的市場反響。

常香雲等（2012）[86]結合建築用鋼鐵製造/再製造案例，分析比較不同碳排放政策下企業製造/再製造生產決策。研究表明碳排放政策會影響企業的製造/再製造決策。如能合理設置碳排放限額，限額政策可較好引導企業選擇低碳減排技術。

範體軍等（2012）[87]基於 Arrow-Carlin 模型建立碳排放交易機制下的動態生產庫存模型，探討碳排放交易機制以及減排技術投資對製造型企業的生產庫存決策的影響。

夏良杰等（2013）[88]考慮限額與交易政策時的企業利潤函數和社會福利函數，研究了企業的生產與減排研發決策問題。通過政府與企業間的三階段博弈和數值模擬，對合作與競爭兩種情況下的產量、減排量和碳配額分配等進行了分析。

Toptal 等（2014）[89]研究了碳稅、限額和限額與交易三種政策下，企業採購和綠色技術投資的聯合決策，並比較了不同碳排放政策對企業最優訂貨量和綠色技術投資決策的影響。

魯力（2014）[90]在限額與交易政策下，比較了不考慮和考慮綠色技術固定投資成本時的碳排放權交易價格與企業綠色產品生產成本的關係。研究表明：限額與交易政策在控制碳排放和促進綠色製造業發展方面發揮著積極作用。

Rocha 等（2015）[91]建立了一個博弈模型來評估限額與交易政策在一個重構的電力市場中的作用，分析了限額與交易政策對博弈均衡，以及在計劃期內對企業定價、碳排放、需求和綠色技術投資的影響。

Andrew 等（2015）[92]針對需要通過拍賣獲得碳排放權的企業提出了一種提前購買的探索法，研究了考慮提前購買碳排放權的報童生產模型，得到了當前的最優生產水準、當前及未來的碳排放需求、碳排放權的購買時期之間的關係。

Xia 等（2015）[93]通過針對 98 家中國製造企業發放回收的 533 份問卷，分析了碳減排、綠色技術投資選擇和企業之間的影響因素和相互關係。研究表明：綠色技術投資選擇對企業降低碳排放有著重要的關聯和影響。

王明喜等（2015）[94]從企業微觀生產過程出發，剖析企業減排路徑及其減排投資渠道，建立企業減排投資成本最小化模型，推導各投資渠道的最優投資水準，進而分別討論不同碳排放配額方式對最優減排投資的影響。

程發新等（2015）[95]構建政府補貼下企業主動碳減排階段成本收益模型和行業成本收益模型，計算得出企業最優策略和帕累托最優策略。同時探討如何通過政府補貼激勵企業進行帕累托改進，最終實現帕累托最優。

周穎和韓立華（2015）[96]基於不確定需求構建了限額、限額與交易、碳稅三種常見碳排放政策下製造企業的運作和減排模型，分析得到了不同碳排放政策下製造企業的最優決策，並通過數值分析，得到了各政策參數對於企業決策的影響。

1.2.1.3 限額/限額與交易政策下供應鏈企業決策及協調優化研究

近年來，從供應鏈視角研究碳排放政策下企業決策行為及協調優化策略越來越受到學術界的關注。以下將從不考慮綠色技術投資和考慮綠色技術投資兩方面對相關文獻進行綜述。

（1）不考慮綠色技術投資的供應鏈決策及協調優化研究

Diabat 等（2009）[97]研究了如何設計供應鏈中工廠和配送中心的佈局，使成本最小的同時碳排放不超過碳排放限額。

Subramanian 等（2010）[98]提出了一種考慮到環境影響的供應鏈管理決策制定框架，採用非線性規劃的數學方法將傳統決策因素與環境因素綜合起來，研究在給定碳排放限額時如何在多週期的情況下決策碳排放權的買賣問題。

張靖江（2010）[99]研究了考慮排放依賴型生產商和排放權供應商所構成的兩階段排放依賴型供應鏈的決策優化問題，研究給出了供應鏈雙方的最優決策和供應鏈的整體最優決策。

Wahab 等（2011）[100]考慮了由一個供應商和一個零售商構成的兩級供應鏈，在限額與交易政策下，以成本最小化為目標建立經濟訂貨批量模型，給出了零售商的最優訂貨策略。

Lee（2011）[101]以現代汽車公司為例，對碳足跡引入供應鏈管理進行了案例研究，提出了在限額與交易政策下能夠降低碳排放的供應鏈管理策略。

Du 等（2011）[102]考慮了由一個碳排放權供應商和一個碳排放企業構成的兩級供應鏈，在報童模型的框架下研究了供應鏈雙方的博弈過程，得到了關於排放權定價和最優生產量的唯一納什均衡解。

Cachon（2009，2011）[103][104]研究了供應鏈中零售商下游網點佈局如何在滿足碳排放政策約束的條件下，同時使得營運和消費成本最小化。

Chaabane 等（2012）[105]認為應該加強碳排放政策的實施，通過制定有效的碳排放管理策略，供應鏈的可持續性能夠以成本更低的方式實現。

Yang 等（2012）[106]研究了電力行業中的供應鏈均衡模型，給出了最優燃料、電力和碳排放交易策略。

Liu 等（2012）[107]在一個兩級供應鏈中考慮碳排放敏感型顧客和市場競爭，在限額與交易情形下研究了供應鏈成員企業的決策行為，並進一步說明了製造商和零售商採取環境友好的運作方式會獲利。

Erica（2012）[108]通過對世界上最大企業和新興企業的經驗進行研究，提出企業在供應鏈減排的約束下可以盈利，並指出現有的供應鏈碳排放量減少會有額外的盈利機會。

Yann 等（2012）[109]將傳統的 EOQ 模型轉變為一個多目標規劃模型即低碳經濟訂貨批量模型，求解得到了帕累托最優解，並以此證明了碳排放政策的有效性。

Ghosh（2012）[110]等人以服裝行業為例，研究了綠色水準對價格和利潤的影響，並提出一種兩部分稅的合約使供應鏈協調。

Benjaafar 等（2013）[111]將碳排放因素納入簡單的供應鏈系統中，在限額與交易政策下研究企業的採購、生產、庫存和綠色技術投資決策，在此基礎上，分析了供應鏈中企業合作對運作成本和碳排放降低的影響。

付秋芳等（2013）[112]從轉化和物流環節兩個方面測量供應鏈多階段碳足跡，以製造商為核心企業，分別建立了政府碳排放權免費分配、閾值分配和完全市場交易機制下，碳減排率價格敏感型需求下的兩級供應鏈碳減排斯坦伯格博弈模型，並分析了 3 種機制對供應鏈均衡決策的影響。

Jaber 等（2013）[113]考慮了由一個製造商和一個零售商構成的兩級供應鏈，在限額與交易下研究了由製造商承擔碳成本的供應鏈協調機制。

Choi（2013）[114]基於報童模型分析了批發價和價格補貼兩種合同下限額與交易政策對零售商採購源選擇的影響，並基於價格補貼合同設計了供應鏈協調策略。

Du 等（2013）[115]在限額與交易政策下，考慮由一個碳排放企業和一個碳排放權供應商構成的兩級供應鏈，利用非合作博弈理論設計了供應鏈協調機制。

Badole（2013）等[116]在其文獻綜述中，對碳排放約束下的供應鏈協調問題的研究進行了展望。

徐麗群（2013）[117]設計了包含碳減排責任劃分與成本分攤模塊的低碳供應鏈構建系統框架。研究提出低碳供應鏈構建不僅需要供應鏈成員分攤碳減排成本，而且需要共同分享供應鏈碳減排獲得的收益。

李東友等（2014）[118]構建了製造商和零售商的納什和斯坦伯格兩種博弈結構的博弈模型，分析了低碳研發成本分攤系數和政府低碳補貼等對供應鏈低碳化研發投入的影響，得出不同博弈形式下企業最優低碳研發合作和政府補貼策略。

趙道致和王楚格（2014）[119]用斯坦伯格博弈探討了製造商主導的由供應商和製造商構成的兩級供應鏈在限額與交易政策下的利潤優化模型。採用逆向求解法得出了企業的最優減排量及產量，並通過數值模擬說明了該模型在實踐中的應用。

趙道致等（2014）[120]考慮消費者需求受產品減排量和零售商低碳宣傳努力影響的情況下，研究了由單個製造商和兩個零售商組成的供應鏈系統中長期聯合減排與低碳宣傳的問題。

Tseng 等人（2014）[121]考慮了碳排放的社會成本，研究了限額與交易政策下的可持續供應鏈的戰略決策制定模型。

謝鑫鵬等（2014）[122]研究由兩個產品製造商和上游碳配額供應商所組成的供應鏈系統的生產和碳排放權交易決策問題。研究表明，產品碳排放量和政府排放上限對兩製造商和碳配額供應商最優決策以及利潤的影響呈反向關係。

王芹鵬和趙道致（2014）[123]在零售商主導的供應鏈中考慮碳排放敏感型需求，運用微分博弈理論，比較了不合作、成本分擔合同以及合作三個合同對供應鏈成員的影響。研究表明，製造商和零售商的減排水準在合作合同下最高。

Xu 等（2015）[124]研究了由一個生產兩產品的製造商和一個零售商構成的 MTO 供應鏈的生產和定價問題。製造商受限額與交易政策約束，並為兩個產品制定批發價。研究得到了製造商的最優碳排放量和兩個產品的最優產量，據此分析了碳排放權交易價格對最優生產決策和兩企業最大利潤的影響。

Ren 等（2015）[125]研究了由一個製造商和一個零售商構成的分散化 MTO 供應鏈中生產和零售環節產品碳排放減排目標分配的問題。利用斯坦伯格博弈模型解決了製造商和零售商分別占主導時的碳排放分配策略。

Zhang 等（2015）[126]考慮了一個由製造商、零售商、需求市場方和回收方構成的閉環供應鏈，在限額政策下研究了閉環供應鏈的網絡均衡問題。利用變分不等式和補充理論，求得了各主體在網絡均衡中的條件。

徐春秋等（2015）[127]以低碳和普通產品兩個製造商和一個零售商組成的兩級供應鏈系統為研究對象，探討了供應鏈的差異化定價與協調機制問題。求解得到了兩製造商和零售商的最優定價策略及可行的低碳產品生產成本範圍。

劉名武等（2015）[128]在限額與交易政策下，分析了由單個供應商和多個零售商組成的兩級供應鏈橫向減排合作問題。通過比較分散決策和合作決策下的最優成本與碳排放，發現橫向減排合作不僅能降低總成本而且能夠降低總碳排放。

祝靜和林金釵（2015）[129]考慮由一個供應商和一個製造商組成的兩級供應鏈，研究限額政策下供應鏈企業碳排放權共享和協調問題。研究表明：當製造商共享碳排放限額後，若供應商不再被政府懲罰，碳排放權共享能提高供應鏈的績效。

（2）考慮綠色技術投資的低碳供應鏈決策及協調優化研究

Swami 等（2012）[130]考慮了消費者環境意識，即供應鏈上的零售商和製造商的綠色技術投資都會影響消費者需求，並設計了一個使供應鏈實現協調的成本分擔合同。

趙道致和張學強（2013）[131]考慮了供應鏈網絡中各節點企業碳減排效率、減排收益的內在差異性以及碳減排投資邊際效益的差異性，研究了低碳經濟背景下供應網絡的設計和優化問題。

李友東等（2013）[132]考慮企業進行綠色技術投資，運用演化博弈理論構建了一個政府與核心企業所組成的低碳供應鏈雙方的博弈模型，分析了政府和核心企業在不同規制策略下各自的最優策略。

李友東等（2013）[133]研究了考慮消費者低碳偏好的兩級供應鏈博弈模型，研究表明消費者低碳偏好增加或者減排成本影響因子下降，都將使得供應鏈各成員的利潤增加，從而進一步促進企業投入更多的資源進行減排。

謝鑫鵬和趙道致（2013）[134]研究了考慮限額與交易的供應鏈上下游企業在不合作、半合作和合作三種情況下的減排效果和利潤，對企業在減排過程中的相互作用以及碳交易價格對減排效果的影響進行了分析。

謝鑫鵬等（2013）[135]考慮了由上游製造商和下游兩個相互競爭零售商所組成的供應鏈系統。研究了面對政府碳排放限額和消費者碳敏感型需求時，供應鏈各主體的最優綠色技術投資策略，並設計契約實現了供應鏈協調。

王芹鵬等（2014）[136]研究上游企業主導的供應鏈在面對具有低碳產品偏好的市場消費者時，上下游企業的綠色技術投資策略，運用演化博弈理論中雙種群演化博弈模型分析得到上下游企業減排投資行為的演化穩定策略。

駱瑞玲等（2014）[137]針對單一製造商和單零售商組成的供應鏈，考慮綠色技術投資，構建了集中式、分散式和供應鏈協調決策的博弈模型，探討了碳限額及碳減排成本系數對供應鏈成員最優決策及減排效果的影響。

趙道致等（2014）[138]研究由一個供應商與一個製造商組成的低碳供應鏈中縱向合作減排的動態優化問題。構建了以製造商占主導的斯坦伯格微分博弈模型，分析了製造商和供應商的長期合作減排策略對產品碳排放量的影響。

1.2.2 考慮戰略顧客行為的供應鏈企業決策研究

顧客總是希望以最優的價格購買到所需的產品，實現自身利益最大化。由於季節性商品銷售過程中，企業經常通過打折銷售來處理剩餘產品。例如，在季節性服裝銷售過程中，企業在產品快過季時降價銷售。這使得顧客常常不在全價階段購買產品，而是選擇等待產品降價再購買，並以此來獲得更大的顧客剩餘。這樣的顧客行為被稱為戰略顧客行為。與戰略顧客相對應的即為「短視顧客」，是指不具有這種戰略等待行為而即時購買的顧客。傳統供應鏈研究常常假定顧客是「短視」的，而忽略了戰略顧客行為的存在。

最早研究戰略顧客行為的是 Coase（1972）[139]，他從經濟學角度分析了當壟斷廠商面臨戰略顧客時，會將商品價格定為邊際成本，使得壟斷廠商只能獲得零利潤。戰略顧客廣泛存在，由其導致的需求變化對不同行業的運作管理都有著重要的影響。如 Anderson（2003）[140] 和 Ovchinnikov（2005）[141] 分別研究了零售業和航空業中戰略顧客對企業績效的影響。

現有研究大部分都將戰略顧客行為作為影響供應鏈企業決策的因素，探討戰略顧客行為對供應鏈企業決策的影響，並設計各種策略來應對戰略顧客行為帶來的不利影響。主要可以分為兩大類：第一類是考慮戰略顧客行為對單企業決策的影響及應對策略；第二類是考慮戰略顧客行為對供應鏈績效的影響及應對策略和供應鏈協調策略。以下從這兩個方面進行綜述。

（1）考慮戰略顧客行為對單企業決策的影響及應對策略

Su（2007）[142]研究了在有限時間內銷售有限庫存的壟斷銷售商面臨內部跨期需求時的動態定價模型。研究表明：保留價值和耐心的異質性聯合決定了最優定價策略的結構。與低價值顧客相比，當高價值顧客缺乏耐心時，降價策略更有效；反之則漲價策略更有效。

Zhang 和 Cooper（2008）[143]研究了戰略顧客行為對在兩個週期銷售單一產品企業的價格和定量決策的影響。研究表明：當產能沒有約束且賣方具有定價柔性時，在清倉期定量供應不能提高收益。但是，當價格事先固定，定量供應可以提高收益。

Aviv 和 Pazgal（2008）[144]研究了存在戰略顧客行為時有限數量的時尚類季節商品的最優定價問題。考慮兩類定價策略：隨行就市（contingent）和宣布固定折扣，研究得到兩種定價策略下的子博弈完美納什均衡。

Cachon 和 Swinney（2009）[145]研究了不確定需求下單產品零售商的庫存與降價策略。假設存在三類顧客：短視顧客、抄底顧客和戰略顧客，研究得到了理性預期均衡下零售商的最優初始庫存與降價策略。

Chen 和 Zhang（2009）[146]研究了面臨戰略顧客時基於顧客購買歷史的動態目標定價是否仍然對企業有利的問題。研究表明當兩家競爭性的企業根據消費者購買歷史來追求顧客認可的時候，動態目標定價對兩家企業均有利。

Levin（2010）[147]研究了一個壟斷企業向有限總體的戰略顧客銷售一種易逝品時的動態定價模型。研究證明了存在唯一的子博弈完美均衡定價策略以及提供了顧客和銷售商兩者的均衡最優條件。研究表明：當初始產能是一個決策變量時，其可與定價策略一起使用來更有效的減少戰略顧客行為的負面影響。

Osadchiy 和 Vulcano（2010）[148]分析了一個銷售商面臨戰略顧客行為開展綁定預訂銷售時的收益管理問題。研究證明了均衡消費者策略的存在性，並開發了一個能夠漸進逼近均衡策略的簡單方法。通過數值分析表明，採用綁定預訂銷售模式比採用以事先確定的固定折扣降價的銷售模式的企業收益大。

Jerath 等（2010）[149]採用理性預期均衡分析方法，研究了服務企業（航空公司、酒店等）面臨戰略顧客行為時採用直接面對顧客的最後一分鐘銷售和通過不透明的仲介進行銷售這兩種方式對企業收益的影響。

Lai 等（2010）[150]考察了面臨戰略顧客行為時，事後價格匹配策略對顧客購買行為、銷售商的定價和庫存決策以及雙方的期望報酬的影響。研究發現價格匹配策略消除了戰略顧客等待的激勵並使得銷售商能夠提高常規銷售期的價格。

Dasu 和 Tong（2010）[151]研究了面臨戰略顧客的壟斷易逝品銷售商在一定時期內的動態定價策略。假設零售商可以採取兩種定價模式：①通報定價，即在銷售開始前宣布一套價格；②隨行就市定價，即價格的變化依賴於需求的實現情況。研究表明兩種定價模式均不能相互主導。

Su（2010）[152]研究了有產能限制的壟斷企業在有投機商的情況下向戰略顧客出售產品時的定價決策問題。研究得到了均衡價格、企業利潤和長期運行時的產能。研究表明：投機商的出現增加了企業的期望利潤；企業通過促進轉售能夠模仿動態定價的結果並獲得相關的利潤；轉售行為會導致銷售商的產能投資減少。

計國君等（2010）[153]研究了顧客最大支付意願事前異質和事後異質兩種情形下最惠顧客保證的價值。結論表明：在事前異質中，顧客理性購買；而在事後異質中，銷售商提供部分退貨補償，顧客體驗購買。

Cachon 和 Swinney（2011）[154]研究了快速時尚系統、快速反應系統（只具備快速反應能力）、增強設計系統（只具備增強產品設計的能力）和傳統系統（兩種能力都不具備）對戰略顧客行為的影響。研究表明：增強設計系統和快速反應系統都能減輕戰略行為的程度。

Swinney（2011）[155]研究了面臨不確定和異質顧客保留價值的顧客群體時，企業採用快速反應生產方式的價值。研究表明：相對於短視顧客而言，面臨戰略顧客時快速反應的價值更低甚至會使得企業利潤降低。

黃松等（2011）[156]研究了一類考慮顧客戰略行為且帶有預算約束的多產品報童模型問題，引入理性預期均衡分析，得到了報童模型和戰略顧客雙方靜態博弈時的理性預期均衡解，並進一步分析了數量承諾對於均衡數量和均衡價格的影響。

Sun 等（2012）[157]研究了中斷（interruptible）、跳過（skippable）和不受影響（insusceptible）三種設置/關閉策略下面臨戰略顧客的不可觀察的馬爾科夫排隊系統。研究得出了不同策略的均衡條件下最優的社會募資策略以及最大社會福利。

Mersereau 和 Zhang（2012）[158]在假定銷售商瞭解累積需求曲線，但不清楚戰略顧客比例的條件下，研究了採用降價策略時銷售商的定價策略。研究提出了一種健壯的定價策略使得企業在不瞭解戰略顧客行為信息時仍然運行良好。

Ovchinnikov 和 Milner（2012）[159]考慮一個企業在一系列銷售期銷售同一產品的收益管理動態定價問題。假設顧客表現出戰略顧客行為，構建包括兩個客戶類（顧客需求隨機和等待隨機）的一般模型，並提出了一個創新求解方法。

Huang 和 Van Mieghem（2013）[160]採用報童模型的框架，研究了產品可獲得性如何使得戰略顧客願意提供更多需求信息（即點擊追蹤）。研究證明了存在顧客願意主動上網點擊的強納什均衡。研究表明，點擊追蹤通常對企業和顧客雙方都有利。

Liu 和 Zhang（2013）[161]研究了存在戰略顧客環境下，提供縱向差異化產品的兩個企業的動態定價策略。研究發現在簡單條件下，價格略讀（price skimming）時可以達到唯一的純策略馬爾科夫完美均衡。

Lim 和 Tang（2013）[162]研究了一個壟斷銷售商向包含有短視顧客、戰略顧客和投機商的市場預售時的定價策略。投機商不消費產品，僅僅通過轉售產品獲利。顧客具有相同的保留價值。研究得到了此時銷售商能夠獲利的條件。

許國君和楊光勇（2013）[163]假定戰略顧客根據模仿創新產品的可獲得性與性價比，跨期理性選擇購買時機。研究了模仿者性能改進能力與顧客對性能的偏好程度對模仿者能否超越創新者的影響。

Whang（2014）[164]則考慮具有不同保留價值的異質戰略顧客，研究了需求不確定性對零售商的降價策略的影響。研究表明，由於需求的不確定性，總是存在一個暫時的定價機制使得零售商的績效高於最優靜態定價方案。有趣的是，也正是由於相同的需求不確定，導致零售商無法實現最優方案。

Tilson（2014）[165]使用了基於壟斷的耐用品生產商和戰略顧客之間的一個無限時域的序貫博弈模型，研究了需求的波動如何影響生產者的生產和定價決策。研究表明，當每個時期的需求是獨立且具有相同分佈時，簡單的短視策略是最優的；如果每個時期的需求是跨時域相關的，其最優策略不是短視策略。

黃松和楊超（2014）[166]研究了當市場中同時存在戰略顧客和短視顧客時

零售商的最優定價與容量選擇問題。研究表明：零售商在無容量限制時的最優定價決策是制定兩階段定價策略，而當零售商的容量固定時，部分滿足清倉階段的顧客需求始終優於完全滿足清倉階段的顧客需求。

楊光勇和計國君（2014）[167]研究了存在戰略顧客時，不考慮再銷售、正常再銷售與降價再銷售退貨產品策略如何影響銷售商的顧客退貨策略。結論表明：相對於不提供退貨策略，不考慮再銷售以及降價再銷售策略均降低了銷售商利潤；正常再銷售策略能否增加銷售商利潤取決於再處理成本與退貨補償的高低。

李熙春（2015）[168]基於戰略顧客行為，分析零售商的最優定價問題。研究表明：戰略顧客比例對兩期銷售價格及零售商利潤的影響與戰略顧客等待程度相關，顧客較少等待時，兩期銷售價格、零售商利潤與戰略顧客比例正相關；反之則負相關。

Jiang 和 Chen（2015）[169]研究了單產品製造商面臨同質的戰略顧客，在碳稅政策下的生產與定價決策。研究得到了製造商的最優生產和定價決策，並分析了碳稅政策對製造商最大策略和最大期望利潤的影響。

Du 等（2015）[170]考慮風險偏好和價值遞減的戰略顧客，研究了單週期庫存和定價聯合決策。與經典報童模型相比，戰略顧客行為導致訂貨量、價格和利潤均降低，這都對企業不利。同時，分析了補償合約如何緩解戰略顧客行為的不利影響。

Prasad（2015）[171]研究了一個提供兩種產品的壟斷廠商，面臨混合的短視顧客和戰略顧客時，混合捆綁定價和保留產品定價策略的選擇問題。研究表明：只要市場由「適度」的一部分短視顧客構成，保留產品定價仍然比混合捆綁定價的收益更高。

（2）戰略顧客行為對供應鏈績效的影響及應對與供應鏈協調策略

Su 和 Zhang（2008）[172]研究了戰略顧客行為對供應鏈績效的影響。研究發現理性預期均衡下銷售商的庫存水準低於經典報童模型中庫存水準。銷售商的利潤可通過數量承諾或者價格承諾得到提高。研究表明分散化會提升供應鏈的績效。同時由於戰略顧客行為的出現使得部分合同無法實現供應鏈成員間利潤的任意分配。

Yang（2012）[173]研究了考慮戰略顧客行為時，打折和競爭對分散化供應鏈績效的影響。研究表明：在面臨戰略顧客時，分散渠道比集中渠道的利潤高；除雙邊際效應外，顧客的期望價值打折、企業打折和零售商競爭都是驅動分散化渠道利潤升高的因素。

黃松等（2012）[174]研究了理性預期均衡和數量承諾情形的零售商決策問題。研究表明：理性預期均衡時的最優銷售價、最優訂貨量和最優期望利潤分別小於標準報童模型的情形，並基於收入分享契約和數量折扣契約設計了供應鏈協調策略。

劉咏梅等（2013）[175]研究具有風險厭惡特性的報童模型在面臨戰略顧客時的訂貨與定價決策，同時研究了存在戰略顧客時數量折扣契約能否實現供應鏈協調的問題。研究表明：零售商的風險態度加劇了雙重邊際效應，惡化了供應鏈績效，此時數量折扣契約能實現供應鏈協調。

Chen 等（2014）[176]研究了考慮戰略顧客行為和政府補貼政策的光伏供應鏈的協調機制。研究表明：收入共享契約能有效地實現考慮戰略顧客的光伏供應鏈協調，而設置較低的貼現率、減少模塊和裝配成本會提高光伏供應鏈的效用和收益。

楊光勇等（2014）[177]研究了存在產品差異與供應合同條款差異的兩條競爭性供應鏈決策。結論表明：當產品間只存在橫向差異性時，縱向聯盟同時降低了兩條供應鏈的績效；同時存在橫向與縱向差異性時，供應鏈提升產品縱向差異優勢與採用縱向聯盟能增加自身期望利潤，卻降低了競爭供應鏈的績效。

Yang（2015）等[178]考慮了具有戰略顧客行為的四種不同供應鏈結構，研究了快速回應對供應鏈績效的影響。通過對收益分享合同下的分散化供應鏈和集中化供應鏈的定價與庫存策略的研究，得到了不同供應鏈結構的績效，並比較了不同供應鏈結構下快速回應的價值。

1.2.3 文獻述評

通過文獻綜述，不難發現近年來關於限額/限額與交易政策下供應鏈企業運作決策的研究越來越多，為本書的研究奠定了一定的理論基礎。但是通過文獻綜述我們也發現，現有研究仍存在以下三個方面的問題：

（1）缺乏限額與交易政策和綠色技術投資相互影響機理的系統研究

通過文獻綜述發現，現有關於限額/限額與交易政策下單企業決策的研究較多，可以分為生產決策、定價決策、生產和定價聯合決策等。在此基礎上，不少學者將綠色技術投資納入考慮，研究了考慮綠色技術投資時，限額與交易政策下的單企業決策優化。但是，將單企業拓展到供應鏈環境的研究較少，同時將綠色技術投資納入考慮的就更少。而且現有研究大多只是研究了單一政策下要麼考慮綠色技術投資要麼不考慮綠色技術投資的決策環境，缺乏上述兩種情境的比較，也缺乏限額和限額與交易政策對綠色技術投資決策影響的比較研究。因此，現有研究缺乏限額與交易政策和綠色技術投資相互影響機理的系統研究。

（2）鮮有將戰略顧客行為納入低碳供應鏈管理框架的研究

全球氣候變暖使得低碳供應鏈研究成為全球關注的熱點問題。現有低碳供應鏈的研究從單一製造商到供應鏈，從單產品到兩產品等多種情境下展開，但均假設顧客為短視顧客。事實上，由於長期的市場競爭，顧客早已變得熟知商家的降價和促銷策略，成為可能會選擇等待延遲購買的戰略顧客。大量文獻證明，忽略戰略顧客行為會對供應鏈企業績效產生不利影響。同時，考慮顧客選擇行為的低碳供應鏈企業運作策略優化也成為未來低碳供應鏈管理的重要研究方向[179]。然而，現有文獻卻鮮有將戰略顧客行為納入低碳供應鏈管理框架的研究。

（3）缺乏基於戰略顧客行為的低碳供應鏈協調研究

現有考慮戰略顧客行為的供應鏈運作管理研究，主要分析了戰略顧客行為對供應鏈績效的影響，並通過設計收入分享和數量折扣等契約實現供應鏈協調。隨著低碳供應鏈研究的興起，部分學者在傳統供應鏈協調的基礎上增加了碳排放政策約束的考慮，但是所設計的協調策略仍然沒有將戰略顧客行為納入考慮。因此，缺乏基於戰略顧客行為的低碳供應鏈協調策略研究。

1.3 問題的提出

在全球變暖的背景下，實現低碳製造/低碳供應鏈和經濟可持續發展成了政府和企業共同面對的難題。政府為了促使企業減排，會制定碳排放政策來規制相關企業尤其是製造企業。企業為了應對碳排放政策規制，會進行綠色技術投資。通過綠色技術投資，企業一方面可以滿足政府碳排放政策約束，另一方面還可以獲得相對於競爭對手的競爭優勢。另外，隨著競爭加劇和企業產品更新換代速度加快，戰略顧客行為已成為普遍現象，假定顧客為戰略顧客更加符合實際。

結合上述文獻綜述發現的相關研究的不足，本書基於戰略顧客行為，考慮政府針對製造企業實施限額與交易政策，首先研究集中化供應鏈即單一製造商環境下企業決策行為，然後將單一製造商拓展至由一個單產品製造商和一個零售商組成的兩級供應鏈，研究分散化供應鏈環境下企業決策與協調問題。上述研究問題是快速時尚產品生產企業普遍面臨的難題。如西班牙的國際時裝連鎖機構 ZARA，為了應對戰略顧客行為，在流行服裝上市之初會保持較低的庫存水準。在產品銷售季節結束之前，ZARA 會採取降價策略，來出售剩餘庫存。具體研究問題如下：

（1）不考慮綠色技術投資時，限額與交易政策下單產品製造商如何制定最優生產、定價和碳排放權交易策略？

（2）考慮綠色技術投資時，限額與交易政策下單產品製造商如何制定最優的生產、定價、碳排放權交易和綠色技術投資策略？

（3）不考慮綠色技術投資時，限額與交易政策下分散化供應鏈企業如何制定最優生產/訂貨、定價和碳排放權交易策略以及供應鏈協調策略？

（4）考慮綠色技術投資時，限額與交易政策下分散化供應鏈企業如何制定最優生產/訂貨、定價、碳排放權交易和綠色技術投資策略以及供應鏈協調策略？

1.4 研究內容與結構安排

結合國內外相關理論研究、管理實踐的進展與不足，考慮限額與交易政策的政府碳排放政策約束和戰略顧客行為的顧客特徵，從集中化/分散化供應鏈結構、不考慮和考慮綠色技術投資兩個維度四種情境，系統深入地研究了低碳供應鏈決策及其協調問題。運用隨機庫存理論、博弈理論和數值仿真等理論和方法，首先研究限額政策下的供應鏈最優決策；其次研究限額與交易政策下供應鏈最優決策；最後通過數值仿真和敏感性分析驗證上述理論成果，並結合對比分析給出有意義的管理啟示，從而提高低碳供應鏈企業的運作效率。

全文共分六章，具體內容安排如下：

第一章，緒論。本章介紹了本書的研究背景和意義，並結合文獻綜述梳理出本書的研究問題以及主要的創新點。

第二章，不考慮綠色技術投資的製造商決策模型。首先研究限額政策下的基礎模型；分理性預期均衡和數量承諾兩種情形求解得到了製造商的最優生產和定價策略。其次，研究限額與交易政策下的拓展模型。分理性預期均衡和數量承諾兩種情形求解得到了製造商最優的生產、定價和碳排放權交易策略，並與基礎模型對比，分析得到了限額與交易政策的影響。最後，通過數值分析，討論了上述各種情形下，碳排放限額和碳排放權交易價格的影響。

第三章，考慮綠色技術投資的製造商決策模型。首先研究限額政策下的基礎模型；分理性預期均衡和數量承諾兩種情形求解得到了製造商的最優生產和定價策略，並與不考慮綠色技術投資的情形對比，分析得到了綠色技術投資的影響。其次，研究限額與交易政策下的拓展模型。分理性預期均衡和數量承諾兩種情形求解得到了製造商最優的生產、定價、碳排放權交易和綠色技術投資策略，並分析得到了限額與交易政策和綠色技術投資的影響。最後，通過數值分析，討論了上述各種情形下，碳排放限額和碳排放權交易價格的影響。

第四章，不考慮綠色技術投資的供應鏈決策與協調研究。假定製造商占主導地位，首先研究限額政策下分散化供應鏈決策與協調模型。研究得到分散化供應鏈最優生產/訂貨、定價和批發價格策略；通過與集中化的情形對比，分析得到分散化對供應鏈最優策略的影響；以數量承諾情形為基準，基於收益分享合同設計了低碳供應鏈協調策略。其次，研究了限額與交易政策下分散化供應鏈決策與協調模型。研究得到了分散化供應鏈最優生產/訂貨、定價、批發價格和碳排放權交易策略；通過與集中化的情形對比，分析得到分散化對供應鏈最優策略的影響；以數量承諾情形為基準，基於收益分享合同設計了低碳供應鏈協調策略。最後，通過數值分析，討論了上述各種情形下，碳排放限額和碳排放權交易價格的影響。

第五章，考慮綠色技術投資的供應鏈決策與協調研究。假定製造商占主導地位，首先研究限額政策下分散化供應鏈決策與協調模型。研究得到分散化供應鏈最優生產/訂貨、定價、批發價格和綠色技術投資策略；通過對比，分析得到分散化和綠色技術投資對供應鏈最優策略的影響；以數量承諾情形為基準，基於收益分享—成本分擔合同設計了低碳供應鏈協調策略。其次，研究了限額與交易政策下分散化供應鏈決策與協調模型。研究得到了分散化供應鏈最優生產/訂貨、定價、批發價格、碳排放權交易和綠色技術投資策略；通過對比，分析得到分散化、碳排放權交易和綠色技術投資對供應鏈最優策略的影響；以數量承諾情形為基準，基於收益分享—成本分擔合同設計了低碳供應鏈協調策略。最後，通過數值分析，討論了上述各種情形下，碳排放限額和碳排放權交易價格的影響。

第六章，研究結論與展望。給出本書主要的研究結論和相應的管理啟示，隨後對後續工作進行展望。

綜上所述，本書的研究技術路線歸納如圖 1-1 所示。

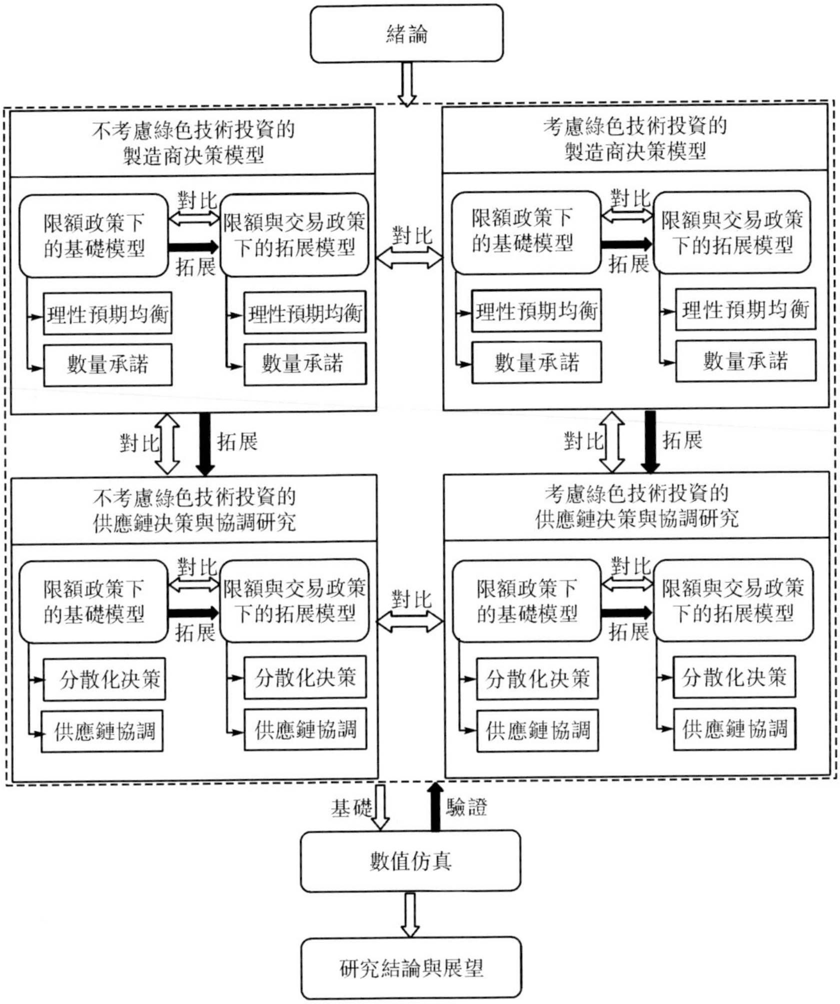

圖 1-1　本書的研究框架

1.5　本書的主要創新點

本書的主要創新點包括以下三個方面：

(1) 系統研究並得到了政府限額與交易政策和企業綠色技術投資的影響機理。為了應對政府限額與交易政策實施，企業往往會進行綠色技術投資。現有關於限額與交易政策下考慮綠色技術投資的研究多是以單企業為研究對象，缺乏供應鏈環境以及供應鏈環境與單企業環境對比的研究，研究系統性差。本書從集中化/分散化供應鏈結構、不考慮和考慮綠色技術投資兩個維度四種情境，系統研究了限額與交易政策約束下供應鏈企業綠色技術投資決策行為，深入分析了政府碳排放政策與企業綠色技術投資的相互影響機理。本書的研究彌補了現有研究系統性差的不足，研究結論一方面可以指導企業在不同情境的綠色技術投資決策，另一方面為政府相關碳排放政策制定提供微觀理論基礎，這是本書的一個重要創新點。

（2）得到了同時考慮限額與交易政策和戰略顧客行為的供應鏈企業最優決策。全球氣候變暖使得低碳供應鏈管理的研究成為全球關注的熱點問題。低碳供應鏈管理面臨著嚴峻挑戰。一方面，為了促使企業節能減排，政府出抬的限額與交易政策會影響到供應鏈企業決策；另一方面，由於動態定價在易逝品銷售過程中的頻繁使用，使得顧客普遍具有了戰略顧客行為，也會影響到供應鏈企業決策制定。現有文獻在研究供應鏈企業決策時，要麼只考慮限額與交易政策，要麼只考慮戰略顧客行為，缺乏集成研究。本書根據低碳供應鏈管理的實際背景，同時考慮限額與交易政策和戰略顧客行為，研究供應鏈企業決策與協調優化，豐富了低碳供應鏈企業決策的研究情境，是本書研究的又一個重要創新點。

（3）設計了基於戰略顧客行為的低碳供應鏈協調策略。企業都是以供應鏈的形式來參與市場競爭的，不解決供應鏈各個環節的協調問題，就不能從根本上提高企業運作效率和競爭能力。因此，供應鏈協調研究一直是學術界和企業界共同關注的熱點問題。但是傳統的供應鏈協調策略的設計都是假定顧客為短視顧客。隨著低碳供應鏈研究的興起，部分學者在傳統供應鏈協調的基礎上增加了碳排放政策約束的考慮[180]，但是所設計的低碳供應鏈協調策略仍然沒有將戰略顧客行為納入考慮。本書考慮戰略顧客行為，對低碳供應鏈協調策略進行研究，拓展了低碳供應鏈協調的研究範圍，豐富了供應鏈協調的內涵，這也是本書的第三個創新點。

2 不考慮綠色技術投資的製造商決策模型

製造環節是產生碳排放的主要環節，要真正實現節能減排必須實現製造環節的節能減排。政府針對製造企業實施碳排放政策，對製造企業最優決策制定提出了挑戰。本章基於戰略顧客行為並考慮製造商不進行綠色技術投資，對單產品製造商在限額政策/限額與交易政策下的生產與定價決策模型進行研究。首先，對限額政策的基礎模型進行研究，得到製造商的最優生產和定價策略；其次，對限額與交易政策下的拓展模型進行研究，得到製造商的最優生產、定價和碳交易策略；最後，對本章內容進行了小結。

2.1 問題描述與假設

考慮一個壟斷製造商生產一種產品並直接銷售給顧客。假設所有顧客為同質的戰略顧客且每位顧客最多購買一件產品。根據顧客購買行為，將整個銷售過程劃分為兩個階段：正常銷售階段和折扣銷售階段。製造商在正常銷售階段以常規價格銷售，在折扣銷售階段會以折扣價格（相當於按殘值處理）銷售。假設在正常銷售階段未能售出的剩餘產品，在折扣銷售階段總能全部售出。戰略顧客會預期在折扣銷售階段能夠購買到產品的可能性，從而選擇以常規銷售價格購買還是等待產品降價再購買來實現個人期望剩餘最大化。

本章用到的變量和參數的符號定義，如表 2-1 所示。

表 2-1　　　　變量和參數的符號定義

符號	定義
D	顧客的隨機需求，$D \geqslant 0$。
$F(x)$	隨機需求 D 的概率分佈函數，令 $\bar{F} = 1 - F$。
$f(x)$	隨機需求 D 的概率密度函數，假定 $f(x)$ 連續，且 D 的分佈滿足遞增故障率（IFR），即 $f(x)/(1-F(x))$ 隨著 x 的增大而增大（常見分佈都能滿足該條件，如正態分佈、均勻分佈等）。
c	單位產品生產成本。
p	單位產品零售價，可被顧客觀察。
q	製造商的產品生產量，本書假設其不可被顧客觀察。
s	單位產品折扣銷售價格，可以看作產品的期末殘值，是外生變量。
v	單位產品在顧客心目中的價值，即顧客消費單位產品獲得的效用。
r	顧客保留價格，即顧客購買每單位產品願意支付的最高價格。本書假設其不可被製造商觀察。
ξ_r	製造商對顧客保留價格的預期。
ξ_{prob}	顧客對產品在折扣銷售階段的可獲得性的預期。
E	限額或者限額與交易政策下政府分配的初始碳排放限額，是外生變量且不能轉移到下一週期。不失一般性，本書假設生產單位產品的碳排放量為 1 個單位。
k	單位碳排放權的交易價格，由市場決定，是外生變量。
e	與外部市場的碳交易量，如果 $e > 0$，製造商從外部市場買入；如果 $e = 0$，製造商與外部市場沒有交易；如果 $e < 0$，製造商向外部市場出售。

模型參數必須滿足一定條件才能成立，故本章假設：

(1) $p \leqslant r$。只有零售價不大於顧客保留價格時，顧客才有可能全價購買產品。

(2) $v > p > c > s > 0$。本條件表明產品從製造到最終銷售的過程中，製造商和顧客都有正的邊際利潤。另外，生產成本大於折扣價格表明產品未能全價出售則會產生一定損失，這促使製造商會按照顧客需求來進行生產，庫存過剩將會產生損失。

(3) $p > c + k$。本條件表明在限額與交易政策下，製造商願意生產產品，否則製造商會選擇不生產，而是通過出售碳排放權獲利。

（4）不考慮製造商的缺貨成本，製造商和戰略顧客均為風險中性和完全理性。

（5）本書僅考慮製造商在生產過程中的碳排放，一是因為生產過程中的碳排放是主要的碳排放來源；二是方便模型構建和討論。

本節的決策順序如下：首先，在銷售期前製造商估計顧客保留價格的預期 ξ_r，並在此基礎上決策產量 q 和正常銷售階段的銷售價格 p；其次，顧客根據觀察到市場價格信息，估計產品能夠在折扣銷售階段購買到的預期 ξ_{prob}，並根據 ξ_{prob} 形成顧客保留價格 r；再次，隨機需求 D 實現，產品以正常銷售價格售出；最後，所有剩餘產品均以折扣價格 s 在折扣銷售階段售出。

本節假設顧客和製造商在做決策時，滿足理性預期均衡假設。理性預期均衡假設最早由 Muth[181] 提出，是指經濟運行結果與人們的預期不會有系統偏差。Su 和 Zhang[172] 將其引入營運管理領域來分析存在戰略顧客行為時企業的決策行為。此後，理性預期假設被廣大國內外學者所採用[21,149,156,169]。上述問題的本質是雙方同時行動的靜態博弈，其中製造商以利潤最大化為目標確定存貨數量，戰略顧客則以個人期望剩餘最大化為目標確定顧客保留價格。Su 和 Zhang[172] 指出滿足上述定義的理性預期均衡解是上述博弈的納什均衡解。

2.2 限額政策的基礎模型

本小節考慮製造商面臨限額政策的約束，研究製造商的最優生產與定價策略。期初，政府會給製造商分配免費的碳排放權限額。製造商在生產過程中，如果產生的碳排放超過限額將面臨巨額罰款。因此，製造商在生產過程中，會嚴格遵守限額政策，碳排放量不會超過政府規定的限額。

2.2.1 理性預期均衡的情形

2.2.1.1 製造商最優策略

首先，考慮戰略顧客的決策問題。顧客需要選擇正常銷售階段購買還是等到折扣銷售階段購買來最大化個人期望剩餘。當顧客在正常銷售階段購買時，顧客剩餘為 $v-p$。當顧客在折扣銷售階段購買時，顧客剩餘為 $(v-s)\xi_{prob}$。因此，顧客的最大期望剩餘可以表示為 $max\{v-p,\ (v-s)\xi_{prob}\}$。當且僅當 $v-p \geqslant (v-s)\xi_{prob}$，顧客才會以價格 p 購買商品，所以，當顧客對產品在折扣銷售階段可獲得性的預期 ξ_{prob} 給定時，顧客的保留價格為 $r(\xi_{prob})=v-(v-s)$

ξ_{prob}。

其次，考慮製造商的決策問題。製造商需要決策產品產量 q 和正常銷售階段的價格 p。當隨機需求 $D < q$ 時，製造商以價格 p 滿足所有需求，剩餘產品以價格 s 在折扣銷售階段全部售出。此時製造商的銷售收入為 $px + s(q - x)$；當隨機需求 $D \geq q$ 時，製造商所有產品均以價格 p 售出，則在折扣銷售階段沒有產品售出。此時製造商的銷售收入為 pq。則製造商的期望利潤函數 $\pi_1(q,p)$ 為：

$$\pi_1(q, p) = \int_0^q [px + s(q - x)]f(x)dx + \int_q^\infty pqf(x)dx - cq$$

上述表達式的第一項和第二項表示製造商的銷售收入，第三項表示製造商的生產成本。化簡後得到：

$$\pi_1(q, p) = (p - s)\left(q - \int_0^q F(x)dx\right) - (c - s)q \qquad (2-1)$$

製造商估計顧客保留價格的預期為 ξ_r。顯然，製造商會設定 $p = \xi_r$，q 為 $q(p) = arg \max_q \pi_1(q, p)$。根據理性預期均衡的定義，理性預期均衡解 $(p, q, r, \xi_r, \xi_{prob})$ 需滿足以下條件：

$$r = v - (v - s)\xi_{prob} \qquad (2-2)$$

$$p = \xi_r \qquad (2-3)$$

$$q = arg \max_q \pi_1(q, p) \qquad (2-4)$$

$$\xi_{prob} = F(q) \qquad (2-5)$$

$$\xi_r = r \qquad (2-6)$$

其中式（2-2）、式（2-3）和式（2-4）表明製造商和顧客均會理性選擇使自己效用最大化的行動，式（2-5）和式（2-6）保證該均衡滿足理性預期假設，即經濟運行實際情況與人們的預期一致。

考慮限額政策時，製造商的生產決策模型為：

$$\max_q \pi_1(q, p) \qquad (2-7)$$

$$s.\ t.\ q \leq E \qquad (2-8)$$

引理 2.1 當 p 給定時，考慮戰略顧客行為時的製造商期望利潤函數 $\pi_1(q, p)$ 是 q 的凹函數。

證明：

當 p 給定時，根據式（2-1）可得：

$$\frac{\partial \pi_1(q, p)}{\partial q} = (p - s)\bar{F}(q) - (c - s)$$

$$\frac{\partial^2 \pi_1(q, p)}{\partial q^2} = -(p - s)f(q) < 0$$

所以，當 p 給定時，$\pi_1(q, p)$ 是 q 的凹函數。

證畢。

命題 2.1 理性預期均衡情形，限額政策下考慮戰略顧客行為的製造商最優產量 q_1^* 為：

$$q_1^* = \begin{cases} q_0; & E \geqslant q_0 \\ E; & E < q_0 \end{cases}$$

其中 $q_0 = \bar{F}^{-1}\left(\sqrt{\dfrac{c-s}{v-s}}\right)$，表示不考慮限額政策時的製造商最優產量。

最優價格 p_1^* 為：

$$p_1^* = \begin{cases} s + \sqrt{(c-s)(v-s)}; & E \geqslant q_0 \\ s + (v-s)\bar{F}(E); & E < q_0 \end{cases}$$

證明：

在理性預期均衡下，可以得到：

$$p = v - (v-s)F(q) \tag{2-9}$$

由引理 2.1，令 $\dfrac{\partial \pi_1(q, p)}{\partial q} = 0$ 可得，在 p 給定時，實現 $\pi_1(q, p)$ 最大化的 q_0 滿足 $(p-s)\bar{F}(q) - (c-s) = 0$，將其與式（2-9）聯立可得方程組：

$$\begin{cases} p = v - (v-s)F(q) \\ (p-s)\bar{F}(q) - (c-s) = 0 \end{cases}$$

求解可得不考慮約束條件式（2-8）時，製造商在理性預期均衡條件下的最優產量 $q_0 = \bar{F}^{-1}\left(\sqrt{\dfrac{c-s}{v-s}}\right)$，最優價格 $p_0 = s + \sqrt{(c-s)(v-s)}$。本節假設生產單位產品產生單位碳排放量，因此，此時製造商的碳排放量為 q_0。

考慮製造商受到限額政策約束，當碳排放限額大於無碳排放政策時製造商的碳排放量即 $E \geqslant q_0$，限額政策對製造商不起作用，最優產量 $q_1^* = q_0$。當碳排放限額小於無碳排放政策時製造商的碳排放量即 $E < q_0$，製造商的產量受到約束，根據引理 2.1 可知，製造商的期望利潤函數在 q_0 左側單調遞增，故 $q_1^* = E$。將 $q_1^* = E$ 代入式（2-9）可得此時 $p_1^* = s + (v-s)\bar{F}(E)$。

證畢。

命題 2.1 表明，限額政策下製造商的最優定價和最優產量存在，且受到政府分配的碳排放限額的影響，當碳排放限額小於製造商的碳排放需求時，製造商會相應地調整產量和價格以實現利潤最大化。

將 q_1^* 和 p_1^* 代入式（2-1）得到限額政策下製造商的最大期望利潤 $\pi_1(q_1^*, p_1^*) = (p_1^* - s)\left(q_1^* - \int_0^{q_1^*} F(x)dx\right) - (c - s)q_1^*$。

2.2.1.2 限額政策的影響分析

通過對比不考慮和考慮限額政策的製造商最優產量、最優定價和最大期望利潤，分析限額政策對製造商最優產量、最優定價和最大期望利潤的影響。

命題 2.2 （1）當 $E \geqslant q_0$ 時，$q_1^* = q_0$；當 $E < q_0$ 時，$q_1^* < q_0$。

（2）當 $E \geqslant q_0$ 時，$p_1^* = p_0$；當 $E < q_0$ 時，$p_1^* > p_0$。

證明： 根據命題 2.1 的證明可以直接得出。

證畢。

命題 2.2 表明，與不考慮限額政策情形相比，限額政策下，考慮戰略顧客行為的製造商最優產量不變或下降，最優價格不變或上升。當政府分配的碳排放限額較高時，限額政策不起作用，此時製造商的最優產量和最優定價與不考慮限額政策的情形相等。當政府分配的碳排放限額較低（小於 q_0）時，限額政策起作用，會限制製造商的產量，從而使得製造商最優產量降低。由於考慮了戰略顧客行為，當產量降低時，將會使得顧客在正常銷售階段購買的意願提高，這就為製造商提高正常階段的銷售價格提供了空間。這就是當限額政策起作用時，製造商在產量降低的同時會提高產品銷售價格的原因。

命題 2.3 當 $E \geqslant q_0$ 時，製造商最大期望利潤隨著 E 保持不變；當 $E < q_0$ 時，存在最佳的碳排放限額 E_{opt} 使得：當 $E \in [E_{opt}, q_0)$ 時，製造商最大期望利潤是 E 的減函數；當 $E \in (0, E_{opt})$ 時，製造商最大期望利潤是 E 的增函數。其中 E_{opt} 滿足：

$$(v - s)\left[\bar{F}^2(E) - f(E)\left(E - \int_0^E F(x)dx\right)\right] - (c - s) = 0 \tag{2-10}$$

證明： 當 $E \geqslant q_0$ 時，此時限額政策約束不起作用，限額政策下製造商最優決策與不考慮限額政策的情形相等，故 $\pi_1(q_1^*, p_1^*) = \pi_1(q_0, p_0)$，$E$ 的變化不會導致 $\pi_1(q_1^*, p_1^*)$ 的變化，故製造商最大期望利潤隨著 E 保持不變。

當 $E < q_0$ 時，將 q_1^* 和 p_1^* 代入式（2-1）可得限額政策下製造商最大期望利潤關於 E 的函數，令為 $\pi_1(E)$：

$$\pi_1(E) = (v - s)\bar{F}(E)\left(E - \int_0^E F(x)dx\right) - (c - s)E \tag{2-11}$$

$\pi_1(E)$ 關於 E 求一階導數，並令其等於零得：$\frac{d\pi_1(E)}{dE} = (v - s)[\bar{F}^2(E) -$

$f(E)\left(E-\int_0^E F(x)dx\right)]-(c-s)=0$。化簡可得：$\frac{c-s}{\bar{F}(E)}+(v-s)\frac{f(E)}{\bar{F}(E)}\left(E-\int_0^E F(x)dx\right)=(v-s)\bar{F}(E)$。顯然，等式左邊的表達式隨著 E 遞增（因為 F 滿足 IFR），等式右邊的表達式隨著 E 遞減，故該等式有唯一解。另外，$\pi'_1(0)=v-c>0$ 並且 $\lim_{E\to\infty}\pi'_1(E)=-(c-s)<0$。所以，$\pi_1(E)$ 是關於 E 的擬凹（quasi-concave）函數，且具有唯一實現利潤最大化的解，令為 E_{opt}。則可知當 $E\in[E_{opt}, q_0)$ 時，製造商最大期望利潤是 E 的減函數；當 $E\in(0, q_0)$ 時，製造商最大期望利潤是 E 的增函數。根據一階最優條件可得，E_{opt} 為滿足式（2-10）的值。

證畢。

命題 2.3 表明考慮戰略顧客行為時，限額政策下，當政府分配的碳排放限額較高，限額政策約束不起作用，此時製造商的最大期望利潤不受碳排放限額 E 的影響；當政府分配的碳排放限額較低（小於 q_0）時，限額政策約束起作用，隨著碳排放限額逐漸下降，製造商最優利潤先增大後縮小。

結合命題 2.2 和命題 2.3 發現，當 $E\in(0, E_{opt})$ 時，隨著 E 逐步增大，製造商的最大期望利潤逐步升高，產品的銷售價格逐步下降。此時 E 增大，對製造商和顧客均有利（本書以製造商/零售商最優定價高低來衡量是否對顧客有利，最優定價越低，對顧客而言，購買產品所獲得的效用越高），但是不利於減少碳排放（因為此時政府規定的碳排放限額即為製造商產生的碳排放）。當 $E\in[E_{opt}, q_0)$ 時，隨著 E 逐步增大，製造商的最大期望利潤逐步降低，產品的銷售價格逐步下降。此時 E 增大，對製造商和減少碳排放均不利，但是對顧客有利。

命題 2.4 當 $E\geqslant q_0$ 時，不考慮和考慮限額政策兩種情形下的製造商最大期望利潤相等；當 $E<q_0$ 時，則存在一個臨界值 E_t 使得：當 $E\in[E_t, q_0)$ 時，$\pi_1(q_1^*, p_1^*)\geqslant\pi_1(q_0, p_0)$；當 $E\in(0, E_t)$ 時，$\pi_1(q_1^*, p_1^*)<\pi_1(q_0, p_0)$。其中 E_t 滿足如下條件：

$$\begin{cases}0<E_t<E_{opt}\\(v-s)\bar{F}(E)\left(E-\int_0^E F(x)dx\right)-(c-s)E=\pi_1(q_0, p_0)\end{cases}$$

證明： 顯然，當 $E\geqslant q_0$ 時，不考慮和考慮限額政策兩種情形下的製造商最優決策相等，從而可以得到兩種情形的製造商最大期望利潤相等。

當 $E<q_0$ 時，根據命題 2.3 的證明可知，$\pi_1(E)$ 是關於 E 的擬凹函數且

$\pi'_1(E_{opt})=0$，可得 $E\in(0,\ E_{opt})$ 時，$\pi_1(E)$ 是隨著 E 單調遞增且 $\pi_1(E_{opt})>\pi_1(q_0,p_0)$。根據式（2-11）可得 $\pi_1(0)=\ 0<\pi_1(q_0,p_0)$。則必然存在 $E=E_t$ 滿足條件：

$$\begin{cases}0<E_t<E_{opt}\\ \pi_1(E_t)=(v-s)\bar{F}(E_t)\left(E_t-\int_0^{E_t}F(x)dx\right)-(c-s)E_t=\pi_1(q_0,\ p_0)\end{cases}$$

因此，可以得到當 $E\in[E_t,\ q_0)$ 時，$\pi_1(q_1^*,\ p_1^*)\geqslant\pi_1(q_0,\ p_0)$；當 $E\in(0,\ E_t)$ 時，$\pi_1(q_1^*,\ p_1^*)<\pi_1(q_0,\ p_0)$。

證畢。

命題 2.4 表明考慮戰略顧客行為時，限額政策下製造商的最大期望利潤是大於、等於還是小於無碳排放政策約束時製造商的最大期望利潤，取決於政府分配的碳排放限額的大小。當政府分配碳排放限額較高時，製造商最大期望利潤不受影響。隨著碳排放限額逐步下降，且在一定範圍內時，限額政策下製造商的最大期望利潤大於無碳排放政策時的利潤。出現這種情況的原因是由於考慮了戰略顧客行為。限額政策約束使得戰略顧客在正常銷售階段購買產品的意願提高，故即使產品產量降低了，但是產品在正常銷售階段的定價提高了，從而使得製造商的最大期望利潤增加。這個結論非常有趣，這意味著在一定條件下，政府通過限額政策的實施來降低企業碳排放，不僅不會導致製造企業利潤損失，反而會增加製造企業的利潤。但是，隨著碳排放限額進一步下降，顧客購買意願提高帶來的利潤增加難以彌補限額政策約束使得產量降低帶來的利潤損失時，限額政策下的製造商最大期望利潤會低於無限額政策約束情形製造商的最大期望利潤。

命題 2.3 和命題 2.4 所闡述內容如圖 2-1 所示。

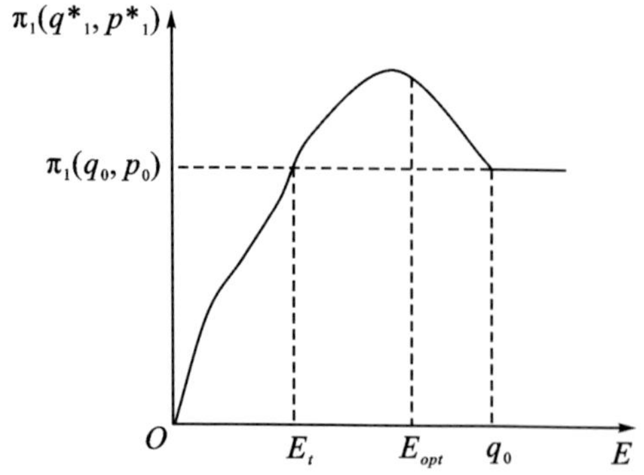

圖 2-1 限額政策下製造商最大期望利潤關於 E 的變化過程示意圖

2.2.2 數量承諾時的情形

理性預期均衡是在製造商沒有承諾存貨數量時的納什均衡，通過向顧客承諾存貨數量，製造商可以改變理性預期均衡，從而獲得更大的利潤[172,174]。但是，進行數量承諾時，外部的承諾工具非常重要和關鍵。因為，製造商自身對外承諾只生產某一特定數量產品，顧客往往會不相信。原因是顧客一旦相信了製造商的數量承諾，製造商進一步提高產量能夠獲得更高的利潤。

本書首先假設製造商能夠通過恰當的手段向顧客承諾整個銷售期內的存貨數量為 q，售完即止。隨後，以此為基準，以期在分散化供應鏈中通過合同設計，能夠使得供應鏈績效達到數量承諾情形的績效水準。後續章節的研究思路與此相同。

2.2.2.1 製造商最優策略

當數量承諾時，戰略顧客將不再需要對在折扣銷售階段獲得產品的可能性做出預期。因為，根據上述理性預期均衡條件，當存貨數量給定為 q 時，可以確定顧客能夠在折扣銷售階段獲得產品的可能性為 $F(q)$。戰略顧客的保留價格（也是製造商的最優定價）為 $p(q)=v-(v-s)F(q)$。則得到製造商關於承諾數量 q 的利潤函數 $\pi_1^q(q)$ 為：

$$\pi_1^q(q) = (v - s)\bar{F}(q)\left(q - \int_0^q F(x)\,dx\right) - (c - s)q \tag{2-12}$$

其中上標 q 表示數量承諾的情形。因此，數量承諾時製造商的生產決策模型為：

$$\max_q \pi_1^q(q) \tag{2-13}$$

$$s.\ t.\ q \leqslant E \tag{2-14}$$

引理 2.2 考慮戰略顧客行為時，製造商採用數量承諾策略的期望利潤函數 $\pi_1^q(q)$ 是 q 的擬凹函數。

證明：

$\pi_1^q(q)$ 關於 q 求一階導數可得：

$$\frac{d\,\pi_1^q(q)}{dq} = (v - s)\left[\bar{F}^2(q) - f(q)\left(q - \int_0^q F(x)\,dx\right)\right] - (c - s)$$

令 $\dfrac{d\,\pi_1^q(q)}{dq} = 0$，得到：

$$\frac{c - s}{\bar{F}(q)} + (v - s)\,\frac{f(q)}{\bar{F}(q)}\left(q - \int_0^q F(x)\,dx\right) = (v - s)\bar{F}(q)$$

顯然，等式左邊的表達式隨著 q 遞增（因為 F 滿足 IFR），等式右邊的表達式隨著 q 遞減，故該等式有唯一解。另外，$\pi_1^{q'}(0)= v-c>0$ 並且 $\lim_{q\to\infty}\pi'_1(q)=-(c-s)<0$。所以，$\pi_1^q(q)$ 是關於 q 的擬凹函數，且具有唯一實現利潤最大化的解。

證畢。

命題 2.5 數量承諾情形，限額政策下考慮戰略顧客行為的製造商最優承諾數量 q_1^{q*} 為：

$$q_1^{q*}=\begin{cases} q_{opt}; & E \geqslant q_{opt} \\ E; & E < q_{opt} \end{cases}$$

其中 q_{opt} 滿足 $(v-s)[\bar{F}^2(q)-f(q)\left(q-\int_0^q F(x)dx\right)]-(c-s)=0$ 的 q 值。

最優價格為：

$$p_1^{q*}=\begin{cases} s+(v-s)\bar{F}(q_{opt}); & E \geqslant q_{opt} \\ s+(v-s)\bar{F}(E); & E < q_{opt} \end{cases}$$

證明：根據引理 2.2 可知，當不考慮約束條件式（2-14）時，數量承諾情形，製造商的期望利潤函數有唯一最優解，記為 q_{opt}。q_{opt} 即為滿足一階最優條件 $(v-s)[\bar{F}^2(q)-f(q)\left(q-\int_0^q F(x)dx\right)]-(c-s)=0$ 的 q 值。

當考慮限額政策約束時，只要 $E \geqslant q_{opt}$，製造商就可以通過承諾產量為 q_{opt} 來實現其期望利潤最大化。當 $E < q_{opt}$ 時，製造商的產量受到約束 $q < q_{opt}$。$\pi_1^q(q)$ 在 $q \in (0, q_{opt})$ 是隨著 q 遞增，故製造商會選擇承諾其能夠生產的最大產量，即 E。則命題所示製造商最優承諾數量得證。

根據製造商最優價格與最優產量的關係，將製造商最優產量代入 $p(q)=v-(v-s)F(q)$，可得到製造商在相應條件下的最優價格。

證畢。

命題 2.5 表明，在限額政策下考慮戰略顧客行為時，存在唯一最優數量承諾策略使得製造商的利潤最大化。製造商採用數量承諾策略與政府分配的碳排放限額大小緊密相關。當政府分配的碳排放限額較高時，製造商通過數量承諾（承諾產量小於其能夠生產的產量）能夠提高顧客購買意願，從而提高其期望利潤。當政府分配的碳排放限額較低時，承諾數量就是其能夠生產的最大產量。此時，政府強制規定的碳排放限額承擔了承諾工具的職能，製造商無論是否採用數量承諾策略，製造商的期望利潤均不會產生變化。

2.2.2.2 數量承諾的影響分析

為了分析數量承諾對製造商最優策略和最大期望利潤的影響，本節對理性預期均衡和數量承諾兩種情形的最優策略和最大期望利潤進行比較。

關於數量承諾對製造商最優策略的影響，可以得到命題 2.6。

命題 2.6 （1）當 $0 < E \leqslant q_{opt}$ 時，$q_1^{q*} = q_1^*$，$p_1^{q*} = p_1^*$；

（2）當 $E > q_{opt}$ 時，$q_1^{q*} < q_1^*$，$p_1^{q*} > p_1^*$。

證明：

根據引理 2.1 和命題 2.1 可知：

$$\frac{\partial \pi_1(q,\ p)}{\partial q}\Big|_{p=p_0,\ q=q_0} = (v-s)\bar{F}^2(q_0) - (c-s) = 0$$

將 q_0 代入 $\frac{d\pi_1^q(q)}{dq}$ 可以得到：

$$\frac{d\pi_1^q(q)}{dq}\Big|_{q=q_0} = (v-s)\left[\bar{F}^2(q_0) - f(q_0)\left(q_0 - \int_0^{q_0} F(x)dx\right)\right] - (c-s)$$

$$= -(v-s)f(q_0)\left(q_0 - \int_0^{q_0} F(x)dx\right) < 0$$

根據引理 2.2 可知，$\pi_1^q(q)$ 是 q 的擬凹函數，因此，可以得到 $q_{opt} < q_0$。

在此基礎上，根據 q_1^* 和 q_1^{q*} 的表達式，可以得到命題所示 q_1^* 和 q_1^{q*} 的大小關係。兩種情形均有式（2-9）成立，則可以得到命題所示 p_1^* 和 p_1^{q*} 的大小關係。

證畢。

命題 2.6 表明，當政府設定的初始碳排放限額較高時，製造商採取數量承諾時，其最優承諾數量要低於理性預期均衡時的生產數量，同時也能夠適當的提高產品的零售價格。隨著政府設定的初始碳排放限額的降低，當兩種情形下的製造商產量都受到碳排放限額的約束時，兩種情形的產量相等且均等於碳排放限額。

關於數量承諾對製造商最大期望利潤的影響，可以得到命題 2.7。

命題 2.7 （1）當 $0 < E \leqslant q_{opt}$ 時，$\pi_1(q_1^*,\ p_1^*) = \pi_1^q(q_1^{q*})$；

（2）當 $E > q_{opt}$ 時，$\pi_1(q_1^*,\ p_1^*) < \pi_1^q(q_1^{q*})$。

證明：（1）當 $0 < E \leqslant q_{opt}$ 時，根據命題 2.6 可得 $q_1^{q*} = q_1^*$，$p_1^{q*} = p_1^*$，則可得到 $\pi_1(q_1^*,\ p_1^*) = \pi_1^q(q_1^*) = \pi_1^q(q_1^{q*})$。

（2）當 $E > q_{opt}$ 時，根據命題 2.6 可得 $q_1^{q*} < q_1^*$，又根據引理 2.2 可知，$\pi_1^q(q)$ 是 q 的擬凹函數且在 q_{opt} 處取得最大值。因此可得 $\pi_1(q_1^*,\ p_1^*) = \pi_1^q(q_1^*)$

$< \pi_1^q(q_1^{q*})$。

證畢。

命題 2.7 表明，當政府設定的初始碳排放限額較高時，製造商採取數量承諾策略能夠提高其最大期望利潤。當政府設定的初始碳排放限額較低時，政府強制性的碳排放政策的約束就可視為隱形的數量承諾，此時，製造商採用和不採用數量承諾兩種情形的最大期望利潤相等。

2.2.3 數值分析

本小節通過數值分析討論限額政策下製造商的最優策略，限額參數對製造商最優決策和最大期望利潤的影響，進而給出相應的管理啟示。

本書數值分析部分均假定隨機需求服從均勻分佈。均勻分佈具有不減的失敗率，且在模型構建和數值分析中被廣泛應用。假設隨機需求服從 [0，100] 的均勻分佈。初始碳排放限額 E 變動代表不同的決策情境。其餘參數保持不變，即 $v = 17$、$c = 2$ 和 $s = 1$。

2.2.3.1 理性預期均衡的情形

(1) 製造商最優策略

該節討論理性預期均衡時，製造商的最優生產和定價決策以及相應的管理啟示。

當不考慮限額政策時，在上述給定參數值下，可以計算得到製造商最優的生產和定價決策，即 $q_0 = 75$、$p_0 = 5$、$\pi_1(q_0, p_0) = 112.5$。則不考慮限額政策情形下，製造商採用最優生產策略時的碳排放為 $E = 75$ 個單位。當政府設定的初始碳排放限額較高即 $E \geqslant 75$ 時，製造商的最優產量、最優定價和最大期望利潤等於不考慮碳排放權約束的情形。當政府設定的初始碳排放限額較低即 $E \leqslant 75$ 時，製造商最優產量、最優定價和最大期望利潤將受到影響。

(2) 限額政策的影響分析

圖 2-2 闡述了碳排放限額/製造商產量和製造商理性預期均衡時最優期望利潤的關係。當上述模型參數給定時，可以求解得到使得製造商期望利潤最大時的 $E_{opt} = 38.76$。從圖 2-2 可以發現，當 $E \in (0, 38.76)$，製造商最大期望利潤是 E 的增函數；當 $E \in (38.76, 75)$ 時，製造商最大期望利潤是 E 的減函數；當 $E > 75$ 時，因為限額政策不起作用，所以製造商最優決策和最大期望利潤均與 E 的大小無關，即製造商最大期望利潤隨著 E 保持不變。該結論證明了命題 2.3。

從圖 2-2 還能發現，在 E_{opt} 左邊存在一點 $E_t = 8.67$ 使得製造商期望利潤等於理性預期均衡情形時製造商期望利潤。則當 $E > 75$ 時，不考慮和考慮限額政策兩種情形下的製造商最大期望利潤相等；當 $E \in [8.67, 75)$ 時，考慮限額政策情形的製造商最大期望利潤大於不考慮限額政策情形；當 $E \in (0, 8.67)$ 時，考慮限額政策情形的製造商最大期望利潤小於不考慮限額政策情形。該結論證明了命題 2.4。

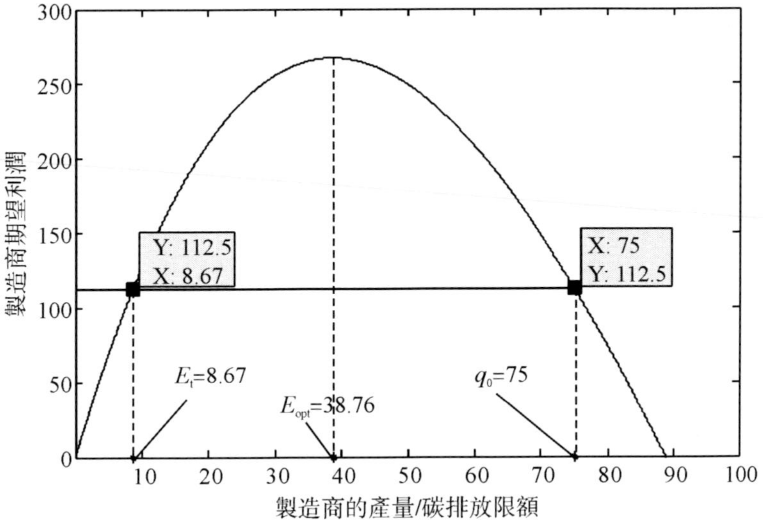

圖 2-2　限額政策下製造商最大期望利潤關於 E 的變化過程

2.2.3.2　數量承諾的情形

（1）製造商最優策略

在採用數量承諾策略時，製造商的期望利潤函數圖像即圖 2-2 所示。則考慮戰略顧客行為時，製造商採用數量承諾時的期望利潤函數是關於 q 的擬凹函數。且不考慮限額政策時，製造商的最大期望利潤在 $q_{opt} = 38.76$，此時 $\pi_1^q(q_1^{q*}) = 267.42$。該結論證明了引理 2.2 和命題 2.5。

（2）碳排放限額對製造商最大期望利潤的影響

圖 2-3 則闡述了隨著限額政策的碳排放限額的變化，理性預期均衡和數量承諾兩種情形的製造商最大期望利潤的變化圖。從圖 2-3 可以發現，當 $E \leq q_{opt} = 38.76$ 時，理性預期均衡和數量承諾兩種情形下的製造商最大期望利潤曲線重合，即兩者相等。當 $E > q_{opt} = 38.76$ 時，數量承諾情形的製造商最大期望利潤要大於理性預期均衡的情形。該結論證明了命題 2.6。

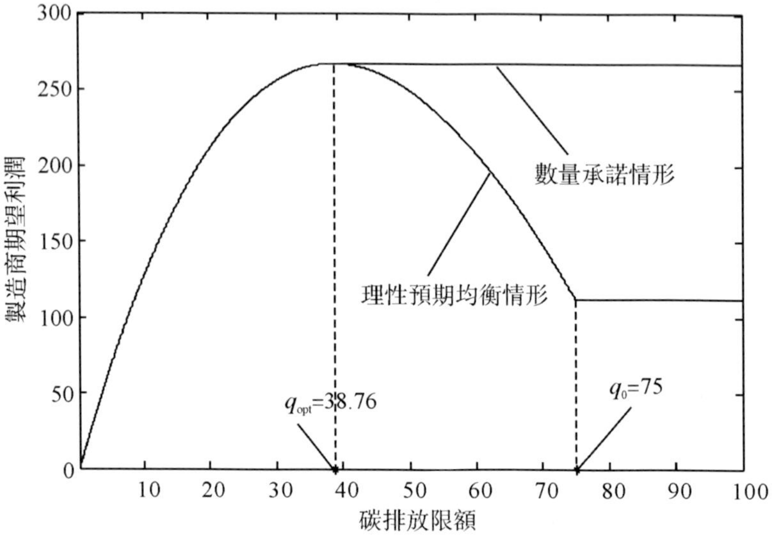

圖 2-3　理性預期均衡及數量承諾情形製造商最大期望利潤

2.3　限額與交易政策的拓展模型

本小節在上一節的基礎上拓展考慮碳排放權交易，即考慮製造商面臨限額與交易政策的約束，研究製造商的最優生產、定價與碳交易策略。期初，製造商會收到政府分配的免費碳排放權，如果生產時碳排放權不足則需從外部市場購買，如果碳排放權剩餘則可向外部市場出售。至生產期末，製造商的碳排放量不允許超過其持有的碳排放權。

2.3.1　理性預期均衡的情形

2.3.1.1　製造商最優策略

首先，考慮戰略顧客的決策問題。戰略顧客的決策問題與限額政策的基礎模型相同，可知當顧客對產品在折扣銷售階段可獲得性的預期 ξ_{prob} 給定時，顧客的保留價格為 $r(\xi_{prob}) = v - (v - s)\xi_{prob}$。

其次，考慮製造商的決策問題。當允許製造商進行碳排放權交易時，製造商的決策變量除傳統的產量 q 和價格 p 外，還需要決策碳交易量 e。根據表 2-1 可知，當 $e > 0$，製造商從外部市場買入，製造商就需要支付相應的碳交易成本；當 $e = 0$，製造商與外部市場沒有交易；當 $e < 0$，製造商向外部市場出

售，製造商能夠獲得相應的碳交易收入。在限額政策基礎模型的基礎上，可以寫出限額與交易政策下製造商的期望利潤函數 $\pi_2(q, p, e)$ 為：

$$\pi_2(q, p, e) = (p - s)\left(q - \int_0^q F(x)dx\right) - (c - s)q - ke$$

上式第一項和第二項是表示製造商不考慮碳排放權交易時的製造商期望利潤，第三項表示製造商進行碳排放權交易的成本（或收益）。

限額與交易政策下，碳交易量可以表達為：

$$e = q - E \tag{2-15}$$

則製造商期望利潤函數可以轉化為：

$$\pi_2(q, p) = (p - s)\left(q - \int_0^q F(x)dx\right) - (c - s + k)q + kE \tag{2-16}$$

製造商估計顧客保留價格的預期為 ξ_r。顯然，製造商會設定 $p = \xi_r$，q 為 $q(p) = arg \max_q \pi_2(q, p)$。

引理 2.3 當 p 給定時，限額與交易政策下考慮戰略顧客行為時的製造商期望利潤函數 $\pi_2(q, p)$ 是 q 的凹函數。

證明：

當 p 給定時，根據式（2-15）可得：

$$\frac{\partial \pi_2(q, p)}{\partial q} = (p - s)\bar{F}(q) - (c - s + k)$$

$$\frac{\partial^2 \pi_2(q, p)}{\partial q^2} = -(p - s)f(q) < 0$$

所以，當 p 給定時，$\pi_2(q, p)$ 是 q 的凹函數。

證畢。

命題 2.8 理性預期均衡情形，限額與交易政策下考慮戰略顧客行為的製造商最優產量 q_2^* 為：

$$q_2^* = \bar{F}^{-1}\left(\sqrt{\frac{c - s + k}{v - s}}\right)$$

最優價格 p_2^* 為：

$$p_2^* = s + \sqrt{(c - s + k)(v - s)}$$

最優碳交易決策 e_2^* 為：

$$e_2^* = \bar{F}^{-1}\left(\sqrt{\frac{c - s + k}{v - s}}\right) - E$$

證明：在理性預期均衡下，根據理性預期均衡的定義，p 和 q 滿足式（2-9），再由引理 2.3，令 $\dfrac{\partial \pi_2(q,\ p)}{\partial q} = 0$ 可得，在 p 給定時，實現 $\pi_2(q,\ p)$ 最大化的 q_2^* 滿足 $(p-s)\bar{F}(q)-(c-s+k)=0$，將其與式（2-9）聯立可得方程組：

$$\begin{cases} p = v-(v-s)F(q) \\ (p-s)\bar{F}(q)-(c-s+k)=0 \end{cases}$$

求解可得限額與交易政策下，製造商在理性預期均衡條件下的最優產量 $q_2^* = \bar{F}^{-1}\left(\sqrt{\dfrac{c-s+k}{v-s}}\right)$，最優價格 $p_2^* = s+\sqrt{(c-s+k)(v-s)}$。將 q_2^* 代入式（2-15）可得製造商最優碳交易決策 $e_2^* = \bar{F}^{-1}\left(\sqrt{\dfrac{c-s+k}{v-s}}\right)-E$。

證畢。

命題 2.8 表明，考慮戰略顧客行為時，限額與政策下製造商的最優產量、最優定價和最優碳交易策略存在且唯一。

將 q_2^* 和 p_2^* 代入式（2-16）得到限額與交易政策下製造商的最大期望利潤 $\pi_2(q_2^*,\ p_2^*) = (p_2^*-s)\left(q_2^*-\int_0^{q_2^*}F(x)dx\right)-(c-s+k)\,q_2^*+kE$。

2.3.1.2　限額與交易政策的影響分析

通過對比無碳排放政策約束、限額政策和限額與交易政策的製造商最優產量、最優定價和最大期望利潤，分析碳排放權交易對製造商最優產量、定價和最大期望利潤的影響。為了方便比較，本書假定兩種政策的碳排放限額相等，均用 E 來表示。

命題 2.9　（1）當 $E \geqslant q_0$，$q_2^* < q_1^* = q_0$；

（2）當 $q_2^* \leqslant E < q_0$，$q_2^* \leqslant q_1^* < q_0$；

（3）當 $0 < E < q_2^*$，$q_1^* < q_2^* < q_0$。

證明：

根據 q_2^* 和 q_0 的表達式可知：

$$q_2^* = \bar{F}^{-1}\left(\sqrt{\frac{c-s+k}{v-s}}\right) < \bar{F}^{-1}\left(\sqrt{\frac{c-s}{v-s}}\right) = q_0$$

則可得 $q_2^* < q_0$ 恒成立。結合 q_1^* 的表達式可得所示結論成立。

證畢。

命題 2.9 表明在限額與交易政策下面臨戰略顧客行為時製造商的最優產量

總是小於無碳排放政策約束的情形。因為限額與交易政策下製造商的最優產量與初始分配的碳排放限額大小無關。當存在外部市場時，製造商除了通過生產產品獲利，還可以通過向外部市場出售碳排放權獲利。通過分析可知，當製造商最優產量為 q_2^* 時，理性預期均衡下製造商的邊際利潤為 $\frac{\pi_1(q, p)}{q}|_{q=q_2^*, p=p_2^*}=k$，即當產量高於 q_2^* 時，製造商通過出售碳排放指標（或者減少購買碳排放指標）所獲得的收入大於生產產品所獲得的收入。命題 2.9 還表明限額政策同限額與交易政策下的製造商最優產量的大小取決於兩個政策下相應參數（即 E 和 k）的關係。

命題 2.10 （1）當 $E \geqslant q_0$，$p_1^* = p_0 < p_2^*$；

（2）當 $q_2^* \leqslant E < q_0$，$p_0 < p_1^* \leqslant q_2^*$；

（3）當 $0 < E < q_2^*$，$p_0 < p_2^* < p_1^*$。

證明： 無碳排放政策、限額政策和限額與交易政策三種情形下的最優解均為理性預期均衡解，故三種情形的 p 和 q 均滿足式（2-9），則可知 p 隨著 q 遞減。根據命題 2.9 的結論，可以得出三種情形下製造商最優價格的關係。

證畢。

命題 2.10 表明在限額與交易政策下面臨戰略顧客行為的製造商最優價格總是大於無碳政策約束的情形。限額政策與限額與交易政策兩種情形的製造商最優價格的大小取決於兩個政策的相應參數（即 E 和 k）關係。

命題 2.4 對無碳排放政策和限額政策兩種情形下的製造商最大期望利潤進行了比較。接下來本節對限額政策和限額與交易政策兩種情形下製造商期望利潤的大小進行比較，從而分析碳排放權交易對製造商期望利潤的影響。

顯然，兩種情形下製造商的期望利潤大小取決於碳排放政策參數（即 E 和 k）的取值。$\pi_2(q_2^*, p_2^*)$ 對 E 求導得 $\frac{d\pi_2(q_2^*, p_2^*)}{dE}=\frac{d\pi_2(q_2^*)}{dE}=k$。則可知限額與交易政策下製造商最大期望利潤是隨著 E 線性遞增且斜率為 k。對比發現 $\pi_2(q, p)=\pi_1(q, p)-k(q-E)$。當 $E=q_2^*$ 時，$\pi_2(q_2^*, p_2^*)=\pi_1(q_2^*, p_2^*)=\pi_1(q_1^*, p_1^*)$。則限額政策和限額與交易政策兩種情形下的製造商最大期望利潤的一個交點為 $(q_2^*, \pi_2(q_2^*, p_2^*))$。令限額與交易政策下製造商期望利潤函數直線與限額政策下製造商期望利潤函數曲線的另一個交點為 E_1，則可得到兩種情形下的圖形示意圖如圖 2-4 所示。

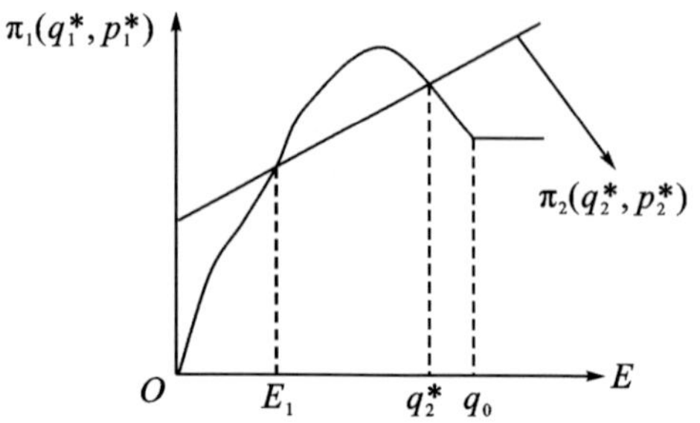

圖 2-4　三種情形製造商最大期望利潤關於 E 的變化示意圖

根據上述分析，可以得到命題 2.11。

命題 2.11　(1) 當 $E \in (0, E_1] \cup [q_2^*, +\infty)$，$\pi_1(q_1^*, p_1^*) \leqslant \pi_2(q_2^*, p_2^*)$；

(2) 當 $E \in (E_1, q_2^*)$，$\pi_1(q_1^*, p_1^*) > \pi_2(q_2^*, p_2^*)$。

其中 E_1 滿足 $\begin{cases} 0 < E_1 < q_2^* \\ \pi_1(q_1^*, p_1^*) = \pi_2(q_2^*, p_2^*) \end{cases}$。

證明：根據上述分析以及圖 2-4 所示的兩種情形下，製造商最大期望利潤關於 E 的變化情況以及相互之間的大小關係，可以得出命題 2.11 所示結論。

證畢。

命題 2.11 表明限額政策和限額與交易政策兩種情形下，面臨戰略顧客行為的製造商最大期望利潤的大小關係取決於政府對於兩種碳排放政策的參數設置，即限額政策下的限額、限額與交易政策下的碳排放限額與碳排放權交易價格之間的關係。因此，政府在制定碳排放政策時，必須認真研究確定政策參數，這些參數設置的合理與否將直接影響政策實施的效果和企業利潤的大小。

2.3.2　數量承諾的情形

2.3.2.1　製造商最優策略

考慮製造商可以通過恰當的手段向顧客承諾整個銷售期內的存貨數量為 q，售完即止。此時，戰略顧客將不再需要對在折扣銷售階段獲得產品的可能性做出預期。因為，根據上述理性預期均衡條件，當存貨數量給定為 q 時，可以確定顧客能夠在折扣銷售階段獲得產品的可能性為 $F(q)$。戰略顧客的保留價格（也是製造商的最優定價）為 $p(q)=v-(v-s)F(q)$。因為 $e=q-E$，則得到製造商關於承諾數量 q 的利潤函數 $\pi_2^q(q)$ 為：

$$\pi_2^q(q) = (v-s)\bar{F}(q)\left(q - \int_0^q F(x)dx\right) - (c-s+k)q + kE \qquad (2\text{-}17)$$

其中上標 q 表示數量承諾的情形。

因此，數量承諾時製造商的最優存貨數量為 $q_2^{q*} = arg \max_{q \geq 0} \pi_2^q(q)$，最優銷售價格為 $p_2^{q*} = v - (v - s) F(q_2^{q*})$，最優碳交易量為 $e_2^{q*} = q_2^{q*} - E$。

引理 2.4 考慮戰略顧客行為時，製造商採用數量承諾策略的期望利潤函數 $\pi_2^q(q)$ 是 q 的擬凹函數。

證明：

$\pi_2^q(q)$ 關於 q 求一階導數可得：

$$\frac{d\,\pi_2^q(q)}{dq} = (v - s)\left[\bar{F}^2(q) - f(q)\left(q - \int_0^q F(x)dx\right)\right] - (c - s + k)$$

令 $\frac{d\,\pi_2^q(q)}{dq} = 0$，得到：

$$\frac{c - s + k}{\bar{F}(q)} + (v - s)\frac{f(q)}{\bar{F}(q)}\left(q - \int_0^q F(x)dx\right) = (v - s)\bar{F}(q)$$

顯然，等式左邊的表達式隨著 q 遞增（因為 F 滿足 IFR），等式右邊的表達式隨著 q 遞減，故該等式有唯一解。另外，$\pi_2^{q'}(0) = v - c - k > 0$ 並且 $\lim_{q \to \infty} \pi'_2(q) = -(c - s + k) < 0$。所以，$\pi_2^q(q)$ 是關於 q 的擬凹函數，且具有唯一實現利潤最大化的解。

證畢。

命題 2.12 數量承諾情形，限額與交易政策下考慮戰略顧客行為的製造商最優承諾數量 q_2^{q*} 滿足：

$$\frac{c - s + k}{\bar{F}(q)} + (v - s)\frac{f(q)}{\bar{F}(q)}\left(q - \int_0^q F(x)dx\right) = (v - s)\bar{F}(q)$$

最優價格為：

$$p_2^{q*} = v - (v - s)F(q_2^{q*})$$

最優碳交易策略為：

$$e_2^{q*} = q_2^{q*} - E$$

證明： 根據引理 2.4 的證明、理性預期均衡的定義以及 $e = q - E$ 可以直接推導得到命題所示結論。

證畢。

命題 2.12 表明，在限額與交易政策下考慮戰略顧客行為時，存在唯一最優數量承諾策略使得製造商的利潤最大化。製造商最優數量承諾策略與政府分配的碳排放限額大小無關，但是與碳排放權交易價格相關。碳排放權交易價格越高，製造商的最優承諾數量越小；碳排放權交易價格越低，製造商的最優承諾數量越大。

當不考慮限額與交易政策時，通過數量承諾能夠改變製造商的最優決策並增加製造商的利潤。當考慮限額與交易政策時，採用數量承諾策略是否仍然能夠提高製造商的績效呢？接下來的命題將分析採用數量承諾對製造商最優策略和最大期望利潤的影響。

2.3.2.2　數量承諾的影響分析

命題 2.13　(1) $q_2^{q*} < q_2^*$，$p_2^{q*} > p_2^*$；

(2) $\pi_2^q(q_2^{q*}) > \pi_2(q_2^*, p_2^*)$。

證明：

製造商的期望利潤函數 $\pi_2^q(q)$ 在 $q = q_2^*$ 處的一階導數為：

$$\pi_2^{q'}(q_2^*) = (v - s)\bar{F}^2(q_2^*) - (c - s + k) - (v - s)f(q_2^*)\left(q_2^* - \int_0^{q_2^*} F(x)dx\right)$$

(1) 因為 $(v - s)\bar{F}^2(q_2^*) - (c - s + k) = 0$，所以 $\pi_2^{q'}(q_2^*) = -(v - s)f(q_2^*)\left(q_2^* - \int_0^{q_2^*} F(x)dx\right) < 0$。根據引理 2.4 的證明可知 $\pi_2^q(q)$ 隨著 q 先遞增後遞減，則可知 $q_2^{q*} < q_2^*$。因為兩種情形均為理性預期均衡解，所以均存在 $p = v - (v - s)F(q)$，則可得 $p_2^{q*} > p_2^*$。

(2) 將 q_2^* 和 p_2^* 代入式（2-16）得到限額與交易政策下製造商理性預期均衡時的最大期望利潤 $\pi_2(q_2^*, p_2^*) = (v - s)\bar{F}(q_2^*)\left(q_2^* - \int_0^{q_2^*} F(x)dx\right) - (c - s + k)q_2^* + kE = \pi_2^q(q_2^*)$。將 q_2^{q*} 代入式（2-17）得 $\pi_2^q(q_2^{q*}) = (v - s)\bar{F}(q_2^{q*})\left(q_2^{q*} - \int_0^{q_2^{q*}} F(x)dx\right) - (c - s + k)q_2^{q*} + kE$。引理 2.4 分析得出 $\pi_2^q(q)$ 有最大值 q_2^{q*}，故 $\pi_2^q(q_2^{q*}) > \pi_2^q(q_2^*) = \pi_2(q_2^*, p_2^*)$。

證畢。

命題 2.13 表明，在限額與交易下考慮戰略顧客行為時，製造商採用數量承諾策略會降低最優存貨數量，提高產品正常階段的銷售價格並增加了利潤。這是因為製造商限制存貨數量能夠降低產品的可獲得性，從而使得戰略顧客會更加傾向於立即購買，而不是選擇等待來延遲購買。這樣，就提高了顧客的購買意願，從而提高了製造商的利潤。採用數量承諾，使得顧客購買產品的價格提高了。因此，雖然數量承諾能夠提高供應鏈的利潤，但對顧客不利。

2.3.2.3　限額與交易政策的影響分析

通過比較限額政策和限額與交易政策兩種情形下製造商的最優策略和最大期望利潤，分析得到碳排放權交易的影響。

關於碳排放權交易對製造商最優策略的影響，可以得到命題 2.14。

命題 2.14 （1）當 $E > q_2^{q*}$ 時，$q_2^{q*} < q_1^{q*}$，$p_2^{q*} > p_1^{q*}$，$e_2^{q*} < 0$；

（2）當 $E = q_2^{q*}$ 時，$q_2^{q*} = q_1^{q*}$，$p_2^{q*} = p_1^{q*}$，$e_2^{q*} = 0$；

（3）當 $E < q_2^{q*}$ 時，$q_2^{q*} > q_1^{q*}$，$p_2^{q*} < p_1^{q*}$，$e_2^{q*} > 0$。

證明：

根據命題 2.5 可知，q_{opt} 滿足：

$$(v-s)\left[\bar{F}^2(q_{opt}) - f(q_{opt})\left(q_{opt} - \int_0^{q_{opt}} F(x)dx\right)\right] - (c-s) = 0$$

根據引理 2.4 可知，$\pi_2^q(q)$ 是 q 的擬凹函數且在 $q = q_2^{q*}$ 時取得最大值。

則：

$$\frac{d\pi_2^q(q)}{dq}\Big|_{q=q_{opt}} = (v-s)\left[\bar{F}^2(q_{opt}) - f(q_{opt})\left(q_{opt} - \int_0^{q_{opt}} F(x)dx\right)\right] - (c-s+k)$$

$$= -k < 0$$

可知 $q_2^{q*} < q_{opt}$。

（1）當 $E = q_2^{q*}$ 時，$q_1^{q*} = E = q_2^{q*}$，$e_2^{q*} = q_2^{q*} - E = 0$；

（2）當 $q_2^{q*} < E \leq q_{opt}$ 時，$q_1^{q*} = E > q_2^{q*}$，$e_2^{q*} = q_2^{q*} - E < 0$；當 $E > q_{opt}$ 時，$q_1^{q*} = q_{opt} > q_2^{q*}$，$e_2^{q*} = q_2^{q*} - q_{opt} < 0$。綜上可知，當 $E > q_2^{q*}$ 時，$q_2^{q*} < q_1^{q*}$，$e_2^{q*} < 0$；

（3）當 $E < q_2^{q*}$ 時，$q_2^{q*} > E = q_1^{q*}$，$e_2^{q*} = q_2^{q*} - E > 0$。

在限額政策和限額與交易政策兩種情形下，p 與 q 均滿足 $p = v - (v - s)F(q)$，則可得到上述各種條件下，限額政策和限額與交易政策下的最優價格的關係。

證畢。

命題 2.14 表明數量承諾情形下，考慮碳排放權交易時，製造商最優產量和最優價格是提高還是降低取決於初始碳排放限額的大小。與限額政策情形相比，當初始碳排放限額較高時，限額與交易政策下的製造商最優產量降低，最優定價升高且製造商會向外部市場出售多餘的碳排放權；當初始碳排放限額較低時，限額與交易政策下的製造商最優產量升高，最優定價降低且製造商會向外部市場購買不足的碳排放權。出現這個現象的原因是，當製造商允許進行碳排放權交易時，其可以通過碳排放權交易獲利（或減少成本），因此當碳排放權充足時，製造商傾向於生產更少的產品；當碳排放權不足時，因為限額政策下製造商產量受到限制而限額與交易政策下的製造商產量不變，所以限額與交易政策下的產量會相對較高，此時，製造商需要從外部市場購買碳排放權來維持生產。

2.3.3 數值分析

本小節通過數值分析討論限額與交易政策下製造商的最優策略，限額與交易政策參數對製造商最優決策和最大期望利潤的影響，進而給出相應的管理啟示。

與上一小節相同，假設隨機需求服從 [0，100] 的均勻分佈。初始碳排放限額 E 和碳排放權交易價格 k 變動代表不同的決策情境。其餘參數保持不變，即 $v = 17$、$c = 2$ 和 $s = 1$。

2.3.3.1 理性預期均衡的情形

（1）製造商最優策略

該小節討論理性預期均衡情形，限額與交易政策下單一製造商的最優生產和定價決策和相應的管理啟示。

當 $k = 1$，$E = 50$ 時，理性預期均衡情形製造商最優產量 $q_2^* = 64.64$，$p_2^* = 6.66$，$e_2^* = 14.64$。此時，製造商期望利潤 $\pi_2(q_2^*,\ p_2^*) = 168.20$。

（2）限額與交易政策的影響分析

通過與不考慮碳排放政策、限額政策兩種情形對比，分析理性預期均衡下限額與交易政策對製造商最優策略和最大期望利潤的影響。

圖 2-5 闡述了不考慮碳排放政策、限額政策和限額與交易政策三種情形的製造商最優產量和最優價格關於初始碳排放限額的變化情況。

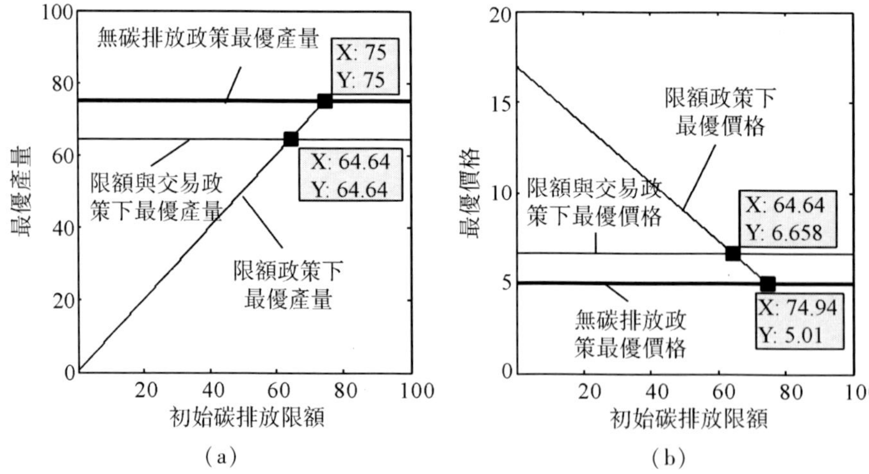

圖 2-5　三種情形下製造商最優策略關於 E 的變化過程

（a）最優產量比較；（b）最優價格比較

圖 2-5（a）表明考慮限額與交易政策時製造商最優產量隨著初始碳排放限額保持不變且總是低於不考慮碳排放政策的情形。限額政策下製造商最優產量隨著初始碳排放限額增加先增加後不變。當碳排放限額較低時，限額政策下的製造商最優產量低於限額與交易政策的情形；當碳排放限額較高時，限額政策下的製造商最優產量高於限額與交易政策的情形。該結論證明了命題 2.9。圖 2-5（b）表明考慮限額與交易政策時製造商最優價格隨著初始碳排放限額保持不變且總是高於不考慮碳排放政策的情形。限額政策下製造商最優價格隨著初始碳排放限額增加先減少後不變。當碳排放限額較低時，限額政策下的製造商最優價格高於限額與交易政策的情形；當碳排放限額較高時，限額政策下的製造商最優價格低於限額與交易政策的情形。該結論證明了命題 2.10。

接下來通過數值分析討論考慮碳排放權交易對製造商期望利潤的影響。當其餘參數給定時（即 $D \sim U(0,\ 100)$、$v = 17$、$c = 2$、$s = 1$），當 $k = 1$ 時，$E_1 = 10.15$；當 $k = 2$ 時，$E_1 = 10.55$；當 $k = 3$ 時，$E_1 = 10.44$。

圖 2-6 闡述了不同的碳排放交易價格下，限額政策和限額與交易政策兩種情形下製造商最大利潤關於初始碳排放限額的變化情況。圖 2-6 表明兩種情形下製造商最大期望利潤的大小關鍵取決於初始碳排放限額的大小。考慮碳排放權交易後，製造商最大期望利潤函數圖像由原來的曲線變化為直線。這是因為考慮碳排放權交易使得碳排放權成了生產要素，從而增加了製造商的生產成本。碳排放限額的大小不會影響製造商的最優產量，而只是反應在製造商期望利潤當中。該結論證明了命題 2.11。

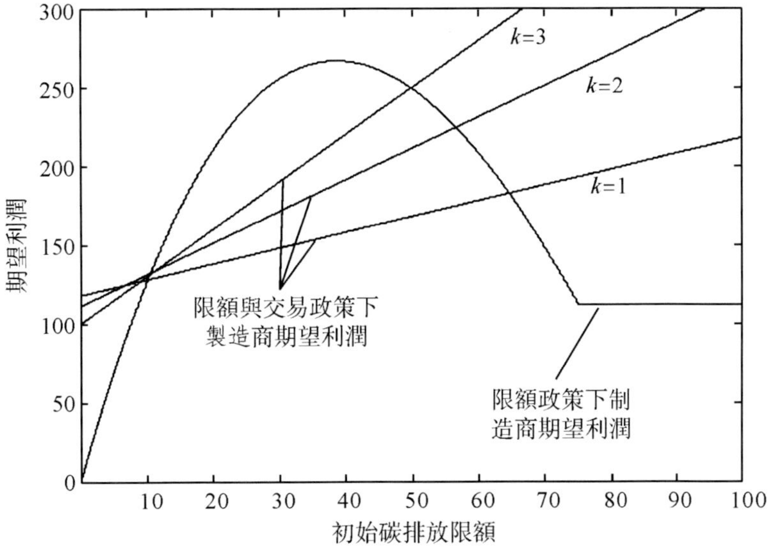

圖 2-6　限額政策和限額與交易政策下製造商最大期望利潤關於 E 的變化過程

(3) 碳排放限額和碳排放權交易價格的敏感性分析

本小結通過數值分析討論理性預期均衡情形製造商最優策略和最大期望利潤關於限額與交易參數的變化情況。

首先固定 $E = 50$，通過變化 k 來觀察製造商最優策略和最大期望利潤關於 k 的變化情況，根據問題描述與假設部分 $p > c + k$，可得 $k < 15$。圖 2-7 闡述了限額與交易政策下製造商最優策略和最大期望利潤關於 k 的變化過程。

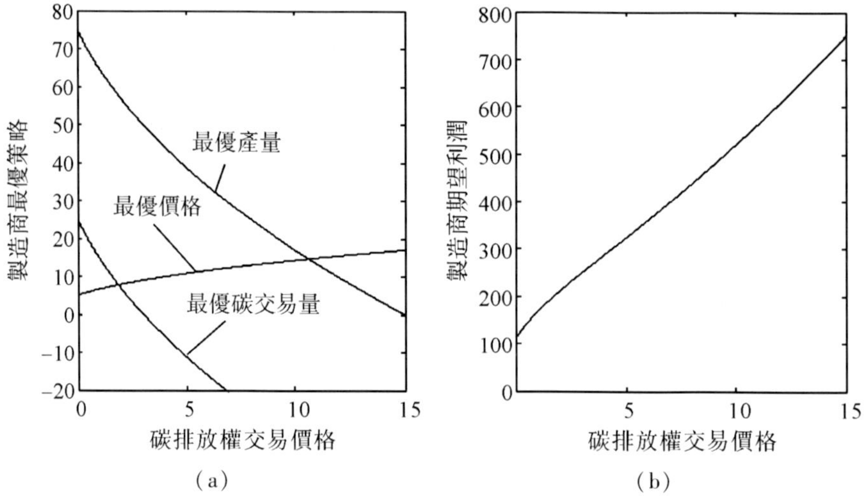

圖 2-7　限額與交易政策下製造商最優策略和最大期望利潤關於 k 的變化過程

(a) 最優策略敏感性分析；(b) 最大期望利潤敏感性分析

圖 2-7 (a) 表明理性預期均衡時，隨著碳排放權交易價格升高，製造商最優產量降低，製造商碳排放權交易量降低，製造商最優價格升高。這是因為碳排放權交易價格增加，直接增加了製造商的生產成本。在微觀經濟學中，製造商的最優產量是其邊際利潤為零時的產量。本書的結論也符合上述情況，當製造商生產成本增加時，製造商會降低產量並提高價格，從而重新調整至邊際利潤為零的均衡狀態。製造商碳排放交易量與產量完全正相關，故當碳排放權交易價格增加時，製造商碳排放權交易量降低。圖 2-7 (b) 表明理性預期均衡時，隨著碳排放權交易價格升高，製造商最大期望利潤增加。這是因為，碳排放權交易價格升高，雖然會使得最優產量降低，但是會增加產品的價格，從而提高製造商的期望利潤。

根據上述分析，可以得到結論 2.1。

結論 2.1 理性預期均衡時，製造商最優產量和碳排放權交易量隨著碳排放權交易價格遞減，製造商最優價格和最大期望利潤隨著碳排放權交易價格遞增。

其次當 $k=1$，通過變化 E 可以觀察製造商最優策略和最大期望利潤隨著 E 的變化情況，在圖 2-5 和圖 2-6 中已經畫出了相應圖形。分析可得結論 2.2。

結論 2.2 理性預期均衡時，製造商最優產量和最優價格隨著碳排放權限額不變，製造商最大期望利潤隨著碳排放限額遞增。

2.3.3.2 數量承諾的情形

(1) 製造商最優策略

該小節討論數量承諾情形，限額與交易政策下單一製造商的最優生產和定價決策和相應的管理啟示。

當 $k=1$，$E=50$ 時，採用數量承諾策略，限額與交易政策下製造商的期望利潤函數如圖 2-8 所示。

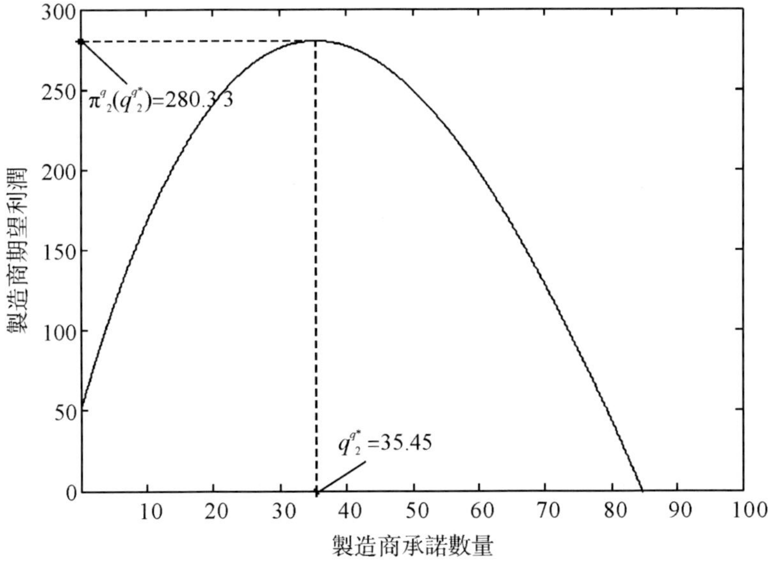

圖 2-8 數量承諾時，限額與交易政策下製造商期望利潤函數

圖 2-8 表明數量承諾情形，限額與交易政策下製造商的期望利潤函數是關於 q 的擬凹函數並具有唯一的最優值。製造商最優承諾數量 $q_2^{q*}=35.45$、最優價格 $p_2^{q*}=11.33$、最優碳排放權交易量 $e_2^{q*}=-14.55$。製造商最大期望利潤

$\pi_2^q(q_2^{q^*}) = 280.33$。該結論證明了引理 2.4 和命題 2.14。

（2）數量承諾的影響分析

本小節通過對比限額與交易政策下，理性預期均衡和數量承諾兩種情形的製造商最優策略和最大期望利潤，分析數量承諾的影響。

理性預期均衡和數量承諾兩種情形的最優策略僅與碳排放權交易價格相關，與碳排放限額無關，故可以畫出此時製造商最優承諾數量和最優價格（$k \in [0, 15]$）關於碳排放權交易價格的變化圖，即圖 2-9。

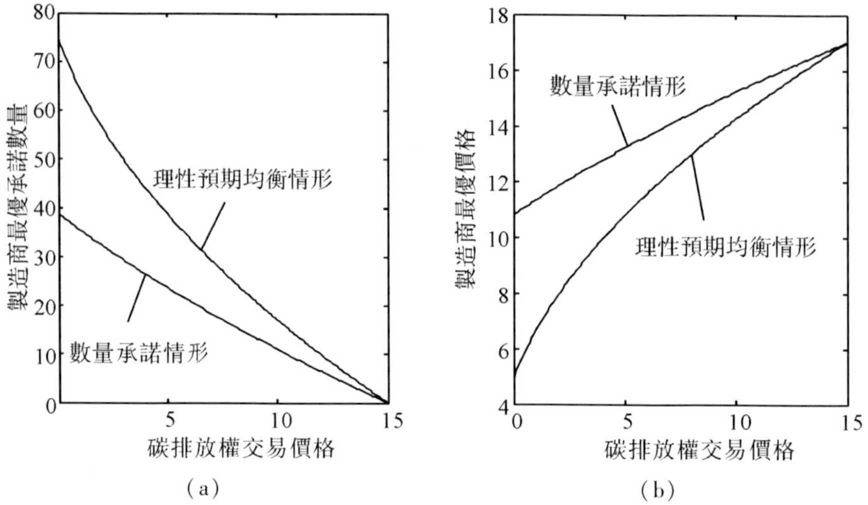

圖 2-9　理性預期均衡與數量承諾情形下的最優策略比較

（a）最優承諾數量；（b）最優價格

圖 2-9 表明限額與交易政策下，數量承諾情形的最優承諾數量總是低於理性預期均衡的情形，而最優價格總是高於理性預期均衡的情形。該結論證明了命題 2.13 的第一條。

圖 2-10 闡述了理性預期均衡和數量承諾兩種情形製造商最大期望利潤關於碳排放限額和碳排放權交易價格的變化情況，其中 $E \in [30,80]$，$k \in [1,6]$。圖 2-10 表明製造商採用數量承諾策略能夠提高其期望利潤。這證明了命題 2.13 的第二條。

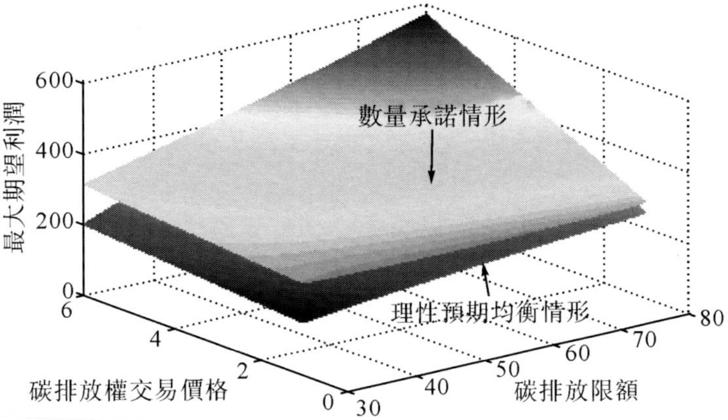

圖 2-10 理性預期均衡與數量承諾情形下的最大期望利潤比較

(3) 限額與交易政策的影響分析

通過與限額政策情形對比，分析數量承諾時限額與交易政策對製造商最優策略和最大期望利潤的影響。

圖 2-11 闡述了數量承諾情形，限額政策和限額與交易政策下製造商最優承諾數量和最優價格關於初始碳排放限額的變化情況。

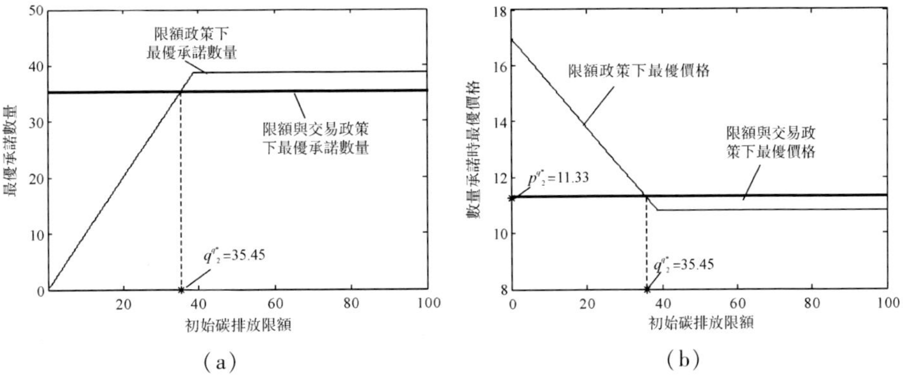

圖 2-11 限額政策和限額與交易政策下製造商最優策略關於 E 的變化過程

(a) 最優產量比較；(b) 最優價格比較

圖 2-11 (a) 表明在數量承諾情形，考慮限額與交易政策時製造商最優產量隨著初始碳排放限額保持不變，限額政策下製造商最優產量隨著初始碳排放限額增加先增加後不變。當碳排放限額較低時，限額政策下的製造商最優產量低於限額與交易政策的情形；當碳排放限額較高時，限額政策下的製造商最優

產量高於限額與交易政策的情形。圖 2-11（b）表明數量承諾情形，考慮限額與交易政策時製造商最優價格隨著初始碳排放限額保持不變，限額政策下製造商最優價格隨著初始碳排放限額增加先減少後不變。當碳排放限額較低時，限額政策下的製造商最優價格高於限額與交易政策的情形；當碳排放限額較高時，限額政策下的製造商最優價格低於限額與交易政策的情形。上述結論證明了命題 2.14。

圖 2-12 闡述了數量承諾情形，限額政策和限額與交易政策下製造商最大期望利潤在不同碳排放權交易價格和碳排放限額的比較。令 $E \in [30, 80]$、$k \in [1, 6]$，兩種情形下製造商最大期望利潤如圖 2-12 所示。通過觀察圖 2-12，可以得到結論 2.3。

結論 2.3 數量承諾情形，限額與交易政策下製造商最大期望利潤總是大於限額政策製造商最大期望利潤。且當碳排放限額越小或者碳排放限額與碳排放權價格都較大時，限額與交易政策下製造商期望利潤增加越大。

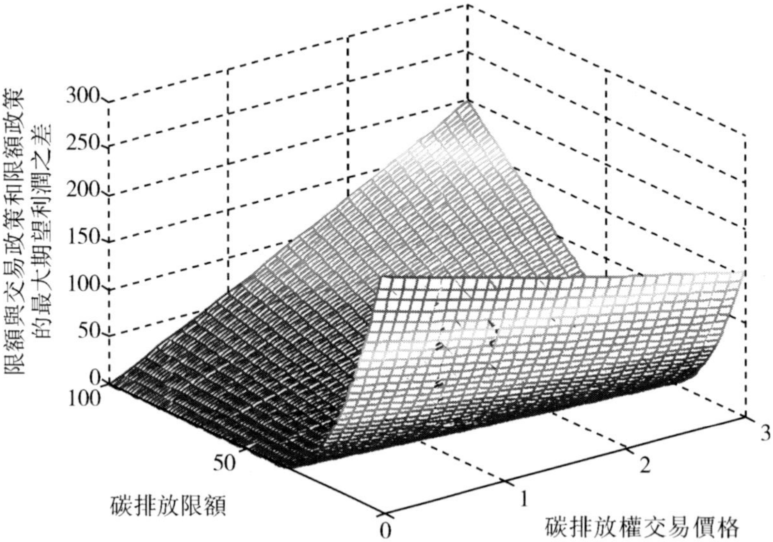

圖 2-12 限額政策和限額與交易政策下製造商最大期望利潤比較

（4）碳排放限額和碳排放權交易價格的敏感性分析

本小結通過數值分析討論數量承諾情形製造商最優策略和最大期望利潤關於限額與交易參數的變化情況。

首先固定 $E = 50$，通過變化 k 來觀察製造商最優策略和最大期望利潤關於

k 的變化情況，根據問題描述與假設部分 $p > c + k$，可得 $k < 15$。圖 2-13 闡述了數量承諾情形，限額與交易政策下製造商最優策略和最大期望利潤關於 k 的變化過程。

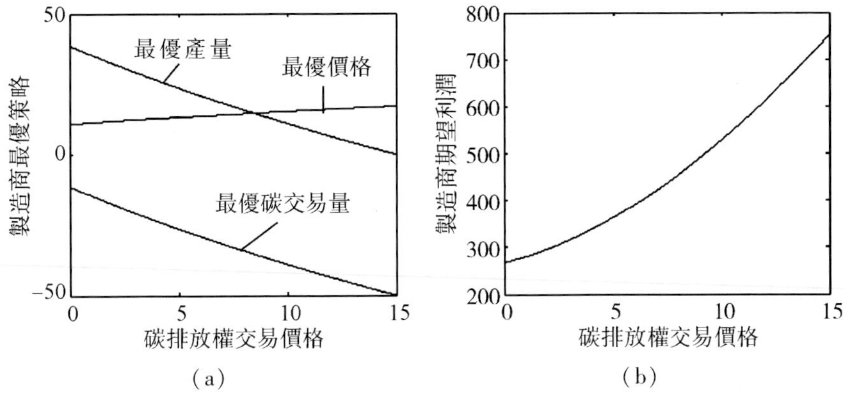

圖 2-13　數量承諾時製造商最優策略和最大期望利潤關於 k 的變化過程

(a) 最優策略敏感性分析；(b) 最大期望利潤敏感性分析

圖 2-13 (a) 表明數量承諾時，隨著碳排放權交易價格升高，製造商最優產量降低，製造商碳排放權交易量降低，製造商最優價格升高。這是因為碳排放交易價格增加，直接增加了製造商的生產成本。在微觀經濟學中，製造商的最優產量是其邊際利潤為零時的產量。本書的結論也符合上述情況，當製造商生產成本增加時，製造商會降低產量並提高價格，從而重新調整至邊際利潤的均衡狀態。製造商碳排放交易量與產量完全正相關，故當碳排放權交易價格增加時，製造商碳排放權交易量降低。圖 2-13 (b) 表明數量承諾時，隨著碳排放權交易價格升高，製造商最大期望利潤增加。這是因為碳排放交易價格升高，雖然會使得最優產量降低，但是會增加產品的價格，從而提高製造商的期望利潤。

根據上述分析，可以得到結論 2.4。

結論 2.4　數量承諾時，製造商最優產量和碳排放權交易量隨著碳排放權交易價格遞減，製造商最優價格和最大期望利潤隨著碳排放權交易價格遞增。

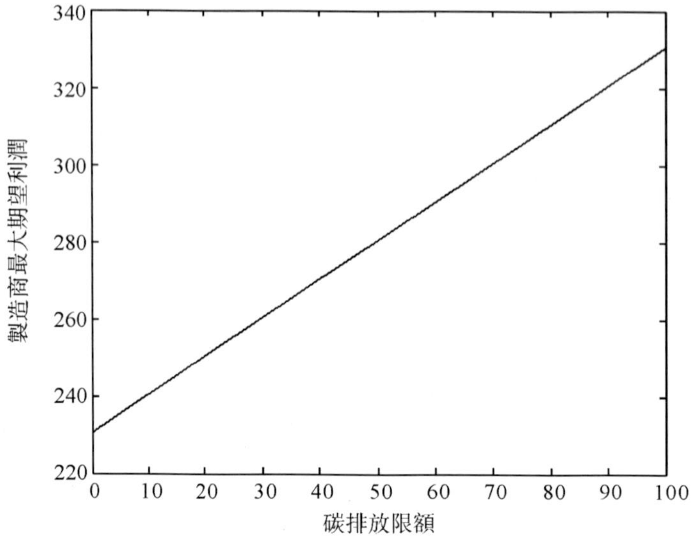

圖 2-14　限額與交易政策下製造商最優策略和最大期望利潤關於 k 的變化過程

其次當 $k = 1$，通過變化 E 可以觀察製造商最優策略和最大期望利潤關於 E 的變化情況，在圖 2-11 中已經能夠觀察到製造商最優策略關於碳排放限額的變化情況。圖 2-14 闡述了數量承諾時，製造商最大期望利潤關於碳排放限額的變化關係。圖 2-14 在限額與交易政策下，製造商的最大期望利潤仍然是隨著碳排放限額線性遞增。但是，當考慮碳排放權交易時，即使給定初始碳排放限額為零，製造商仍能獲得較高利潤。通過上述分析，可得結論 2.5。

結論 2.5　數量承諾時，製造商最優產量和最優價格隨著碳排放權限額不變，製造商最大期望利潤隨著碳排放限額遞增。

2.4　本章小結

本章考慮製造商不進行綠色技術投資，分限額政策和限額與交易政策兩種情境研究了單產品製造商的生產與定價決策。

限額政策下製造商決策研究的主要結論和管理啟示如下：

(1) 在理性預期均衡時，限額政策下製造商最優生產和定價策略存在並且唯一。與不考慮碳排放政策情形對比，當碳排放限額較高時，兩種情形的最優決策和最大期望利潤相等；當碳排放限額較低時，製造商無法按照原來的最優策略生產，製造商會減少產量，提高價格，但是最大期望利潤會隨著碳排放限額下降而先增大後縮小。這就意味著當考慮戰略顧客行為時，碳排放限額在一定範圍時，限額政策的實施對製造商有利。

（2）數量承諾時，限額政策下製造商最優生產和定價策略存在並且唯一。由於存在戰略顧客行為，碳排放限額能夠起到一定數量承諾的作用。因此，當碳排放限額較低時，限額政策下製造商採用數量承諾策略時與理性預期均衡時的最優策略和最大期望利潤相等。而隨著碳排放限額的進一步提高，碳排放限額的數量承諾作用逐步降低，此時製造商採用數量承諾策略可以改變均衡狀態，使得製造商傾向於生產更少的產品、制定更高的價格並能夠獲得較高的期望利潤。

限額與交易政策下製造商決策研究的主要結論和管理啟示如下：

（1）理性預期均衡時，限額與交易政策下製造商最優生產、定價和碳交易策略存在並且唯一。

（2）與不考慮碳排放政策的情形相比，製造商的最優產量降低、最優價格提高。這是因為存在外部市場時，製造商除了通過生產產品獲利，還可以通過向外部市場出售碳排放權獲利，即製造商停止生產的產品邊際利潤增大（只要邊際利潤低於碳排放權交易價格，製造商會將用於生產的碳排放權用於出售獲利/減少碳排放權購買獲利）。當碳排放限額較低即製造商需要向外部市場購買碳排放權時，限額與交易政策下製造商的最優產量要大於限額政策下的情形，限額與交易政策下製造商的最優價格要低於限額政策下的情形；反之亦反。

（3）允許碳排放權交易不一定能夠保證製造商的利潤增加。當碳排放限額和碳排放權交易價格滿足一定條件時，限額政策下製造商的期望利潤會高於限額與交易政策情形的製造商期望利潤。因此，對製造商來講，兩種政策誰好誰壞，取決於政府設定的政策參數的大小。因此，無論實施何種碳排放政策，政府在制定碳排放限額時，必須認真研究確定，這些參數設置的合理與否將直接影響碳排放政策實施的效果和企業利潤的大小。

（4）數量承諾時，限額與交易政策下製造商最優生產、定價和碳交易策略存在並且唯一。製造商通過數量承諾能夠改變均衡狀態，使得製造商最優產量降低、最優價格升高且能夠獲得更高的利潤。

（5）數量承諾時，當碳排放限額較低即製造商需要向外部市場購買碳排放權時，限額與交易政策下製造商的最優承諾數量要大於限額政策下的情形，限額與交易政策下製造商的最優價格要低於限額政策下的情形；當碳排放限額較高即製造商除了維持生產還能向外部市場出售碳排放權時，限額與交易政策下製造商的最優承諾數量要低於限額政策下的情形，限額與交易政策下製造商的最優價格要高於限額政策下的情形。數值分析表明，限額與交易政策下製造商最大期望利潤總是大於限額政策下製造商最大期望利潤。

（6）數值分析表明，限額與交易政策下，無論是在理性預期均衡還是數量承諾情形下，製造商最優產量和碳排放權交易量隨著碳排放權交易價格遞減，製造商最優價格和最大期望利潤隨著碳排放權交易價格遞增。製造商最優產量和最優價格隨著碳排放權限額不變，製造商最大期望利潤隨著碳排放限額遞增。

3　考慮綠色技術投資的製造商決策模型

本章考慮製造商可以進行綠色技術投資，研究單產品製造商在限額政策/限額與交易政策下的生產與定價決策模型進行研究。首先，對限額政策的基礎模型進行研究，得到製造商的最優生產、定價和綠色技術投資策略；其次，對限額與交易政策下的拓展模型進行研究，得到製造商的最優生產、定價、碳交易和綠色技術投資策略；最後，對本章內容進行了小結。

3.1　問題描述與假設

假定製造商通過綠色技術投資能夠降低單位產品碳排放，從而獲得碳排放權節約。單位產品碳排放降低的程度通過減排率來衡量。現有關於綠色技術投資的研究普遍認為綠色技術投資的成本函數應該與實際相符，並且通常假設綠色技術投資成本隨著減排率的增加而加速上升。令 η 表示製造商減排率 $\eta = \frac{\text{單位產品減少的碳排放量}}{\text{單位產品初始碳排放量}}$ 且 $0 \leqslant \eta \leqslant 1$。綠色技術投資成本是關於 η 的函數，令為 $I(\eta)$。根據前面的分析，假定 $I(\eta) \geqslant 0$，$I'(\eta) > 0$，$I''(\eta) > 0$，不失一般性，假設綠色技術投資成本是減排率的二次函數[136]，即 $I(\eta) = \frac{1}{2}t\eta^2$。其中 t 為綠色技術投資成本函數的系數，代表綠色技術投資的效率。t 越大代表綠色技術投資效率越低；t 越小代表綠色技術投資效率越高。通過上述綠色技術投資函數的假設，本書的綠色技術投資決策就轉變為對減排率 η 的決策，本書後續部分均將減排率決策等同於綠色技術投資決策。本書考慮綠色技術投資為當期投資額且只用於降低製造商單位產品碳排放量，不會改變單位產品的成本。

本章其餘假定以及用到的其他符號定義與第二章相同。

3.2 限額政策的基礎模型

本小節考慮製造商面臨限額政策的約束，研究製造商的最優生產、定價和綠色技術投資策略。期初，政府會給製造商分配免費的碳排放權限額。製造商在生產過程中，可以選擇是否進行綠色技術投資以及投資多少來降低碳排放。到生產期末，製造商如果產生的碳排放超過限額將面臨巨額罰款。因此，製造商在生產過程中，會嚴格遵守限額政策，碳排放量不會超過政府規定的限額。

3.2.1 理性預期均衡的情形

3.2.1.1 製造商最優策略

限額政策下允許綠色技術投資的情形下製造商期望利潤函數 $\pi_{I1}(q,p,\eta)$ 為：

$$\pi_{I1}(q,p,\eta)=\int_0^q[px+s(q-x)]f(x)dx+\int_q^\infty pqf(x)dx-cq-\frac{1}{2}t\eta^2$$

上式第一項和第二項表示製造商的銷售收入，第三項表示製造商的生產成本，第四項表示製造商進行綠色技術投資的成本。化簡後得到：

$$\pi_{I1}(q,p,\eta)=(p-s)\left(q-\int_0^q F(x)dx\right)-(c-s)q-\frac{1}{2}t\eta^2 \qquad (3-1)$$

製造商估計顧客保留價格的預期為 ξ_r。顯然，製造商會設定 $p=\xi_r$，q 和 η 為 p 給定時，滿足 $\max\limits_{q,\eta}\pi_{I1}(q,p,\eta)$ 的值。

考慮綠色技術投資時，限額政策下製造商的生產和綠色技術投資決策模型為：

$$\max_{q,\eta}\pi_{I1}(q,p,\eta) \qquad (3-2)$$

$$s.t.\ (1-\eta)q\leq E \qquad (3-3)$$

引理 3.1 在綠色技術投資情形，當 p 給定時，考慮戰略顧客行為時的製造商期望利潤函數 $\pi_{I1}(q,p,\eta)$ 是 q 和 η 的凹函數。

證明：

當 p 給定時，根據式（3-1）可得：

$$\frac{\partial\pi_{I1}(q,p,\eta)}{\partial q}=(p-s)\bar{F}(q)-(c-s) \qquad (3-4)$$

$$\frac{\partial^2 \pi_{I1}(q,p,\eta)}{\partial q^2} = -(p-s)f(q) < 0$$

$$\frac{\partial \pi_{I1}(q,p,\eta)}{\partial \eta} = -t\eta \tag{3-5}$$

$$\frac{\partial^2 \pi_{I1}(q,p,\eta)}{\partial \eta^2} = -t < 0$$

$$\frac{\partial^2 \pi_{I1}(q,p,\eta)}{\partial q \partial \eta} = \frac{\partial^2 \pi_{I1}(q,p,\eta)}{\partial \eta \partial q} = 0$$

則可得到：

$$\begin{vmatrix} \frac{\partial^2 \pi_{I1}(q,p,\eta)}{\partial q^2} & \frac{\partial^2 \pi_{I1}(q,p,\eta)}{\partial q \partial \eta} \\ \frac{\partial^2 \pi_{I1}(q,p,\eta)}{\partial \eta \partial q} & \frac{\partial^2 \pi_{I1}(q,p,\eta)}{\partial \eta^2} \end{vmatrix} = t(p-s)f(q) > 0$$

所以，當 p 給定時，$\pi_{I1}(q,p,\eta)$ 是 q 和 η 的凹函數。

證畢。

定義 $\theta_1(q) = \frac{1}{1-\eta}\frac{\partial \pi_{I1}(q,p,\eta)}{\partial q} = \frac{1}{1-\eta}[(p-s)\bar{F}(q) - (c-s)]$，$\theta_2(\eta) = -\frac{1}{q}\frac{\partial \pi_{I1}(q,p,\eta)}{\partial \eta} = \frac{1}{q}\frac{dI(\eta)}{d\eta} = \frac{t\eta}{q}$。$\theta_1(q)$ 表示單位碳排放邊際利潤，即製造商花費單位碳排放權用於產品生產時所帶來的利潤；$\theta_2(\eta)$ 表示單位碳排放邊際成本，即製造商通過綠色技術投資降低單位碳排放所需投入的成本。

命題 3.1　理性預期均衡情形，限額政策下考慮綠色技術投資時製造商最優生產（q_{I1}^*）、定價（p_{I1}^*）與綠色技術投資策略（η_{I1}^*）為：

(1) $E \geqslant q_0$ 時，$q_{I1}^* = q_0$，$p_{I1}^* = p_0$，$\eta_{I1}^* = 0$；

(2) $E < q_0$ 時，q_{I1}^*，p_{I1}^* 和 η_{I1}^* 滿足 $E = (1-\eta_{I1}^*)q_{I1}^*$，$\theta_1(q_{I1}^*) = \theta_2(\eta_{I1}^*)$ 且 $p_{I1}^* = s + (v-s)\bar{F}(q_{I1}^*)$，$0 < \eta_{I1}^* < \frac{1}{2}$。

證明： 在理性預期均衡下，可以得到 $p = v - (v-s)F(q)$。

約束條件式（3-3）可以改寫為：

$$(1-\eta)q - E \leqslant 0$$

根據 K-T 條件，式（3-4）和式（3-5），引入廣義拉格朗日乘子 λ，可以得到：

$$(p-s)\bar{F}(q) - (c-s) - \lambda(1-\eta) = 0 \tag{3-6}$$

$$-t\eta+\lambda q=0 \tag{3-7}$$

$$\lambda((1-\eta)q-E)=0 \tag{3-8}$$

$$\lambda \geqslant 0 \tag{3-9}$$

（1）$\lambda=0$，根據式（3－6）和式（3－7）可得 $\dfrac{\partial \pi_{I1}(q,p,\eta)}{\partial q}=0$，$\dfrac{\partial \pi_{I1}(q,p,\eta)}{\partial \eta}=0$，聯立式（2-9）可得方程組：

$$\begin{cases}(p-s)\bar{F}(q)-(c-s)=0\\ -t\eta=0\\ p=v-(v-s)F(q)\end{cases}$$

求解可得 $q_{I1}^*=\bar{F}^{-1}\left(\sqrt{\dfrac{c-s}{v-s}}\right)=q_0$，$p_{I1}^*=s+\sqrt{(v-s)(c-s)}=p_0$，$\eta_{I1}^*=0$。此時 $(1-\eta)q-E\leqslant 0$ 即 $E\geqslant q_0$。

（2）$\lambda>0$，根據式（3-6）和式（3-7）可得：

$$\frac{\partial \pi_{I1}(q,p,\eta)}{\partial q}=(p-s)\bar{F}(q)-(c-s)=\lambda(1-\eta)>0$$

$$\frac{dI(\eta)}{d\eta}=t\eta=\lambda q>0$$

即 $q_{I1}^*<q_0$，$0<\eta_{I1}^*<1$ 並且

$$\frac{1}{1-\eta}[(p-s)\bar{F}(q)-(c-s)]=\frac{t\eta}{q}$$

根據式（3-8）可得 $E=(1-\eta_{I1}^*)q_{I1}^*<q_0$。根據式（2-9）可得 $p_{I1}^*=s+(v-s)\bar{F}(q_{I1}^*)$。

因此，當 $E\geqslant q$ 時，$q_{I1}^*=q_0$，$p_{I1}^*=p_0$，$\eta_{I1}^*=0$；當 $E<q_0$ 時，q_{I1}^*，p_{I1}^* 和 η_{I1}^* 滿足 $E=(1-\eta_{I1}^*)q_{I1}^*$ 且 $\theta_1(q_{I1}^*)=\theta_1(\eta_{I1}^*)$，$p_{I1}^*=s+(v-s)\bar{F}(q_{I1}^*)$。

接下來只剩證明 $0<\eta_{I1}^*<\dfrac{1}{2}$。$\dfrac{1}{1-\eta}[(p-s)\bar{F}(q)-(c-s)]=\dfrac{t\eta}{q}$ 可以整理為 $[(v-s)\bar{F}^2(q)-(c-s)]q=t\eta(1-\eta)$。將 $E=(1-\eta)q$ 變換為 $\eta=1-\dfrac{E}{q}$ 並代入上式，可以得到：

$$\Theta_1(q)\equiv[(p-s)\bar{F}(q)-(c-s)]q=\frac{tE(q-E)}{q^2}$$

令 $\Theta(q)=\dfrac{tE(q-E)}{q^2}$，則可知 $\Theta(E)=0$，$\Theta'(q)=\dfrac{tE(2E-q)}{q^3}$。

①當 $\frac{1}{2} < \eta < 1$ 時，$2E - q < 0$，即 $\Theta(q)$ 從 E 開始遞減為負數，因為 $q \geqslant 0$，所以 $[(v-s)\bar{F}^2(q) - (c-s)]q = \lambda_1(1-\eta)q > 0$。因此，$\Theta_1(q) = \Theta(q)$ 無解。

②當 $0 < \eta < \frac{1}{2}$ 時，$2E - q > 0$，即 $\Theta(q)$ 從 E 開始遞增。此時 $\Theta_1(q) = \Theta(q)$ 有唯一解。

因此，$0 < \eta_{l1}^* < \frac{1}{2}$。

證畢。

命題 3.1 表明，如果政府設定的碳排放限額較高時，製造商不會進行綠色技術投資，最優生產與定價策略與不考慮限額政策情形相同。當政府設定的碳排放限額較低時，限額政策對製造商起到約束作用，這使得製造商無法按照原來的最優策略進行生產和銷售。此時，製造商將會進行綠色技術且最優產量低於無碳排放政策情形的最優產量。製造商最優綠色技術投資策略和最優生產策略將由碳排放限額、單位碳排放邊際利潤和單位碳排放邊際成本決定。結論中 $\theta_1(q_{l1}^*) = \theta_1(\eta_{l1}^*)$ 表明單位碳排放邊際利潤要等於綠色技術投資獲得額外碳排放時的單位碳排放邊際成本。只要 $\theta_1(q_{l1}^*) > \theta_1(\eta_{l1}^*)$，製造商通過增加綠色技術投入來獲得額外的碳排放權並用來生產更多的產品，可以提高其最大期望利潤。而隨著綠色技術投資和產品產量的增加，$\theta_1(q_{l1}^*)$ 會減小，而 $\theta_1(\eta_{l1}^*)$ 會增大，直到 $\theta_1(q_{l1}^*) = \theta_1(\eta_{l1}^*)$，製造商期望利潤達到最大。當 $\theta_1(q_{l1}^*) < \theta_1(\eta_{l1}^*)$ 時，製造商調整的策略相似。

$0 < \eta_{l1}^* < \frac{1}{2}$ 表明製造商在進行綠色技術投資時，由於隨著單位碳排放的逐步降低，邊際碳排放投資成本會越來越高，即減排率存在一個上限。

將 q_{l1}^*、p_{l1}^* 和 η_{l1}^* 代入式（3-1）得到限額政策下考慮綠色技術投資時製造商的最大期望利潤 $\pi_{l1}(q_{l1}^*, p_{l1}^*, \eta_{l1}^*) = (p_{l1}^* - s)\left(q_{l1}^* - \int_0^{q_{l1}^*} F(x)dx\right) - (c-s)q_{l1}^* - \frac{1}{2}t\,\eta_{l1}^{*2}$。

3.2.1.2 綠色技術投資的影響分析

在限額政策約束時，通過對比不考慮和考慮綠色技術投資兩種情形下製造商的最優策略和最大期望利潤，分析綠色技術投資的影響。

關於綠色技術投資對製造商最優策略的影響，得到命題 3.2。

命題 3.2 （1）當 $E \geqslant q_0$ 時，$q_{I1}^* = q_1^*$；當 $E < q_0$ 時，$q_{I1}^* > q_1^*$。

（2）當 $E \geqslant q_0$ 時，$p_{I1}^* = p_1^*$；當 $E < q_0$ 時，$p_{I1}^* < p_1^*$。

證明： 顯然，當 $E \geqslant q_0$ 時，$q_{I1}^* = q_0 = q_1^*$，$p_{I1}^* = p_0 = p_1^*$。

當 $E < q_0$ 時，根據命題 3.1 可知 $q_{I1}^* = \dfrac{E}{1 - \eta_{I1}^*} > E = q_1^*$。兩種情形下的製造商最優產量和最優定價均滿足式（2-9），故可知 $p_{I1}^* < p_1^*$。

證畢。

命題 3.2 表明，在限額政策下，與不考慮綠色技術投資的情形相比，考慮綠色技術投資時製造商最優產量不變或增大，最優價格不變或減小。當政府分配的碳排放限額較高時，限額政策不起作用，此時製造商不會進行綠色技術投資，不考慮和考慮綠色技術投資兩種情形的製造商的最優產量和最優定價相等。當政府分配的碳排放限額較低（小於 q_0）時，限額政策起作用，製造商的產量受到限制。為了應對限額政策對產量的限制，製造商會通過綠色技術投資來獲得碳排放權節約，從而能夠增加部分產量，這就是考慮綠色技術投資時製造商產量會增加的原因。由於考慮了戰略顧客行為，當產量增加時，將會使顧客在正常銷售階段購買的意願降低，這就使得製造商的最優價格會相應降低。

限額政策下，關於綠色技術投資對製造商最大期望利潤的影響，可以得到命題 3.3。

命題 3.3 （1）當 $E \geqslant q_0$ 時，$\pi_{I1}(q_{I1}^*, p_{I1}^*, \eta_{I1}^*) = \pi_1(q_1^*, p_1^*)$；

（2）當 $q_{opt} \leqslant E < q_0$ 或 $\begin{cases} E < q_{opt} \\ I(\eta_{I1}^*) > \pi_1(q_{I1}^*, p_{I1}^*) - \pi_1(q_1^*, p_1^*) \end{cases}$ 時，$\pi_{I1}(q_{I1}^*, p_{I1}^*, \eta_{I1}^*) < \pi_1(q_1^*, p_1^*)$；

（3）當 $\begin{cases} E < q_{opt} \\ I(\eta_{I1}^*) \leqslant \pi_1(q_{I1}^*, p_{I1}^*) - \pi_1(q_1^*, p_1^*) \end{cases}$ 時，$\pi_{I1}(q_{I1}^*, p_{I1}^*, \eta_{I1}^*) \geqslant \pi_1(q_1^*, p_1^*)$。

證明：（1）顯然，當 $E \geqslant q_0$ 時，不考慮和考慮綠色技術投資兩種情形的製造商決策相等，則兩種情形的製造商期望利潤也相等，即 $\pi_{I1}(q_{I1}^*, p_{I1}^*, \eta_{I1}^*) = \pi_1(q_1^*, p_1^*)$。

（2）$q_{opt} \leqslant E < q_0$ 時，$\pi_{I1}(q_{I1}^*, p_{I1}^*, \eta_{I1}^*) = \pi_1(q_{I1}^*, p_{I1}^*) - I(\eta_{I1}^*)$。根據命題 2.5 可知 $\pi_1^q(q)$ 是關於 q 的擬凹函數，在 $q = q_{opt}$ 處取得最大值並有 $q_{opt} < q_0$。

根據命題 3.2 可得 $q_0 > q_{I1}^* > q_1^* \geqslant q_{opt}$，則有 $\pi_1^q(q_{I1}^*) < \pi_1^q(q_1^*)$。則可得

到：$\pi_{I1}(q_{I1}^*, p_{I1}^*, \eta_{I1}^*) - \pi_1(q_1^*, p_1^*) = \pi_1(q_{I1}^*, p_{I1}^*) - \pi_1(q_1^*, p_1^*) - I(\eta_{I1}^*) = \pi_1^q(q_{I1}^*) - \pi_1^q(q_1^*) - I(\eta_{I1}^*) < 0$，即 $\pi_{I1}(q_{I1}^*, p_{I1}^*, \eta_{I1}^*) < \pi_1(q_1^*, p_1^*)$。

當 $\begin{cases} E < q_{opt} \\ I(\eta_{I1}^*) > \pi_1(q_{I1}^*, p_{I1}^*) - \pi_1(q_1^*, p_1^*) \end{cases}$ 時，整理可得 $\pi_1(q_{I1}^*, p_{I1}^*) - \pi_1(q_1^*, p_1^*) - I(\eta_{I1}^*) < 0$，即 $\pi_{I1}(q_{I1}^*, p_{I1}^*, \eta_{I1}^*) < \pi_1(q_1^*, p_1^*)$。

（3）當 $\begin{cases} E < q_{opt} \\ I(\eta_{I1}^*) \leqslant \pi_1(q_{I1}^*, p_{I1}^*) - \pi_1(q_1^*, p_1^*) \end{cases}$ 時，整理可得 $\pi_1(q_{I1}^*, p_{I1}^*) - \pi_1(q_1^*, p_1^*) - I(\eta_{I1}^*) \geqslant 0$，即 $\pi_{I1}(q_{I1}^*, p_{I1}^*, \eta_{I1}^*) \geqslant \pi_1(q_1^*, p_1^*)$。

證畢。

命題 3.3 表明限額政策下，不考慮和考慮綠色技術投資兩種情形的製造商最大期望利潤大小取決於限額政策和綠色技術投資的參數之間的關係。該結論的有趣在於，對製造商而言，多了綠色技術投資這個選擇，並不意味著其利潤一定能夠得到提升；相反，當碳排放限額在一定範圍時，考慮綠色技術投資時的製造商最大期望利潤要小於不考慮綠色技術投資的情形。造成這個現象的原因是考慮了戰略顧客行為。當限額政策剛剛起作用時，不考慮綠色技術投資時的產量受限會提高顧客購買意願，此時製造商期望利潤會隨著碳排放限額的減小而增大。當考慮綠色技術投資時，製造商能夠通過綠色技術投資來獲得一定的碳排放權節約，從而能夠生產更多產品。在理性預期均衡下，戰略顧客預期製造商一定會進行綠色技術投資來獲得更多產品，從而不願意花費更高的價格來購買產品，這就使得製造商期望利潤反而會減少，加上綠色技術投資耗費了一定的成本，所以此時對製造商而言，考慮綠色技術投資反而不如不考慮綠色技術投資。

3.2.2 數量承諾的情形

3.2.2.1 製造商最優策略

考慮製造商能夠通過恰當的手段向顧客承諾整個銷售期內的存貨數量為 q，售完即止。此時，戰略顧客將不再需要對在折扣銷售階段獲得產品的可能性做出預期。根據上述理性預期均衡條件，當存貨數量給定為 q 時，顧客在折扣銷售階段獲得產品的可能性為 $F(q)$。戰略顧客的保留價格（也是製造商的最優定價）為 $p(q) = v - (v - s)F(q)$。則得到此時製造商關於承諾數量 q 和減排率 η 的利潤函數 $\pi_{I1}^q(q, \eta)$ 為：

$$\pi_{I1}^q(q, \eta) = (v - s)\bar{F}(q)\left(q - \int_0^q F(x)dx\right) - (c - s)q - \frac{1}{2}t\eta^2 \quad (3\text{-}10)$$

其中上標 q 表示數量承諾的情形。因此，數量承諾時製造商的生產與綠色技術投資決策模型為：

$$\max_{q,\ \eta} \pi_{I1}^{q}(q,\ \eta) \tag{3-11}$$

$$s.\ t.\ (1-\eta)q \leqslant E \tag{3-12}$$

定義 $\theta_1^q(q) = \frac{1}{1-\eta}\frac{\partial \pi_{I1}^q(q,\ \eta)}{\partial q} = \frac{1}{1-\eta}[(v-s)(\bar{F}^2(q) - f(q)\left(q-\int_0^q F(x)dx\right)) - (c-s)]$，$\theta_2^q(\eta) = -\frac{1}{q}\frac{\partial \pi_{I1}^q(q,\ \eta)}{\partial \eta} = \frac{1}{q}\frac{dI(\eta)}{d\eta} = \frac{t\eta}{q}$。$\theta_1^q(q)$ 表示數量承諾情形製造商單位碳排放邊際利潤，即製造商花費單位碳排放權用於產品時所帶來的利潤；$\theta_2^q(\eta)$ 表示數量承諾情形製造商單位碳排放邊際成本，即製造商通過綠色技術投資降低單位碳排放所需投入的成本。

命題 3.4 數量承諾情形，限額政策下考慮綠色技術投資的製造商最優承諾數量 q_{I1}^{q*}，最優綠色技術投資策略 η_{I1}^{q*} 滿足：

(1) $E \geqslant q_{opt}$ 時，$q_{I1}^{q*} = q_{opt}$，$\eta_{I1}^{q*} = 0$；

(2) $E < q_{opt}$ 時，q_{I1}^{q*} 和 η_{I1}^{q*} 滿足 $0 < \eta_{I1}^{q*} < \frac{1}{2}$，$E = (1-\eta_{I1}^{q*})q_{I1}^{q*}$，$\theta_1^q(q_{I1}^{q*}) = \theta_2^q(\eta_{I1}^{q*})$。

製造商最優價格 $p_{I1}^{q*} = v - (v-s)F(q_{I1}^{q*})$。

證明：

約束條件式（3-12）可以改寫為：

$$(1-\eta)q - E \leqslant 0$$

$\pi_{I1}^q(q,\ \eta)$ 對 q 和 η 求一階導數得：

$$\frac{\partial \pi_{I1}^q(q,\ \eta)}{\partial q} = (v-s)[\bar{F}^2(q) - f(q)\left(q-\int_0^q F(x)dx\right)] - (c-s)$$

$$\frac{\partial \pi_{I1}^q(q,\ \eta)}{\partial \eta} = -t\eta$$

根據 K-T 條件，引入廣義拉格朗日乘子 λ，可以得到：

$$(v-s)[\bar{F}^2(q) - f(q)\left(q-\int_0^q F(x)dx\right)] - (c-s) - \lambda(1-\eta) = 0 \tag{3-13}$$

$$-t\eta + \lambda q = 0 \tag{3-14}$$

$$\lambda((1-\eta)q - E) = 0 \tag{3-15}$$

$$\lambda \geqslant 0 \tag{3-16}$$

(1) $\lambda = 0$，根據式（3-13）和式（3-14）可得 $\frac{\partial \pi_{I1}^{q}(q,\ \eta)}{\partial q} = 0$，$\frac{\partial \pi_{I1}^{q}(q,\ \eta)}{\partial \eta} = 0$，根據命題 2.5 的證明可知，上述一階最優條件求解可以得到 $q_{I1}^{q*} = q_{opt}$，$\eta_{I1}^{q*} = 0$，根據式（3-15）可得此時 $(1-\eta)q - E \leqslant 0$，即 $E \geqslant q_{opt}$。

(2) $\lambda > 0$，根據式（3-13）和式（3-14）可得：

$$\frac{\partial \pi_{I1}^{q}(q,\ \eta)}{\partial q} = (v-s)\left[\bar{F}^{2}(q) - f(q)\left(q - \int_{0}^{q} F(x)dx\right)\right] - (c-s) = \lambda(1-\eta)$$

$$\frac{\partial \pi_{I1}^{q}(q,\ \eta)}{\partial \eta} = -t\eta = -\lambda q$$

則 $0 < \eta_{I1}^{q*} < 1$，$q_{I1}^{q*} < q_{opt}$（因為 $\pi_{1}^{q}(q)$ 是關於 q 的擬凹函數且在 $q = q_{opt}$ 處取得最大值，而 $\frac{d\pi_{1}^{q}(q)}{dq}\Big|_{q=q_{I1}^{q*}} = \lambda(1-\eta) > 0$）且 $\frac{1}{1-\eta}\left[(v-s)\left(\bar{F}^{2}(q) - f(q)\left(q - \int_{0}^{q} F(x)dx\right)\right) - (c-s)\right] = \frac{t\eta}{q}$，即 $\theta_{1}^{q}(q_{I1}^{q*}) = \theta_{2}^{q}(\eta_{I1}^{q*})$，根據式（3-15）可得 $E = (1-\eta_{I1}^{*})\, q_{I1}^{q*} < q_{opt}$。

根據數量承諾時製造商最優價格與最優產量的關係，可得到製造商在相應條件下的最優價格 $p_{I1}^{q*} = v - (v-s)F(q_{I1}^{q*})$。

因此，當 $E \geqslant q_{opt}$ 時，$q_{I1}^{q*} = q_{opt}$，$\eta_{I1}^{q*} = 0$；當 $E < q_{0}$ 時，q_{I1}^{q*} 和 η_{I1}^{q*} 滿足 $0 < \eta_{I1}^{q*} < 1$，$E = (1-\eta_{I1}^{*})\, q_{I1}^{q*}$，$\theta_{1}^{q}(q_{I1}^{q*}) = \theta_{2}^{q}(\eta_{I1}^{q*})$，$p_{I1}^{q*} = v - (v-s)F(q_{I1}^{q*})$。

$0 < \eta_{I1}^{q*} < \frac{1}{2}$ 的證明過程與命題 3.1 中 $0 < \eta_{I1}^{*} < \frac{1}{2}$ 的證明過程相似，此處不再累述。

證畢。

命題 3.4 表明，當政府設定的碳排放限額較高，考慮綠色技術投資時製造商的最優承諾數量與不考慮綠色技術投資的情形相等，等於無碳排放政策情形的製造商最優承諾數量，此時製造商不會進行綠色技術投資。當政府設定的碳排放限額較低時，製造商的產量因為受到碳排放限額的約束而無法達到不考慮限額政策情形的最優承諾數量。此時製造商會進行綠色技術投資，從而獲得額外的碳排放權來生產更多產品。此時，製造商最優綠色技術投資策略和最優生產策略將由碳排放限額、數量承諾情形的單位碳排放邊際利潤和單位碳排放邊際成本決定。結論中 $\theta_{1}^{q}(q_{I1}^{q*}) = \theta_{2}^{q}(\eta_{I1}^{q*})$ 表明單位碳排放邊際利潤要等於綠色技術投資獲得額外碳排放時的單位碳排放邊際成本。只要 $\theta_1^q(q_{I1}^{q*}) > \theta_2^q(\eta_{I1}^{q*})$，製造商通過增加綠色技術投入來獲得額外的碳排放權並用來生產更多的產品，可以提高其最大期望利潤。而隨著綠色技術投資和產品產量的增加，$\theta_1^q(q_{I1}^{q*})$ 會減小，而 $\theta_2^q(\eta_{I1}^{q*})$ 會增大，直到 $\theta_1(q_{I1}^*) = \theta_1(\eta_{I1}^*)$，製造商期望利潤達到最大。當 $\theta_1^q(q_{I1}^{q*}) < \theta_2^q(\eta_{I1}^{q*})$ 時，製造商調整的策略相似。

將 q_{I1}^{q*} 和 η_{I1}^{q*} 代入式（3-10）得到限額政策下考慮綠色技術投資時製造商的最大期望利潤 $\pi_{I1}^q(q_{I1}^{q*}, \eta_{I1}^{q*}) = (v-s)\bar{F}(q_{I1}^{q*})\left(q_{I1}^{q*} - \int_0^{q_{I1}^{q*}} F(x)dx\right) - (c-s)q_{I1}^{q*} - \frac{1}{2}t\,\eta_{I1}^{q*2}$。

3.2.2.2　綠色技術投資的影響分析

在限額政策下採用數量承諾策略時，通過對比不考慮和考慮綠色技術投資兩種情形下製造商的最優策略和最大期望利潤，分析綠色技術投資的影響。

命題 3.5　（1）當 $E \geqslant q_{opt}$ 時，$q_{I1}^{q*} = q_1^{q*}$；當 $E < q_{opt}$ 時，$q_{I1}^{q*} > q_1^{q*}$。

（2）當 $E \geqslant q_{opt}$ 時，$p_{I1}^{q*} = p_1^{q*}$；當 $E < q_0$ 時，$p_{I1}^{q*} < p_1^{q*}$。

證明：顯然，當 $E \geqslant q_0$ 時，$q_{I1}^{q*} = q_{opt} = q_1^{q*}$，$p_{I1}^{q*} = p_1^{q*}$。

當 $E < q_0$ 時，根據命題 3.4 可知 $q_{I1}^{q*} = \dfrac{E}{1-\eta_{I1}^{q*}} > E = q_1^{q*}$。兩種情形下的製造商最優產量和最優定價均滿足式（2-9），故可知 $p_{I1}^{q*} < p_1^{q*}$。

證畢。

命題 3.5 表明，製造商在限額政策下採用數量承諾情形時，與不考慮綠色技術投資的情形相比，考慮綠色技術投資時製造商最優承諾數量不變或增大，最優價格不變或下降。當政府分配的碳排放限額較高時，限額政策不起作用，此時製造商不會進行綠色技術投資，不考慮和考慮綠色技術投資兩種情形的製造商的最優承諾數量和最優定價相等。當政府分配的碳排放限額較低（小於 q_{opt}）時，限額政策起作用，會限制製造商的產量。為了應對限額政策對產量的限制，製造商會通過綠色技術投資來獲得碳排放權節約，從而能夠增加部分產量並使得考慮綠色技術投資時的製造商最優承諾數量大於不考慮綠色技術投資的情形，但是仍然小於不考慮碳排放政策情形（即 q_{opt}）。由於考慮了戰略顧客行為，當最優承諾數量增加時，將會使得顧客在正常銷售階段購買的意願降低，這就使得製造商的最優價格會相應下降。

限額政策下進行數量承諾時，關於綠色技術投資對製造商最大期望利潤的影響，可以得到命題 3.6。

命題 3.6 (1) $E \geq q_{opt}$ 時, $\pi_{I1}^{q}(q_{I1}^{q*}, \eta_{I1}^{q*}) = \pi_{1}^{q}(q_{1}^{*})$;

(2) $E < q_{opt}$ 時, 當 $3f(q)\bar{F}(q) + f'(q)\left(q - \int_{0}^{q} F(x)dx\right) > 0$ 時, $\pi_{I1}^{q}(q_{I1}^{q*}, \eta_{I1}^{q*}) > \pi_{1}^{q}(q_{1}^{*})$。

證明: (1) $E \geq q_{opt}$ 時, 製造商不會進行綠色技術投資, 顯然, 不考慮和考慮綠色技術投資時的製造商最大期望利潤相等。

(2) $E < q_{opt}$ 時,

$$\frac{d\pi_{1}^{q}(q)}{dq} = (v - s)\left[\bar{F}^{2}(q) - f(q)\left(q - \int_{0}^{q} F(x)dx\right)\right] - (c - s)$$

$$\frac{d^{2}\pi_{1}^{q}(q)}{dq^{2}} = (v - s)\left[-3f(q)\bar{F}(q) - f'(q)\left(q - \int_{0}^{q} F(x)dx\right)\right]$$

當 $3f(q)\bar{F}(q) + f'(q)\left(q - \int_{0}^{q} F(x)dx\right) > 0$ 時, $\frac{d^{2}\pi_{1}^{q}(q)}{dq^{2}} < 0$; 則 $\theta_{1}^{q}(q)$ 在 $q < q_{opt}$ 時隨著 q 遞減。而根據假設可知, $I''(\eta) > 0$, 則可知 $\theta_{2}^{q}(\eta)$ 隨著 η 遞增。根據命題 3.4 可知, 製造商的最優綠色技術投資策略為單位碳排放邊際利潤等於綠色技術投資獲得額外碳排放時的單位碳排放邊際成本。因此, 當 $E < q < q_{I1}^{q*}$, $0 < \eta < \eta_{I1}^{q*}$ 時, $\theta_{1}^{q}(q) > \theta_{2}^{q}(\eta)$。因此 $\pi_{1}^{q}(q_{I1}^{q*}) - \pi_{1}^{q}(E) > I(\eta_{I1}^{q*})$。根據兩種情形下製造商最大期望利潤的表達式可得 $\pi_{I1}^{q}(q_{I1}^{q*}, \eta_{I1}^{q*}) = \pi_{1}^{q}(q_{I1}^{q*}) - I(\eta_{I1}^{q*})$, $\pi_{1}^{q}(q_{1}^{*}) = \pi_{1}^{q}(E)$。因此 $\pi_{I1}^{q}(q_{I1}^{q*}, \eta_{I1}^{q*}) - \pi_{1}^{q}(q_{1}^{*}) > 0$, 即 $\pi_{I1}^{q}(q_{I1}^{q*}, \eta_{I1}^{q*}) > \pi_{1}^{q}(q_{1}^{*})$。

證畢。

命題 3.6 表明, 限額政策下進行數量承諾時, 當政府設定的碳排放限額較高時, 製造商不會進行綠色技術投資, 不考慮和考慮綠色技術投資兩種情形下製造商最大期望利潤相等。當政府設定的碳排放限額較低且模型參數滿足一定條件時, 考慮綠色技術投資時製造商最大期望利潤要大於不考慮綠色技術投資的情形。這是因為進行綠色技術投資初期, 節約單位碳排放權的成本相對較低, 而將其用於生產獲得邊際利潤較高, 這時綠色技術投資能夠獲利。

3.2.2.3 數量承諾的影響分析

通過比較數量承諾情形和理性預期均衡情形的製造商最優策略和最大期望利潤, 分析數量承諾的影響。

關於數量承諾對製造商最優策略的影響, 可以得到命題 3.7。

命題 3.7 (1) $q_{I1}^{q*} < q_{I1}^{*}$, $p_{I1}^{q*} > p_{I1}^{*}$。

(2) 當 $E \geq q_0$ 時, $\eta_{I1}^{q*} = \eta_{I1}^{*} = 0$; 當 $q_{opt} \leq E < q_0$ 時, $\eta_{I1}^{*} > \eta_{I1}^{q*} = 0$; 當 $0 <$

$E < q_{opt}$ 時，$\eta_{l1}^{q*} < \eta_{l1}^{*} < \frac{1}{2}$。

證明：（1）當 $E \geqslant q_0$ 時，$q_{l1}^{q*} = q_{opt} < q_0 = q_{l1}^{*}$ 即 $q_{l1}^{q*} < q_{l1}^{*}$，$\eta_{l1}^{q*} = \eta_{l1}^{*} = 0$；

（2）當 $q_{opt} < E < q_0$ 時，$q_{l1}^{*} > E > q_{opt} = q_{l1}^{q*}$ 即 $q_{l1}^{q*} < q_{l1}^{*}$，$\eta_{l1}^{*} > 0 = \eta_{l1}^{q*}$，$\eta_{l1}^{*} > \eta_{l1}^{q*}$；

（3）當 $0 < E < q_{opt}$ 時，$\theta_1(q) = \theta_2(\eta)$ 可以整理為：

$$[(v-s)\bar{F}^2(q) - (c-s)]q = t\eta(1-\eta) \tag{3-17}$$

$\theta_1^q(q) = \theta_2^q(\eta)$ 可以整理為：

$$\left[(v-s)\left(\bar{F}^2(q) - f(q)\left(q - \int_0^q F(x)dx\right)\right) - (c-s)\right]q = t\eta(1-\eta) \tag{3-18}$$

將 $E = (1-\eta)q$ 變換為 $\eta = 1 - \frac{E}{q}$ 並代入式（3-17）和式（3-18）並整理，可以得到：

$$\Theta_1(q) \equiv [(v-s)\bar{F}^2(q) - (c-s)]q = \frac{tE(q-E)}{q^2} \tag{3-19}$$

$$\Theta_2(q) \equiv \left[(v-s)\left(\bar{F}^2(q) - f(q)\left(q - \int_0^q F(x)dx\right)\right) - (c-s)\right]q = \frac{tE(q-E)}{q^2} \tag{3-20}$$

令 $\Theta(q) = \frac{tE(q-E)}{q^2}$，則可知 $\Theta(E) = 0$，$\Theta'(q) = \frac{tE(2E-q)}{q^3}$。

首先，當 $\frac{1}{2} < \eta < 1$ 時，$2E - q < 0$，即 $\Theta(q)$ 從 E 開始遞減為負數，根據命題 3.1 和命題 3.4 的證明及 $q \geqslant 0$ 可知，$[(v-s)\bar{F}^2(q) - (c-s)]q > 0$，$\left[(v-s)\left(\bar{F}^2(q) - f(q)\left(q - \int_0^q F(x)dx\right)\right) - (c-s)\right]q > 0$。因此，此時式（3-19）和式（3-20）無解。

其次，當 $0 < \eta < \frac{1}{2}$ 時，$2E - q > 0$ 即 $\Theta(q)$ 從 E 開始遞增。比較 $\Theta_1(q)$ 和 $\Theta_2(q)$ 可知 $\Theta_1(q) > \Theta_2(q)$。因此，$\Theta(q)$ 必定先與 $\Theta_2(q)$ 相交然後再與 $\Theta_1(q)$ 相交，即可得到 $q_{l1}^{q*} < q_{l1}^{*}$。

綜合上述分析可知 $q_{l1}^{q*} < q_{l1}^{*}$；當 $E \geqslant q_0$ 時，$\eta_{l1}^{q*} = \eta_{l1}^{*} = 0$；當 $q_{opt} \leqslant E < q_0$ 時，$\eta_{l1}^{*} > \eta_{l1}^{q*} = 0$；當 $0 < E < q_{opt}$ 時，$\eta_{l1}^{q*} < \eta_{l1}^{*} < \frac{1}{2}$。因為所有情形下 p 和 q

均滿足 $p = v - (v - s)F(q)$，所以可得到 $p_{\Pi}^{q*} > p_{\Pi}^{*}$。

證畢。

命題 3.7 表明限額政策下，考慮綠色技術投資時，製造商採取數量承諾策略時其最優產量降低、最優價格升高和最優綠色技術投資減少。當碳排放限額不起作用時，採取數量承諾策略會使得製造商最優產量降低，這與不考慮綠色技術投資的情形相同。當碳排放限額逐步降低時，理性預期均衡情形下，製造商開始進行綠色技術投資，但是其產量仍然會高於數量承諾的情形。隨著碳排放限額進一步降低，兩種情形下製造商均會進行綠色技術投資，而數量承諾情形製造商會適當減少綠色技術投資和降低最優產量（因為受到碳排放限額的限制），並提高最優價格。

關於數量承諾對製造商最大期望利潤的影響，可以得到命題 3.8。

命題 3.8 $\pi_{\Pi}^{q}(q_{\Pi}^{q*}, \eta_{\Pi}^{q*}) > \pi_{\Pi}(q_{\Pi}^{*}, p_{\Pi}^{*}, \eta_{\Pi}^{*})$。

證明： 顯然，當 $E \geqslant q_0$ 時，兩種情形製造商均不進行綠色技術投資，故與不考慮綠色技術投資的結論一致，此時 $\pi_{\Pi}^{q}(q_{\Pi}^{q*}, \eta_{\Pi}^{q*}) > \pi_{\Pi}(q_{\Pi}^{*}, p_{\Pi}^{*}, \eta_{\Pi}^{*})$。

當 $q_{opt} \leqslant E < q_0$ 時，根據命題 3.3 可知，進行綠色技術投資的製造商最大期望利潤低於不進行綠色技術投資的情形，而不進行綠色技術投資的製造商最大期望利潤低於數量承諾的情形，則可得到此時 $\pi_{\Pi}^{q}(q_{\Pi}^{q*}, \eta_{\Pi}^{q*}) > \pi_{\Pi}(q_{\Pi}^{*}, p_{\Pi}^{*}, \eta_{\Pi}^{*})$。

當 $E < q_{opt}$ 時，將 $\eta = 1 - \dfrac{E}{q}$ 代入式（3-10）可得：

$$\pi_{\Pi}^{q}(q) = (v - s)\bar{F}(q)\left(q - \int_{0}^{q} F(x)dx\right) - (c - s)q - \frac{1}{2}t\left(1 - \frac{E}{q}\right)^{2} \tag{3-21}$$

$\pi_{\Pi}^{q}(q_{\Pi}^{q*}, \eta_{\Pi}^{q*}) = \pi_{\Pi}^{q}(q_{\Pi}^{q*})$，$\pi_{\Pi}(q_{\Pi}^{*}, p_{\Pi}^{*}, \eta_{\Pi}^{*}) = \pi_{\Pi}^{q}(q_{\Pi}^{*})$。$\theta_1^{q}(q_{\Pi}^{q*}) = \theta_2^{q}(\eta_{\Pi}^{q*})$ 且 $E = (1 - \eta_{\Pi}^{q*})q_{\Pi}^{q*}$ 時，$\dfrac{d\pi_{\Pi}^{q}(q)}{dq}\Big|_{q = q_{\Pi}^{q*}} = 0$，即 q_{Π}^{q*} 為 $\pi_{\Pi}^{q}(q)$ 的最大值，則可知 $\pi_{\Pi}^{q}(q_{\Pi}^{*}) < \pi_{\Pi}^{q}(q_{\Pi}^{q*})$，即 $\pi_{\Pi}^{q}(q_{\Pi}^{q*}, \eta_{\Pi}^{q*}) > \pi_{\Pi}(q_{\Pi}^{*}, p_{\Pi}^{*}, \eta_{\Pi}^{*})$。

綜合上述分析可得，$\pi_{\Pi}^{q}(q_{\Pi}^{q*}, \eta_{\Pi}^{q*}) > \pi_{\Pi}(q_{\Pi}^{*}, p_{\Pi}^{*}, \eta_{\Pi}^{*})$。

證畢。

命題 3.8 表明，限額政策下考慮綠色技術投資時，數量承諾情形製造商最大期望利潤要大於理性預期均衡情形。當碳排放限額較高時，兩種情形下製造商均不進行綠色技術投資，此時兩種情形的比較與不考慮綠色技術投資的情形相同，顯然數量承諾情形的製造商期望利潤要大於理性預期均衡的情形。當碳排放限額較低，數量承諾使得製造商總能承諾一個最優數量。而理性預期均衡情形，戰略顧客預期製造商進行綠色技術投資還能生產更多產品，其購買意願會降低，從而使得製造商會加大綠色技術投資繼續生產，其綠色技術投資停止條件為理性預期均衡條件下的單位產品碳排放邊際成本等於單位碳排放邊際利潤。此時，從製造商最大期望利潤函數來看，製造商單位產品碳排放邊際成本高於單位碳排放邊際利潤。

3.2.3 數值分析

本小節通過數值分析討論限額政策下考慮綠色技術投資時製造商的最優策略，限額參數對製造商最優決策和最大期望利潤的影響，進而給出相應的管理啟示。

假設隨機需求服從 [0, 100] 的均勻分佈，初始碳排放限額 E 變動代表不同的決策情境，其餘參數保持不變，令 $v = 17$、$c = 2$、$s = 1$ 和 $t = 1000$。

3.2.3.1 理性預期均衡的情形

(1) 製造商最優策略

該小節討論理性預期均衡情形，限額政策下考慮綠色技術投資時單一製造商的最優生產、定價和綠色技術投資決策，並給出相應的管理啟示。

根據第二章的分析可得 $q_0 = 75$、$p_0 = 5$、$\pi_1(q_0, p_0) = 112.5$。因此，當 $E \geqslant 75$ 時，$q_{I1}^* = 75$、$p_{I1}^* = 5$、$\eta_{I1}^* = 0$、$\pi_{I1}(q_{I1}^*, p_{I1}^*, \eta_{I1}^*) = 112.5$；當 $E = 50 < 75$ 時，$q_{I1}^* = 57.22$、$p_{I1}^* = 7.84$、$\eta_{I1}^* = 0.1262$、$\pi_{I1}(q_{I1}^*, p_{I1}^*, \eta_{I1}^*) = 214.42$。

(2) 綠色技術投資的影響分析

通過與不考慮綠色技術投資情形對比，分析綠色技術投資對製造商最優策略和最大期望利潤的影響。

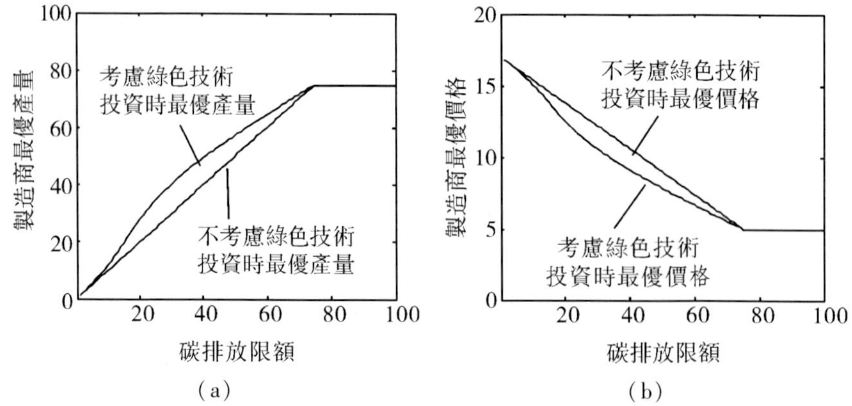

圖 3-1 綠色技術投資對製造商最優策略的影響

(a) 最優產量；(b) 最優價格

圖 3-1 闡述了不考慮和考慮綠色技術投資情形的製造商最優產量和最優價格關於初始碳排放限額的變化情況。

圖 3-1 表明考慮綠色技術投資時製造商最優產量高於不考慮綠色技術投資的情形，而考慮綠色技術投資時製造商最優價格則低於不考慮綠色技術投資的情形。該結論證明了命題 3.2。

圖 3-2 闡述了在限額政策下的理性預期均衡時，綠色技術投資對製造商最大期望利潤的影響。圖 3-2 表明只有當碳排放限額低至一定程度且在一定範圍內時，考慮綠色技術投資時製造商最大期望利潤會大於不考慮綠色技術投資的情形。該結論證明了命題 3.3。

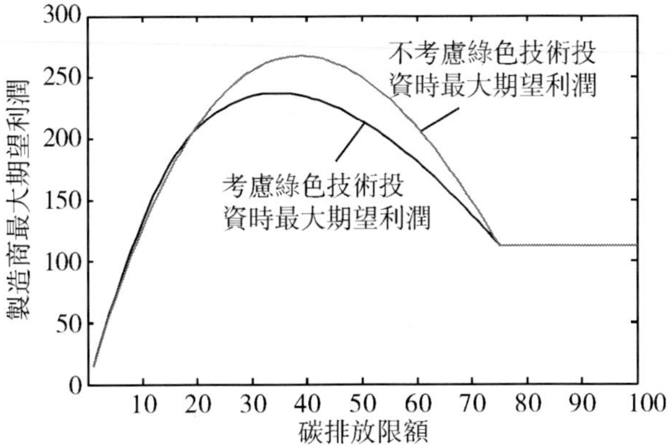

圖 3-2 綠色技術投資對製造商最大期望利潤的影響

(3) 碳排放限額的敏感性分析

本小結通過數值分析討論理性預期均衡情形製造商最優策略和最大期望利潤關於碳排放限額的變化情況。

圖 3-3 闡述了隨著 E 的變化，製造商最優策略和最大期望利潤變化情況。

根據對圖 3-3 的觀察，可以得到結論 3.1。

結論 3.1 當碳排放限額高於不考慮碳排放政策時的最優碳排放量，製造商最優產量、價格、綠色技術投資策略和最大期望利潤均隨著碳排放限額保持不變。

結論 3.2 當碳排放限額低於不考慮碳排放政策時的最優碳排放量，製造商最優產量隨著碳排放限額遞增；製造商最優價格隨著碳排放限額遞減；製造商最優綠色技術投資隨著碳排放限額先增大後減小。

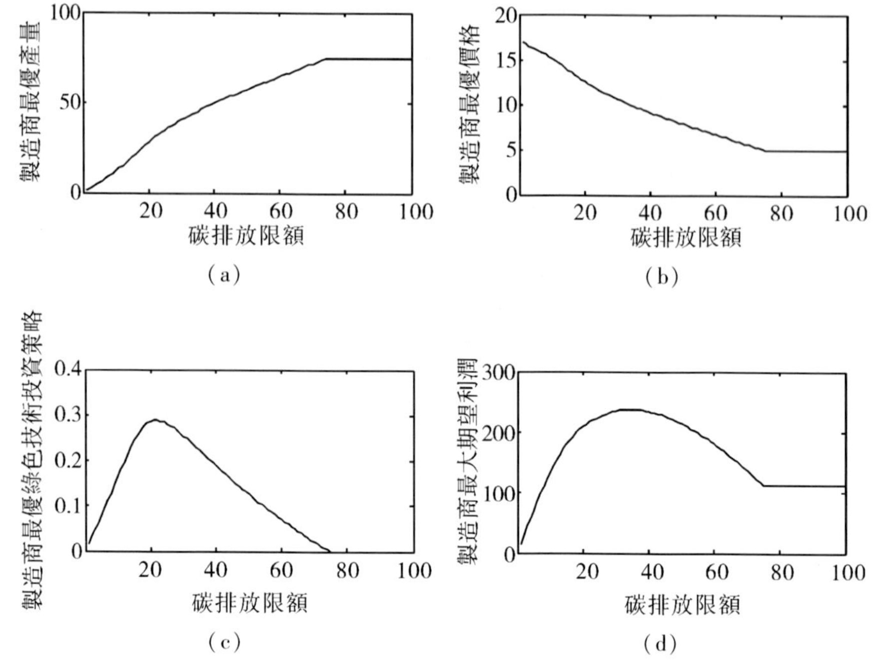

圖 3-3　理性預期均衡時製造商最優策略和最大期望利潤

(a) 最優產量；(b) 最優價格；(c) 最優綠色技術投資；(d) 最大期望利潤

結論 3.3　當碳排放限額低於不考慮碳排放政策時的最優碳排放量，製造商最大期望利潤隨著碳排放限額先增大後減小且存在一個最優的碳排放限額，使得製造商最大期望利潤最優（此時 $E=34.57$、$\pi_{II}(q_{II}^*, p_{II}^*, \eta_{II}^*)=237.25$）。

3.2.3.2　數量承諾的情形

(1) 製造商最優策略

該小節討論數量承諾情形，限額政策下考慮綠色技術投資時單一製造商的最優生產、定價決策和綠色技術投資策略，並給出相應的管理啟示。

根據第二章的分析可得 $q_{opt}=38.76$、$\pi_1^q(q_{opt})=267.42$。因此，當 $E \geqslant 38.76$ 時，$q_{II}^{q*}=38.76$、$p_{II}^{q*}=10.80$、$\eta_{II}^{q*}=0$、$\pi_{II}(q_{II}^{q*}, \eta_{II}^{q*})=267.42$；當 $E=25<38.76$ 時，$q_{II}^{q*}=28.02$、$p_{II}^{q*}=12.52$、$\eta_{II}^{q*}=0.1079$、$\pi_{II}^q(q_{II}^{q*}, \eta_{II}^{q*})=243.66$。

(2) 綠色技術投資的影響分析

通過與不考慮綠色技術投資情形對比，分析綠色技術投資對製造商最優策略和最大期望利潤的影響。

圖 3-4 闡述了不考慮和考慮綠色技術投資情形的製造商最優產量和最優

價格關於初始碳排放限額的變化情況。

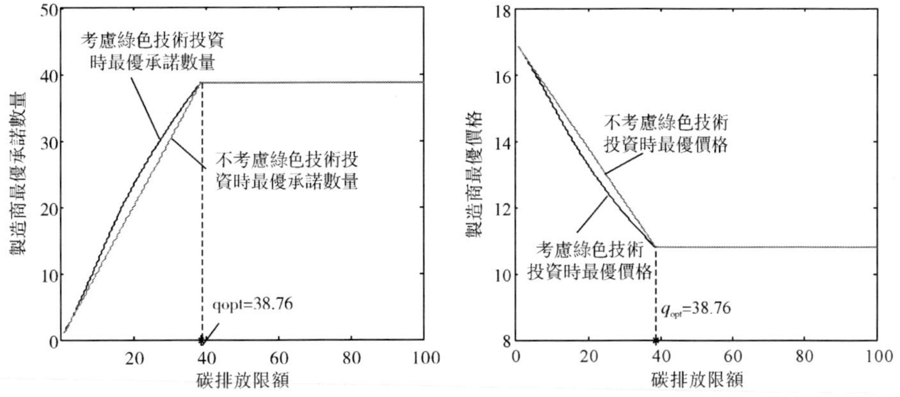

圖 3-4　綠色技術投資對製造商最優策略的影響

(a) 最優產量；(b) 最優價格

圖 3-4 當碳排放限額高於不考慮碳排放政策的數量承諾時的最優碳排放量，兩種情形的最優承諾數量和最優價格相等。當碳排放限額低於不考慮碳排放政策的數量承諾時的最優碳排放量，考慮綠色技術投資時製造商最優產量高於不考慮綠色技術投資的情形，而考慮綠色技術投資時製造商最優價格則低於不考慮綠色技術投資的情形。該結論證明了命題 3.5。

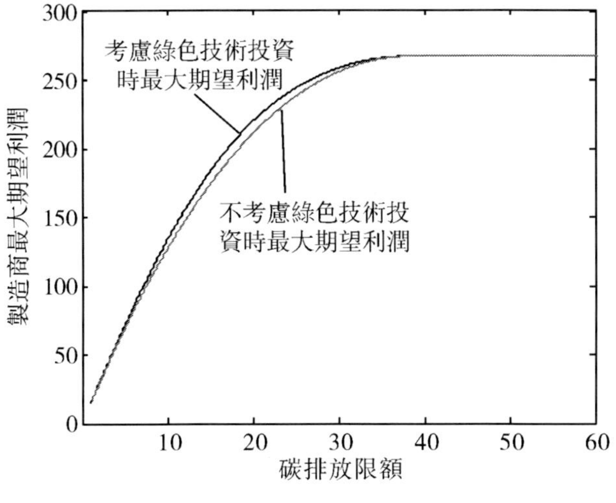

圖 3-5　綠色技術投資對製造商最大期望利潤的影響

圖 3-5 闡述了在限額政策下的數量承諾時，綠色技術投資對製造商最大

期望利潤的影響。圖 3-5 表明當碳排放限額高於不考慮碳排放政策的數量承諾時的最優碳排放量，不考慮和考慮綠色技術投資兩種情形的製造商最大期望利潤相等；當碳排放限額低於不考慮碳排放政策的數量承諾時的最優碳排放量，考慮綠色技術投資的製造商最大期望利潤大於不考慮綠色技術投資的情形。該結論證明了命題 3.6（因為本書採用均勻分佈進行數值分析，則 $f'(q)=0$，即可以得到命題 3.6 所示條件 $3f(q)\bar{F}(q)+f'(q)\left(q-\int_0^q F(x)dx\right)>0$ 恒成立）。

（3）數量承諾的影響分析

通過對比限額政策下考慮綠色技術投資時，理性預期均衡和數量承諾兩種情形的製造商最優策略和最大期望利潤，分析數量承諾的影響。

圖 3-6 闡述了限額政策下考慮綠色技術投資時，數量承諾對製造商最優策略和最大期望利潤的影響。

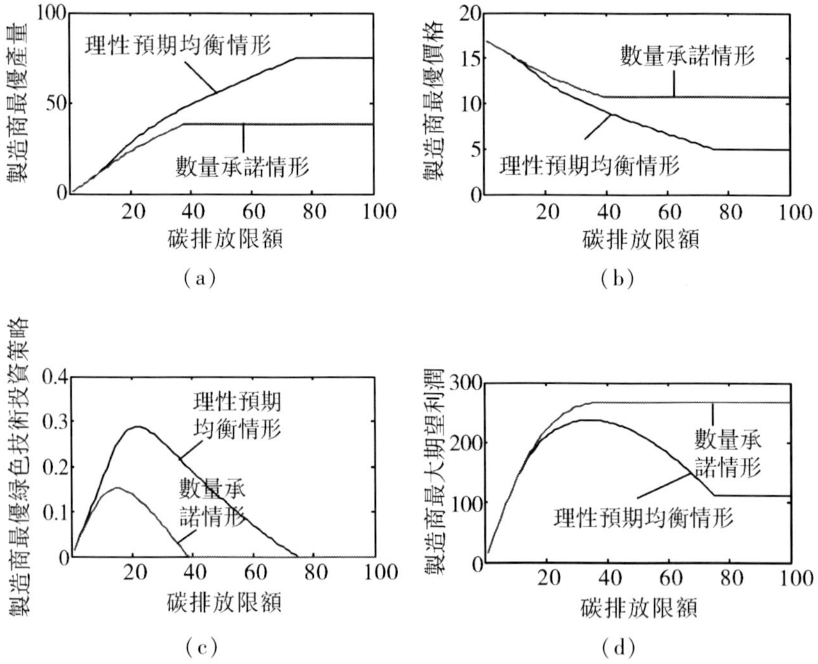

圖 3-6　數量承諾對製造商最優策略和最大期望利潤的影響

（a）最優產量；（b）最優價格；（c）最優綠色技術投資策略；（d）最大期望利潤

圖 3-6（a）表明限額政策下考慮綠色技術投資時，數量承諾情形的最優承諾數量總是低於理性預期均衡的情形；圖 3-6（b）表明最優價格總是高於理性預期均衡的情形；圖 3-6（c）表明當碳排放限額高於無碳排放政策時製

造商最優碳排放量時，兩種情形下製造商均不會進行綠色技術投資；當碳排放限額低於無碳排放政策時製造商最優碳排放量時，數量承諾情形的製造商最優綠色技術投資總是低於理性預期均衡的情形；圖 3-6（d）表明數量承諾情形的製造商最大期望利潤總是大於理性預期均衡的情形。上述結論證明了命題 3.7 和命題 3.8。

（4）碳排放限額的敏感性分析

本小結通過數值分析討論限額政策下考慮綠色技術投資時，數量承諾情形製造商最優策略和最大期望利潤關於碳排放限額的變化情況。具體變化情況參見圖 3-6。

通過觀察圖 3-6，可以得到結論 3.4、結論 3.5、結論 3.6。

結論 3.4 當碳排放限額高於不考慮碳排放政策時數量承諾情形的最優碳排放量，製造商最優產量、最優價格、最優綠色技術投資和最大期望利潤均隨著碳排放限額保持不變。

結論 3.5 當碳排放限額低於不考慮碳排放政策時數量承諾情形的最優碳排放量，製造商最優產量隨著碳排放限額遞增；製造商最優價格隨著碳排放限額遞減；製造商最優綠色技術投資隨著碳排放限額先增加後減少。

結論 3.6 當碳排放限額低於不考慮碳排放政策時數量承諾的最優碳排放量，製造商最大期望利潤隨著碳排放限額遞增。

3.3 限額與交易政策的拓展模型

本小節在上一節的基礎上拓展考慮碳排放權交易，即研究製造商面臨限額與交易政策且可以進行綠色技術投資時的最優生產、定價、碳交易和綠色技術投資策略。期初，製造商會收到政府分配的免費碳排放權，如果生產時碳排放權不足可以通過綠色技術投資或者從外部市場購買，如果碳排放權剩餘則可向外部市場出售。至生產期末，製造商的碳排放量不允許超過其持有的碳排放權。

3.3.1 理性預期均衡的情形

3.3.1.1 製造商最優策略

限額與交易政策下考慮綠色技術投資的情形下，製造商期望利潤函數 $\pi_{I2}(q, p, e, \eta)$ 為：

$$\pi_{I2}(q, p, e, \eta) = (p-s)\left(q - \int_0^q F(x)dx\right) - (c-s)q - ke - \frac{1}{2}t\eta^2$$

前三項表示限額與交易政策下，不考慮綠色技術投資時製造商的期望利潤，第四項表示製造商進行綠色技術投資的成本。

限額與交易政策下，當進行綠色技術投資後的減排率為 η 時，製造商的碳交易量可以表達為：

$$e = (1-\eta)q - E \tag{3-22}$$

則製造商期望利潤函數可以轉化為：

$$\pi_{I2}(q,p,\eta) = (p-s)\left(q - \int_0^q F(x)dx\right) - (c - s + k(1-\eta))q + kE - \frac{1}{2}t\eta^2 \tag{3-23}$$

在理性預期均衡條件下，製造商估計顧客保留價格的預期為 ξ_r。顯然，製造商會設定 $p = \xi_r$，q 和 η 為 p 給定時，滿足 $\max\limits_{q,\eta} \pi_{I2}(q,p,\eta)$ 的值。

引理 3.2　理性預期均衡條件下，當 p 給定且模型參數滿足 $(v-s)f(q)\bar{F}(q)t - k^2 > 0$ 時，限額與交易政策下考慮綠色技術投資的製造商期望利潤函數 $\pi_{I2}(q,p,\eta)$ 是 q 和 η 的凹函數。

證明：

當 p 給定時，根據式 (3-23) 可得：

$$\frac{\partial \pi_{I2}(q,p,\eta)}{\partial q} = (p-s)\bar{F}(q) - (c-s) - (1-\eta)k \tag{3-24}$$

$$\frac{\partial^2 \pi_{I2}(q,p,\eta)}{\partial q^2} = -(p-s)f(q) < 0$$

$$\frac{\partial \pi_{I2}(q,p,\eta)}{\partial \eta} = qk - t\eta \tag{3-25}$$

$$\frac{\partial^2 \pi_{I2}(q,p,\eta)}{\partial \eta^2} = -t < 0$$

$$\frac{\partial^2 \pi_{I2}(q,p,\eta)}{\partial q \partial \eta} = \frac{\partial^2 \pi_{I2}(q,p,\eta)}{\partial \eta \partial q} = k$$

當 $t(v-s)f(q)\bar{F}(q) - k^2 > 0$ 時，在理性預期均衡條件下，即 $t(p-s)f(q) - k^2 > 0$，則可得到：

$$\begin{vmatrix} \dfrac{\partial^2 \pi_{I2}(q,p,\eta)}{\partial q^2} & \dfrac{\partial^2 \pi_{I2}(q,p,\eta)}{\partial q \partial \eta} \\ \dfrac{\partial^2 \pi_{I2}(q,p,\eta)}{\partial \eta \partial q} & \dfrac{\partial^2 \pi_{I2}(q,p,\eta)}{\partial \eta^2} \end{vmatrix} = t(p-s)f(q) - k^2 > 0$$

上述黑塞矩陣為負定矩陣，所以，理性預期均衡條件下，當 p 給定且模型參數滿足 $(v-s)f(q)\bar{F}(q)t-k^2>0$ 時，$\pi_{l2}(q,p,\eta)$ 是 q 和 η 的凹函數。

證畢。

命題 3.9 理性預期均衡情形，當模型參數滿足 $(v-s)f(q)\bar{F}(q)t-k^2>0$ 時，限額與交易政策下考慮綠色技術投資的製造商最優生產（q_{l2}^*）、定價（p_{l2}^*）、碳交易（e_{l2}^*）和綠色技術投資策略（η_{l2}^*）滿足：

$$\begin{cases}\theta_1(q_{l2}^*)=\theta_2(\eta_{l2}^*)=k\\ p_{l2}^*=s+(v-s)\bar{F}(q_{l2}^*)\\ e_{l2}^*=(1-\eta_{l2}^*)\,q_{l2}^*-E\\ 0<\eta_{l2}^*<1\end{cases}$$

證明： 根據引理 3.2 可知，當 $(v-s)f(q)\bar{F}(q)t-k^2>0$ 時，令 $\frac{\partial\pi_{l2}(q,p,\eta)}{\partial q}=0$，$\frac{\partial\pi_{l2}(q,p,\eta)}{\partial\eta}=0$，聯立式（2-9）和式（3-22），可得方程組：

$$\begin{cases}(p-s)\bar{F}(q)-(c-s)-(1-\eta)k=0\\ qk-t\eta=0\\ p=v-(v-s)\bar{F}(q)\\ e=(1-\eta)q-E\\ 0<\eta<1\end{cases}$$

求解方程組可得製造商最優生產、定價、碳交易和綠色技術投資策略，即命題所示結論。

證畢。

命題 3.9 表明，考慮戰略顧客行為時，限額與交易政策下製造商可以進行綠色技術投資時的最優產量、最優定價和最優碳交易策略存在且唯一。命題所蘊含的內在經濟意義非常直觀。$\theta_1(q)$ 表示不考慮限額與交易政策情形時製造商生產的單位碳排放邊際利潤，即製造商投入一單位的碳排放所帶來的利潤；$\theta_2(\eta)$ 表示進行綠色投資時，減少單位碳排放所帶來的利潤（此為負值，即利潤減少），即通過綠色技術投資節約單位碳排放所需投入的成本；k 是單位碳排放的交易價格，可視為通過碳排放權交易方式獲得單位碳排放權的邊際成本。製造商的最優策略，是單位碳排放的邊際利潤等於單位碳排放權邊際成本。多種投入碳排放權獲利的途徑（生產產品和碳排放權出售交易）之間，其單位碳排放權邊際利潤相等；多種獲取碳排放權的途徑（綠色技術投資和碳排放權購買交易）之間，其單位碳排放權邊際成本相等。

將 q_{I2}^*、p_{I2}^* 和 η_{I2}^* 代入式（3-23）得到限額與交易政策下考慮綠色技術投資時製造商的最大期望利潤 $\pi_{I2}(q_{I2}^*, p_{I2}^*, \eta_{I2}^*) = (p_{I2}^* - s)\left(q_{I2}^* - \int_0^{q_{I2}^*} F(x)dx\right) - (c - s + k(1 - \eta_{I2}^*))q_{I2}^* + kE - \frac{1}{2}t\eta_{I2}^{*2}$。

3.3.1.2 限額與交易政策的影響分析

在考慮綠色技術投資時，通過對比限額政策和限額與交易政策兩種情形的製造商最優策略和最大期望利潤，分析碳排放權交易對製造商最優產量、最優定價和最大期望利潤的影響。

關於碳排放權交易對製造商最優策略的影響，可以得到命題 3.10。

命題 3.10 （1）當 $E > (1 - \eta_{I2}^*)q_{I2}^*$ 時，$q_{I1}^* > q_{I2}^*$，$p_{I1}^* < p_{I2}^*$，$e_{I2}^* < 0$；

（2）當 $E = (1 - \eta_{I2}^*)q_{I2}^*$ 時，$q_{I1}^* = q_{I2}^*$，$p_{I1}^* = p_{I2}^*$，$e_{I2}^* = 0$；

（3）當 $E < (1 - \eta_{I2}^*)q_{I2}^*$ 時，$q_{I1}^* < q_{I2}^*$，$p_{I1}^* > p_{I2}^*$，$e_{I2}^* > 0$；

（4）當 $E \geqslant q_0$ 或 $\begin{cases} E < q_0 \\ E > q_{I1}^*(1 - \frac{k}{t}q_{I2}^*) \end{cases}$ 時，$\eta_{I1}^* < \eta_{I2}^*$；

$\begin{cases} E < q_0 \\ E = q_{I1}^*(1 - \frac{k}{t}q_{I2}^*) \end{cases}$，$\eta_{I1}^* = \eta_{I2}^*$；$\begin{cases} E < q_0 \\ E < q_{I1}^*(1 - \frac{k}{t}q_{I2}^*) \end{cases}$，$\eta_{I1}^* > \eta_{I2}^*$。

證明：

根據命題 3.9 可知：

$$q_{I2}^* = \bar{F}^{-1}\left(\sqrt{\frac{c - s + (1 - \eta_{I2}^*)k}{v - s}}\right)$$

根據命題 2.1 的證明可知：

$$q_0 = \bar{F}^{-1}\left(\sqrt{\frac{c - s}{v - s}}\right)$$

$(1 - \eta_{I2}^*)k > 0$ 且 $F(x)$ 單調遞增，所以 $q_{I2}^* < q_0$。

（1）當 $E \geqslant q_0$ 時，$q_{I2}^* < q_0 = q_{I1}^*$。此時限額政策下製造商不會進行綠色技術投資，即 $\eta_{I1}^* = 0$，則可得到 $\eta_{I1}^* < \eta_{I2}^*$。因為 $(1 - \eta_{I2}^*)q_{I2}^* < q_{I2}^*$，所以 $e_{I2}^* = (1 - \eta_{I2}^*)q_{I2}^* - E < q_{I2}^* - E < q_0 - E < 0$。

（2）當 $E = (1 - \eta_{I2}^*)q_{I2}^* < q_0$ 時，比較命題 3.1 和命題 3.9 可得，此時兩種情形下製造商的最優策略需要滿足的條件完全相同，即 $q_{I1}^* = q_{I2}^*$，$\eta_{I1}^* = \eta_{I2}^*$，

$e_{l2}^{*}=0$。

(3) 當 $(1-\eta_{l2}^{*})q_{l2}^{*}<E<q_0$ 時，在限額政策下，製造商會重新調整最優產量和最優綠色技術投資策略；在限額與交易政策下，製造商最優產量、最優價格和最優綠色技術投資策略均與 E 的大小無關。因此，在限額政策下，E 在 $(1-\eta_{l2}^{*})q_{l2}^{*}$ 的基礎上增大，根據命題 3.1 中給出的製造商最優策略，製造商會增加產量，這就使得 $q_{l1}^{*}>q_{l2}^{*}$，$e_{l2}^{*}<0$。

(4) 當 $0<E<(1-\eta_{l2}^{*})q_{l2}^{*}$ 時，在限額政策下，製造商會重新調整最優產量和最優綠色技術投資策略；在限額與交易政策下，製造商最優產量、最優價格和最優綠色技術投資策略均與 E 的大小無關。因此，在限額政策下，E 在 $(1-\eta_{l2}^{*})q_{l2}^{*}$ 的基礎上減小，根據命題 3.1 中給出的最優策略，製造商會降低產量，這就使得 $q_{l1}^{*}<q_{l2}^{*}$，$e_{l2}^{*}>0$。

(5) 關於限額政策和限額與交易政策兩種情形的最優減排率比較。當 $E\geqslant q_0$ 時，剛才已經證明了 $\eta_{l1}^{*}<\eta_{l2}^{*}$。當 $E<q_0$ 時，根據命題 3.1 和命題 3.9 可知，η_{l1}^{*} 應滿足 $E=(1-\eta_{l1}^{*})q_{l1}^{*}$，即 $\eta_{l1}^{*}=1-\dfrac{E}{q_{l1}^{*}}$；$\eta_{l2}^{*}$ 應滿足 $\dfrac{t\,\eta_{l2}^{*}}{q_{l2}^{*}}=k$，即 $\eta_{l2}^{*}=\dfrac{k}{t}q_{l2}^{*}$。當 E 和 k 滿足不等式 $E>q_{l1}^{*}(1-\dfrac{k}{t}q_{l2}^{*})$ 時，整理可得 $\eta_{l1}^{*}<\eta_{l2}^{*}$；當 E 和 k 滿足等式 $E=(1-\dfrac{k}{t}q_{l2}^{*})$ 時，整理可得 $\eta_{l1}^{*}=\eta_{l2}^{*}$；當 E 和 k 滿足不等式 $E<q_{l1}^{*}(1-\dfrac{k}{t}q_{l2}^{*})$ 時，整理可得 $\eta_{l1}^{*}>\eta_{l2}^{*}$。

在所有情形下，p 與 q 均滿足 $p=v-(v-s)F(q)$，則可得到上述各種條件下，限額政策和限額與交易政策下的最優價格的關係。

證畢。

命題 3.10 表明考慮綠色技術投資時，限額政策和限額與交易政策兩種情形下的製造商最優策略的大小關係取決於政府設定的初始碳排放限額（本書假設兩種政策下，政府設定的初始碳排放限額相等）和碳排放權交易價格的關係。當碳排放價格給定，政府設定的初始碳排放限額較高時，限額政策下製造商不會進行綠色技術投資，此時製造商在限額政策下會生產更多的產品，制定較低的價格。此時，製造商在限額與交易政策下，不會用完所有的碳排放權，會向外部市場出售部分碳排放權來獲利。當政府設定的初始碳排放限額較低時，限額政策下，製造商由於受到較強的碳排放限額的約束，會生產較少的產品，制定較高的價格。此時，製造商在限額與交易政策情形下，為了維持生產，不但會進行綠色技術投資來節約碳排放權，還會從外部市場購入部分碳排放權。

3.3.1.3　綠色技術投資的影響分析

在限額與交易政策下，通過對比不考慮和考慮綠色技術投資兩種情形製造商的最優策略，分析綠色技術投資對製造商最優產量、最優定價、最優碳交易策略的影響。

命題 3.11　$q_{I2}^* > q_2^*$，$p_{I2}^* < p_2^*$，$0 < \eta_{I2}^* < 1$。

證明：

根據命題 3.9 可得：

$$q_{I2}^* = \bar{F}^{-1}\left(\sqrt{\frac{c - s + (1 - \eta_{I2}^*)k}{v - s}}\right)$$

根據假設可知 $0 < \eta_{I2}^* < 1$ 且 $\bar{F}(x)$ 單調遞減（因為 $F(x)$ 單調遞增），則可知 $q_{I2}^* > q_2^*$，兩種情形下均存在 $p = v - (v - s)\bar{F}(q)$，則可知 $p_{I2}^* < p_2^*$。

證畢。

命題 3.11 表明考慮綠色技術投資時，只要製造商進行綠色技術投資，其最優產量大於不考慮綠色技術投資的情形。這是因為製造商進行綠色技術投資後，生產單位產品的碳排放減少，從而使得生產單位產品的邊際成本下降，邊際利潤升高。要實現理性預期均衡時，製造商必須增加產量，降低價格，從而重新實現邊際成本和邊際利潤相等的狀態。

3.3.2　數量承諾的情形

3.3.2.1　製造商最優策略

考慮製造商可以通過恰當的手段向顧客承諾整個銷售期內的存貨數量為 q，售完即止。此時，戰略顧客將不再需要對在折扣銷售階段獲得產品的可能性做出預期。因為，根據上述理性預期均衡條件，當存貨數量給定為 q 時，可以確定顧客能夠在折扣銷售階段獲得產品的可能性為 $F(q)$。戰略顧客的保留價格（也是製造商的最優定價）為 $p(q) = v - (v - s)F(q)$。因為 $e = (1 - \eta)q - E$，則得到製造商關於承諾數量 q 和減排率 η 的利潤函數 $\pi_{I2}^q(q, \eta)$ 為：

$$\pi_{I2}^q(q, \eta) = (v - s)\bar{F}(q)\left(q - \int_0^q F(x)dx\right) - (c - s + k(1 - \eta))q + kE - \frac{1}{2}t\eta^2 \quad (3\text{-}26)$$

因此，數量承諾時製造商的最優存貨數量和減排率為 $(q_{I2}^{q*}, \eta_{I2}^{q*}) = arg \max\limits_{q \geq 0,\ 0 < \eta < 1} \pi_{I2}^q(q, \eta)$，最優銷售價格為 $p_{I2}^{q*} = v - (v - s)F(q_{I2}^{q*})$，最優碳交易量

為 $e_{l2}^{q*}=(1-\eta_{l2}^{q*})q_{l2}^{q*}-E$。

引理 3.3 在 q 給定時，製造商最優綠色技術投資策略 η_{l2}^{q*} 由關於 q 的函數唯一確定。

$$\begin{cases}\eta_{l2}^{q*}\equiv\eta(q)=\dfrac{kq}{t}\\ 0<\eta_{l2}^{q*}<1\end{cases}$$

證明： $\pi_{l2}^{q}(q,\ \eta)$ 對 η 分別求一階和二階偏導數：

$$\frac{\partial\pi_{l2}^{q}(q,\ \eta)}{\partial\eta}=qk-t\eta$$

$$\frac{\partial^{2}\pi_{l2}^{q}(q,\ \eta)}{\partial\eta^{2}}=-t<0$$

令 $\dfrac{\partial\pi_{l2}^{q}(q,\ \eta)}{\partial\eta}=0$，可以得到 $\eta_{l2}^{q*}\equiv\eta(q)=\dfrac{kq}{t}$，另根據假設可知 $0<\eta_{l2}^{q*}<1$。

證畢。

將 $\eta_{l2}^{q*}=\eta(q)$ 代入式（3-26）得：

$$\pi_{l2}^{q}(q)\equiv\pi_{l2}^{q}(q,\ \eta(q))$$

$$=(v-s)\bar{F}(q)\left(q-\int_{0}^{q}F(x)dx\right)-(c-s+k)q+kE+\frac{k^{2}q^{2}}{2t}\quad(3\text{-}27)$$

則本小節的兩變量最優化問題就轉變為關於 q 的單變量最優化問題：

$$\max_{q\geqslant0}\ \pi_{l2}^{q}(q)$$

引理 3.4 當 $\dfrac{k^{2}}{t}-(v-s)\left[3f(q)\bar{F}(q)+f'(q)\left(q-\int_{0}^{q}F(x)dx\right)\right]<0$ 時，限額與交易政策下考慮綠色技術投資時，製造商採用數量承諾策略的期望利潤函數 $\pi_{l2}^{q}(q)$ 是關於 q 的凹函數。

證明：

$\pi_{l2}^{q}(q)$ 關於 q 求一階和二階導數：

$$\frac{d\pi_{l2}^{q}(q)}{dq}=(v-s)\left[\bar{F}^{2}(q)-f(q)\left(q-\int_{0}^{q}F(x)dx\right)\right]-(c-s+k)+\frac{k^{2}}{t}q$$

$$\frac{d^{2}\pi_{l2}^{q}(q)}{dq^{2}}=\frac{k^{2}}{t}-(v-s)\left[3f(q)\bar{F}(q)+f'(q)\left(q-\int_{0}^{q}F(x)dx\right)\right]<0$$

則 $\pi_{l2}^{q}(q)$ 是關於 q 的凹函數。

證畢。

命題 3.12 當 $\frac{k^2}{t} - (v-s)\left[3f(q)\bar{F}(q) + f'(q)\left(q - \int_0^q F(x)dx\right)\right] < 0$ 時，數量承諾情形的製造商最優承諾數量為 q_{l2}^{q*} 滿足：

$$(v-s)\left[\bar{F}^2(q) - f(q)\left(q - \int_0^q F(x)dx\right)\right] - (c-s+k) + \frac{k^2}{t}q = 0$$

證明：根據引理 3.4 可直接得出。

證畢。

命題 3.12 表明，限額與交易政策下考慮綠色技術投資時，在一定條件下，製造商採用數量承諾策略時的最優承諾數量存在並且唯一。

3.3.2.2 限額與交易政策的影響分析

在考慮綠色技術投資時，通過對比限額政策和限額與交易政策兩種情形的製造商進行數量承諾的最優策略和最大期望利潤，分析碳排放權交易對製造商最優產量、最優定價、最優綠色技術投資策略和最大期望利潤的影響。

關於碳排放權交易對製造商最優策略的影響，可以得到命題 3.13。

命題 3.13 (1) 當 $E > (1-\eta_{l2}^{q*})q_{l2}^{q*}$ 時，$q_{l1}^{q*} > q_{l2}^{q*}$，$p_{l1}^{q*} < p_{l2}^{q*}$，$e_{l2}^{q*} < 0$。

(2) 當 $E = (1-\eta_{l2}^{q*})q_{l2}^{q*}$ 時，$q_{l1}^{q*} = q_{l2}^{q*}$，$p_{l1}^{q*} = p_{l2}^{q*}$，$e_{l2}^{q*} = 0$。

(3) 當 $E < (1-\eta_{l2}^{q*})q_{l2}^{q*}$ 時，$q_{l1}^{q*} < q_{l2}^{q*}$，$p_{l1}^{q*} > p_{l2}^{q*}$，$e_{l2}^{q*} > 0$。

(4) 當 $E \geqslant q_{opt}$ 或 $\begin{cases} E < q_{opt} \\ E > q_{l1}^{q*}(1 - \frac{k}{t}q_{l2}^{q*}) \end{cases}$ 時，$\eta_{l1}^{q*} < \eta_{l2}^{q*}$；

當 $\begin{cases} E < q_{opt} \\ E = q_{l1}^{q*}(1 - \frac{k}{t}q_{l2}^{q*}) \end{cases}$ 時，$\eta_{l1}^{q*} = \eta_{l2}^{q*}$；當 $\begin{cases} E < q_{opt} \\ E < q_{l1}^{q*}(1 - \frac{k}{t}q_{l2}^{q*}) \end{cases}$ 時，$\eta_{l1}^{q*} > \eta_{l2}^{q*}$。

證明：要證明 q_{l1}^{q*} 和 q_{l2}^{q*} 的關係，需先證明 q_{opt} 和 q_{l2}^{q*} 的關係。

根據命題 3.12 可知 q_{l2}^{q*} 滿足：

$$(v-s)\left[\bar{F}^2(q) - f(q)\left(q - \int_0^q F(x)dx\right)\right] - (c-s+k) + \frac{k^2}{t}q = 0$$

根據引理 3.3 可知：

$$\eta_{l2}^{q*} = \frac{k\,q_{l2}^{q*}}{t} < 1$$

$$1 - \frac{k\,q_{l2}^{q*}}{t} > 0$$

根據引理 2.2 和命題 2.5 可知 $\pi_1^q(q)$ 為關於 q 的擬凹函數且在 $q = q_{opt}$ 取得最大值。將 q_{l2}^{q*} 代入 $\frac{d\pi_1^q(q)}{dq}$ 可以得到：

$$\frac{d\pi_1^q(q)}{dq}\Big|_{q=q_{l2}^{q*}} = (v-s)\left[\bar{F}^2(q_{l2}^{q*}) - f(q_{l2}^{q*})\left(q_{l2}^{q*} - \int_0^{q_{l2}^{q*}} F(x)dx\right)\right] - (c-s)$$

$$= k\left(1 - \frac{k}{t}q_{l2}^{q*}\right) > 0$$

則可得到 $q_{l2}^{q*} < q_{opt}$。

(1) 當 $E \geqslant q_{opt}$ 時，$q_{l2}^{q*} < q_{opt} = q_{l1}^{q*}$。此時限額政策下製造商不會進行綠色技術投資，即 $\eta_{l1}^* = 0$，則可得到 $\eta_{l1}^* < \eta_{l2}^*$。因為 $(1-\eta_{l2}^{q*})q_{l2}^{q*} < q_{l2}^{q*}$，所以 $e_{l2}^{q*} = (1-\eta_{l2}^{q*})q_{l2}^{q*} - E < q_{l2}^{q*} - E < q_{opt} - E < 0$。

(2) 當 $E = (1-\eta_{l2}^{q*})q_{l2}^{q*}$ 時，結合引理 3.3 和命題 3.12 可以得到在 q_{l2}^{q*} 和 η_{l2}^{q*} 滿足：

$$\theta_1^q(q_{l2}^{q*}) = \theta_2^q(\eta_{l2}^{q*}) = k$$

與命題 3.4 對比可知，此時兩種情形下製造商的最優策略需要滿足的條件完全相同，即 $q_{l1}^{q*} = q_{l2}^{q*}$，$\eta_{l1}^{q*} = \eta_{l2}^{q*}$，$e_{l2}^{q*} = 0$。

(3) 當 $(1-\eta_{l2}^{q*})q_{l2}^{q*} < E < q_{opt}$ 時，在限額政策下，製造商會重新調整最優承諾數量和最優綠色技術投資策略；在限額與交易政策下，製造商最優承諾數量、最優價格和最優綠色技術投資策略均與 E 的大小無關。因此，在限額政策下，E 在 $(1-\eta_{l2}^{q*})q_{l2}^{q*}$ 的基礎上增大，根據命題 3.4 中給出的製造商最優策略，製造商會增加最優承諾數量，這就使得 $q_{l1}^{q*} > q_{l2}^{q*}$，$e_{l2}^{q*} < 0$。

(4) 當 $0 < E < (1-\eta_{l2}^{q*})q_{l2}^{q*}$ 時，在限額政策下，製造商會重新調整最優承諾數量和最優綠色技術投資策略；在限額與交易政策下，製造商最優承諾數量、最優價格和最優綠色技術投資策略均與 E 的大小無關。因此，在限額政策下，E 在 $(1-\eta_{l2}^{q*})q_{l2}^{q*}$ 的基礎上減小，根據命題 3.4 中給出的最優策略，製造商會降低產量，這就使得 $q_{l1}^{q*} < q_{l2}^{q*}$，$e_{l2}^{q*} > 0$。

(5) η_{l1}^{q*} 和 η_{l2}^{q*} 的大小關係證明與命題 3.10 中 η_{l1}^* 和 η_{l2}^* 的大小關係證明方法相同，此處不再累述。

在所有情形下，p 與 q 均滿足 $p = v - (v-s)F(q)$，則可得到上述各種條件下，限額政策和限額與交易政策下的最優價格的關係。

證畢。

命題 3.13 表明考慮綠色技術投資時，限額政策和限額與交易政策兩種情形下的製造商最優策略的大小關係取決於政府設定的初始碳排放限額（本書假設兩種政策下，政府設定的初始碳排放限額相等）和碳排放權交易價格之間的關係。當碳排放權交易價格給定時，政府設定的初始碳排放限額較高時，限額政策下製造商不會進行綠色技術投資，此時製造商在限額政策下會生產較多的產品，制定較低的價格。此時，製造商在限額與交易政策情形下，不會用完所有的碳排放權，會向外部市場出售部分碳排放權來獲利。當政府設定的初始碳排放限額較低時，限額政策下，製造商由於受到較強的碳排放限額的約束，會生產較少的產品，制定較高的價格。此時，製造商在限額與交易政策情形下，為了維持生產，不但會進行綠色技術投資來節約碳排放權，還會從外部市場購入部分碳排放權。

3.3.2.3 綠色技術投資的影響分析

在限額與交易政策下，通過對比不考慮和考慮綠色技術投資兩種情形製造商進行數量承諾時的最優策略和最大期望利潤，分析綠色技術投資對製造商最優承諾數量、最優定價和最大期望的影響。

關於綠色技術投資對製造商最優策略的影響，可以得到命題 3.14。

命題 3.14　$q_{I2}^{q*} > q_2^{q*}$，$p_{I2}^{q*} < p_2^{q*}$。

證明：根據引理 2.4 可知 $\pi_2^q(q)$ 是關於 q 的擬凹函數，且在 $q = q_2^{q*}$ 處取得最大值。根據命題 3.12 可知：

$$(v-s)\left[\bar{F}^2(q_{I2}^{q*}) - f(q_{I2}^{q*})\left(q_{I2}^{q*} - \int_0^{q_{I2}^{q*}} F(x)dx\right)\right] - (c-s+k) + \frac{k^2}{t}q_{I2}^{q*} = 0$$

則可以得到：

$$\frac{d\pi_2^q(q)}{dq}\bigg|_{q=q_{I2}^{q*}} = (v-s)\left[\bar{F}^2(q_{I2}^{q*}) - f(q_{I2}^{q*})\left(q_{I2}^{q*} - \int_0^{q_{I2}^{q*}} F(x)dx\right)\right] - (c-s+k)$$

$$= -\frac{k^2}{t}q_{I2}^{q*} < 0$$

則可知 $q_{I2}^{q*} > q_2^{q*}$。

在兩種情形下，q 和 p 均滿足 $p = v - (v-s)F(q)$。因此，可以得到 $p_{I2}^{q*} < p_2^{q*}$。

證畢。

命題 3.14 表明在數量承諾時，製造商考慮綠色技術投資的最優產量大於不考慮綠色技術投資的情形，考慮綠色技術投資時的最優價格低於不考慮綠色技術投資的情形。這是因為允許製造商進行綠色技術投資時，製造商會綜合運用碳排放交易和綠色技術投資來應對限額與交易政策的約束。增加綠色技術投資的選擇使得製造商能夠降低獲得碳排放權的成本，從而能夠降低生產產品的單位碳排放權邊際成本，這就使得製造商會提高產品產量（因為單位碳排放權邊際利潤遞減，所以要重新使得單位碳排放權邊際利潤等於單位碳排放權邊際成本，就要增加產品產量）並降低產品價格。

在數量承諾情形下，關於綠色技術投資對製造商最大期望利潤的影響，可以得到命題 3.15。

命題 3.15 當 $\frac{k}{2t} \geqslant \frac{\pi_2^q(q_2^{q*}) - \pi_2^q(q_{l2}^{q*})}{q_{l2}^{q*2}}$ 時，$\pi_{l2}^q(q_{l2}^{q*}) \geqslant \pi_2^q(q_2^{q*})$；當 $\frac{k}{2t} < \frac{\pi_2^q(q_2^{q*}) - \pi_2^q(q_{l2}^{q*})}{q_{l2}^{q*2}}$ 時，$\pi_{l2}^q(q_{l2}^{q*}) < \pi_2^q(q_2^{q*})$。

證明： 對比不考慮和考慮綠色技術投資兩種情形下，製造商進行數量承諾時的利潤函數表達式，即由式（2-17）和式（3-27）可知：

$$\pi_{l2}^q(q) = \pi_2^q(q) + \frac{k^2 q^2}{2t}$$

當 $\frac{k}{2t} \geqslant \frac{\pi_2^q(q_2^{q*}) - \pi_2^q(q_{l2}^{q*})}{q_{l2}^{q*2}}$，可以得到：

$$\pi_{l2}^q(q_{l2}^{q*}) - \pi_2^q(q_2^{q*}) = \pi_2^q(q_{l2}^{q*}) - \pi_2^q(q_2^{q*}) + \frac{k^2 q_{l2}^{q*2}}{2t} \geqslant 0$$

即 $\pi_{l2}^q(q_{l2}^{q*}) \geqslant \pi_2^q(q_2^{q*})$。

同理可得：當 $\frac{k}{2t} < \frac{\pi_2^q(q_2^{q*}) - \pi_2^q(q_{l2}^{q*})}{q_{l2}^{q*2}}$ 時，$\pi_{l2}^q(q_{l2}^{q*}) < \pi_2^q(q_2^{q*})$。

證畢。

命題 3.15 表明數量承諾情形下考慮綠色技術投資時，製造商的最大期望利潤是否大於不考慮綠色技術投資的情形，取決於碳排放交易價格和綠色技術投資效率的關係。當碳排放權交易價格與綠色技術投資效率的比值較大時，採用綠色技術對製造商更有利，此時進行綠色技術投資會使得製造商期望利潤增大。當碳排放權交易價格與綠色技術投資效率的比值較小時，採用綠色技術對製造商不利，此時進行綠色技術投資會使得製造商期望利潤減小。

3.3.2.4 數量承諾的影響分析

數量承諾能夠改變理性預期均衡的均衡狀態，從而提高製造商的最大期望利潤。因此，本節通過比較理性預期均衡情形和數量承諾情形兩種情形下製造商的最優決策和最大期望利潤，分析數量承諾對製造商最優決策和最大期望利潤的影響。

在限額與交易政策下考慮綠色技術投資時，數量承諾對製造商最優決策的影響，可以得到命題 3.16。

命題 3.16 $q_{I2}^{q*} < q_{I2}^{*}$，$p_{I2}^{q*} > p_{I2}^{*}$，$\eta_{I2}^{q*} < \eta_{I2}^{*}$。

證明：為了保證兩種情形下製造商最優策略存在，即需 $\frac{k^2}{t} < min\{(v-s)f(q)\bar{F}(q),\ (v-s)\left[3f(q)\bar{F}(q)+f'(q)\left(q-\int_0^q F(x)dx\right)\right]\}$ 成立，此時 $\pi_{I2}^{q}(q)$ 是關於 q 的凹函數。

根據命題 3.9 可以得到：

$$\theta_1(q_{I2}^{*}) = \theta_2(\eta_{I2}^{*}) = k$$

$\theta_2(\eta_{I2}^{*}) = k$ 可整理為：

$$\eta_{I2}^{*} = \frac{k\, q_{I2}^{*}}{t}$$

$\theta_1(q_{I2}^{*}) = k$ 並結合上式，可整理得到：

$$(v-s)\bar{F}^2(q_{I2}^{*}) - (c-s+k) + \frac{k^2}{t}q_{I2}^{*} = 0$$

$$\frac{d\,\pi_{I2}^{q}(q)}{dq}\Big|_{q=q_{I2}^{*}} = (v-s)\left[\bar{F}^2(q_{I2}^{*}) - f(q_{I2}^{*})\left(q_{I2}^{*} - \int_0^{q_{I2}^{*}}F(x)dx\right)\right] - (c-s+k) + \frac{k^2}{t}q_{I2}^{*} = -(v-s)f(q_{I2}^{*})\left(q_{I2}^{*} - \int_0^{q_{I2}^{*}}F(x)dx\right) < 0$$

則可以得到 $q_{I2}^{q*} < q_{I2}^{*}$。在兩種情形下均有 $\eta = \frac{kq}{t}$ 和 $p = v-(v-s)F(q)$ 成立，則根據 $q_{I2}^{q*} < q_{I2}^{*}$，可以得到 $p_{I2}^{q*} > p_{I2}^{*}$，$\eta_{I2}^{q*} < \eta_{I2}^{*}$。

證畢。

命題 3.16 表明限額與交易政策下考慮綠色技術投資時，與理性預期均衡情形相比，製造商採取數量承諾策略時的最優產量降低，最優定價升高，最優減排率降低。

命題 3.17 $\pi_{I2}^{q}(q_{I2}^{q*},\ \eta_{I2}^{q*}) > \pi_{I2}(q_{I2}^{*},\ p_{I2}^{*},\ \eta_{I2}^{*})$。

證明：為了保證兩種情形下製造商最優策略存在，即需 $\frac{k^2}{t} < min\{(v-s)f(q)\bar{F}(q),\ (v-s)\left[3f(q)\bar{F}(q)+f'(q)\left(q-\int_0^q F(x)dx\right)\right]\}$ 成立，此時 $\pi_{I2}^{q}(q)$ 是關於 q 的凹函數。

將 q_{I2}^{*}、p_{I2}^{*} 和 $\eta_{I2}^{*} = \frac{k\, q_{I2}^{*}}{t}$ 代入式（3-23）可以得到：

$$\pi_{I2}(q_{I2}^*,\ p_{I2}^*,\ \eta_{I2}^*) = \pi_{I2}^q(q_{I2}^*)$$

$\pi_{I2}^q(q)$ 為關於 q 的凹函數且 $\frac{d\,\pi_{I2}^q(q)}{dq}\mid_{q=q_{I2}^{q*}} = 0$。因為 $q_{I2}^{q*} < q_{I2}^*$，所以 $\pi_{I2}^q(q_{I2}^*) < \pi_{I2}^q(q_{I2}^{q*})$，即 $\pi_{I2}(q_{I2}^*,\ p_{I2}^*,\ \eta_{I2}^*) < \pi_{I2}^q(q_{I2}^{q*},\ \eta_{I2}^{q*})$。

證畢。

命題 3.16 表明限額與交易政策考慮綠色技術投資時，製造商採用數量承諾策略能夠提高其最大期望利潤。

3.3.3 數值分析

本小節通過數值分析討論限額與交易政策下考慮綠色技術投資時製造商的最優策略，限額參數對製造商最優決策和最大期望利潤的影響，進而給出相應的管理啟示。

假設隨機需求服從 [0，100] 的均勻分佈。初始碳排放限額 E 和 k 變動代表不同的決策情境。其餘參數保持不變，令 $v = 17$、$c = 2$、$s = 1$ 和 $t = 1,000$。

3.3.3.1　理性預期均衡的情形

（1）製造商最優策略

該小節討論理性預期均衡情形，限額與政策下考慮綠色技術投資時單一製造商的最優生產、定價、綠色技術投資和碳交易決策，並給出相應的管理啟示。

根據引理 3.2 可知，模型參數要滿足一定條件時，製造商最優策略存在。當 $E = 50$，$k = 1$ 時，可以求解得到：$q_{I2}^* = 65.23$、$p_{I2}^* = 6.56$、$\eta_{I2}^* = 0.065,2$、$e_{I2}^* = 10.97$、$\pi_{I1}(q_{I2}^*,\ p_{I2}^*,\ \eta_{I2}^*) = 177.20$。

（2）限額與交易政策的影響分析

通過與限額政策情形對比，分析理性預期均衡下限額與交易政策對製造商最優策略和最大期望利潤的影響。

圖 3-7 闡述了理性預期均衡下考慮綠色技術投資時，限額政策和限額與交易政策（$k = 1$）兩種情形的製造商最優產量、最優價格、最優綠色技術投資和最優碳交易量關於初始碳排放限額的變化情況。

圖 3-7（a）表明限額與交易政策下製造商最優產量隨著初始碳排放限額保持不變且與限額政策下產量的大小關係取決於初始碳排放限額。當碳排放限額小於 $(1-\eta_{I2}^*)\,q_{I2}^* = 60.97$ 時，限額政策下製造商最優產量低於限額與交易政策的情形；當碳排放限額高於 $(1-\eta_{I2}^*)\,q_{I2}^* = 60.97$ 時，限額政策下製造商最優產量高於限額與交易政策的情形。兩種情形的最優價格的大小關係剛好與最優產量的大小關係相反，如圖 3-7（b）所示。圖 3-7（c）表明碳排放限額和碳

排放權交易價格滿足一定條件時，限額政策下的最優綠色技術投資高於限額與交易政策的情形。圖 3-7（d）表明當碳排放限額小於 $(1-\eta_{I2}^*)q_{I2}^*=60.97$ 時，製造商會從外部市場購入碳排放權來進行生產；相反則會向外部市場出售碳排放權獲利。上述結論證明了命題 3.10。

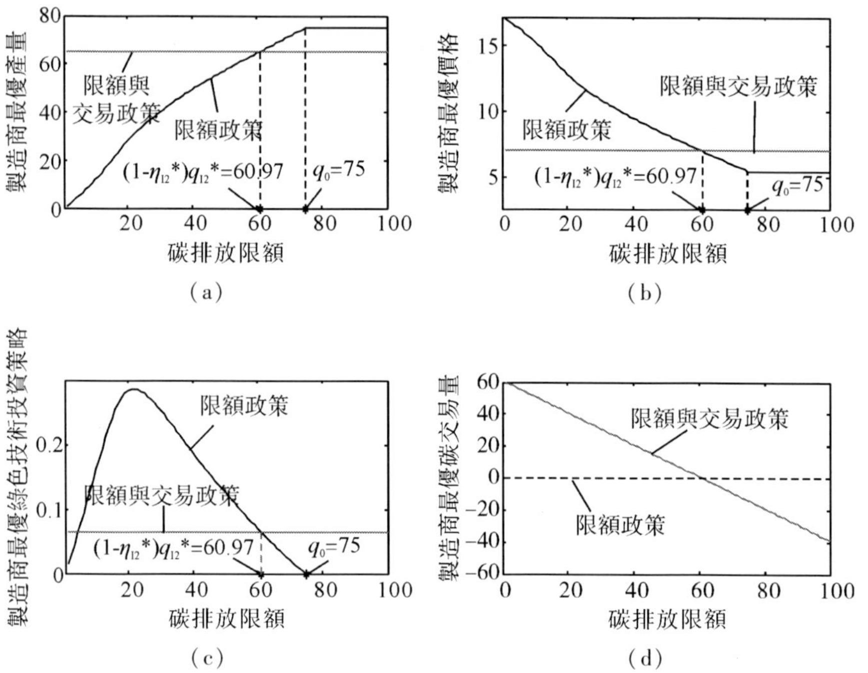

圖 3-7 理性預期均衡下考慮綠色技術投資時，限額與交易政策對製造商最優策略的影響

（a）最優產量；（b）最優價格；（c）最優綠色技術投資；（d）最優碳交易量

接下來通過數值分析討論考慮碳排放權交易對製造商期望利潤的影響。當其餘參數給定時（即 $D\sim U(0,100)$、$v=17$、$c=2$、$s=1$），當 $k=1$ 時，$(1-\eta_{I2}^*)q_{I2}^*=60.97$；當 $k=2$ 時，$(1-\eta_{I2}^*)q_{I2}^*=51.59$；當 $k=3$ 時，$(1-\eta_{I2}^*)q_{I2}^*=44.63$。

圖 3-8 闡述了考慮綠色技術投資時不同的碳排放交易價格下，限額政策和限額與交易政策兩種情形製造商最大期望利潤關於初始碳排放限額的變化情況。圖 3-8 表明兩種情形下製造商最大期望利潤的大小關鍵取決於初始碳排放限額的大小。考慮碳排放權交易後，製造商最大期望利潤函數圖像由原來的曲線變化為直線。這是因為考慮碳排放權交易使得碳排放權成了生產要素，從而增加了製造商的生產成本。碳排放限額的大小不會影響製造商的最優產量，而只是反應在製造商期望利潤當中。通過上述分析，可以得到結論 3.7。

結論 3.7　理性預期均衡下考慮綠色技術投資時，限額和限額與交易政策兩種情形的製造商最大期望利潤大小取決於碳排放限額與碳排放權交易價格的關係。

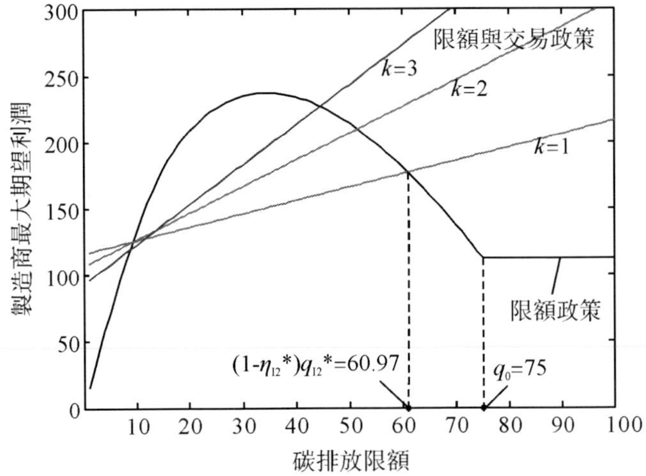

圖 3-8　考慮綠色技術投資時限額與交易政策對製造商最大期望利潤的影響

（3）綠色技術投資的影響分析

在限額與交易政策下，通過與不考慮綠色技術投資情形對比，分析綠色技術投資對製造商最優策略和最大期望利潤的影響。

綠色技術投資對製造商最優策略的影響非常直觀，此處不進行圖形展示。關於綠色技術投資對製造商最大期望利潤的影響如圖 3-9 所示。

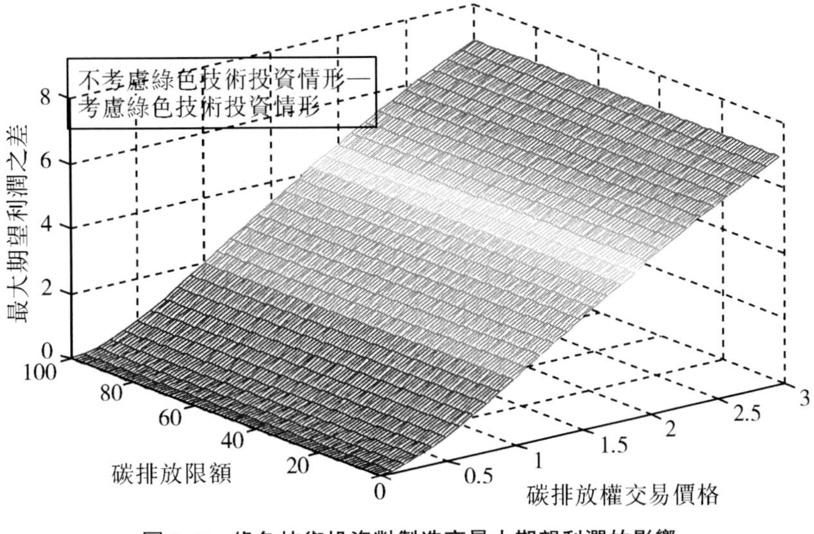

圖 3-9　綠色技術投資對製造商最大期望利潤的影響

通過觀察，可以得到結論 3.8。

結論 3.8　理性預期均衡時，考慮綠色技術投資時製造商最大期望利潤會小於不考慮綠色技術投資的情形。

（4）碳排放限額和碳排放權交易價格的敏感性分析

本小結通過數值分析討論考慮綠色技術投資時，理性預期均衡情形製造商最優策略和最大期望利潤關於限額與交易參數的變化情況。

首先固定 $E=50$，通過變化 k 來觀察製造商最優策略和最大期望利潤關於 k 的變化情況，本書假定生產成本 $c=2$ 且生產一單位產品需要耗費一單位碳排放權。因此，在實際生產中，碳排放權成本不會超過原有生產成本太多，本節假定 $k \leqslant 3$，即碳排放權成本最多為原有生產成本的 1.5 倍。圖 3-10 闡述了考慮綠色技術投資時，限額與交易政策下製造商最優策略和最大期望利潤關於 k 的變化過程。

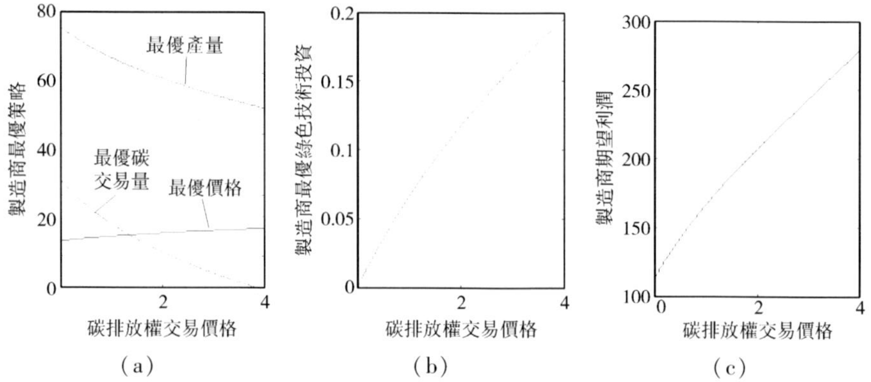

圖 3-10　限額與交易下考慮綠色技術投資製造商最優策略和最大期望利潤關於 k 的變化過程

（a）最優策略；（b）最優綠色技術投資；（c）最大期望利潤

圖 3-10(a) 表明理性預期均衡時，隨著碳排放權交易價格升高，製造商最優產量降低，製造商碳排放權交易量降低，製造商最優價格升高。這個結論與不考慮綠色技術投資的情形相同，其原因也相同，在此不再贅述。這裡需要解釋的是，製造商碳排放交易量與產量不再是完全正相關，故當碳排放權交易價格增加時，製造商碳排放權交易量會加速降低。這是因為考慮綠色技術投資後，製造商可以通過加大綠色技術投資來節約碳排放權，根據圖 3-10(b) 可知，當碳排放權交易價格上升時，製造商最優綠色技術投資會增大。圖 3-10(c) 表明理性預期均衡時，隨著碳排放權交易價格升高，製造商最大期望利潤增

加。這是因為，碳排放交易價格升高，雖然會使得最優產量降低，但是會增加產品的價格，從而提高製造商的期望利潤。

根據上述分析，可以得到結論 3.9。

結論 3.9 限額與交易政策考慮綠色技術投資時，理性預期均衡情形的製造商最優產量和碳排放權交易量隨著碳排放權交易價格遞減，製造商最優價格、最優綠色技術投資和最大期望利潤隨著碳排放權交易價格遞增。

其次，當 $k=1$，通過變化 E 可以觀察製造商最優策略和最大期望利潤關於 E 的變化情況，在圖 3-7 和圖 3-8 中已經畫出了相應圖形。分析可得結論 3.10。

結論 3.10 限額與交易政策考慮綠色技術投資時，理性預期均衡的製造商最優產量、最優價格和最優綠色技術投資策略隨著碳排放權限額不變，製造商最優碳交易量隨著碳排放限額遞減，製造商最大期望利潤隨著碳排放限額遞增。

3.3.3.2 數量承諾的情形

(1) 製造商最優策略

該小節討論數量承諾情形，限額與交易政策下考慮綠色技術投資時單一製造商的最優生產和定價決策和相應的管理啟示。

當 $k=1$，$E=50$ 時，採用數量承諾策略，限額與交易政策下製造商的期望利潤函數如圖 3-11 所示。

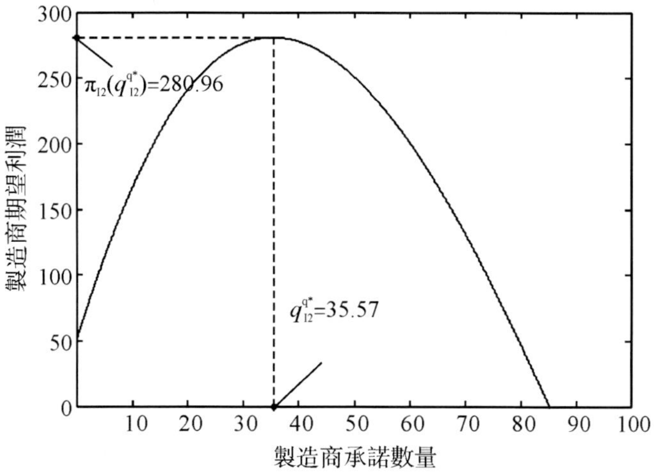

圖 3-11 數量承諾時，限額與交易政策下製造商期望利潤函數

圖 3-11 表明數量承諾情形，限額與交易政策下考慮綠色技術投資時製造商的期望利潤函數是關於 q 的凹函數並具有唯一的最優值。製造商最優承諾數量 $q_{l2}^{q*}=35.57$、最優綠色技術投資 $\eta_{l2}^{q*}=0.035,6$、最優價格 $p_2^{q*}=11.31$、最優碳排放權交易量 $e_2^{q*}=-15.70$。製造商最大期望利潤 $\pi_{l2}^q(q_{l2}^{q*})=280.96$。該結論證明了引理 3.3、引理 3.4 和命題 3.12。

（2）限額與交易政策的影響分析

通過與限額政策情形對比，分析考慮綠色技術投資的數量承諾時，限額與交易政策對製造商最優策略和最大期望利潤的影響。

圖 3-12 闡述了考慮綠色技術投資的數量承諾情形時，限額政策和限額與交易政策下製造商最優承諾數量、最優價格和最優綠色技術投資隨初始碳排放限額變化的情況，此時 $k=1$。

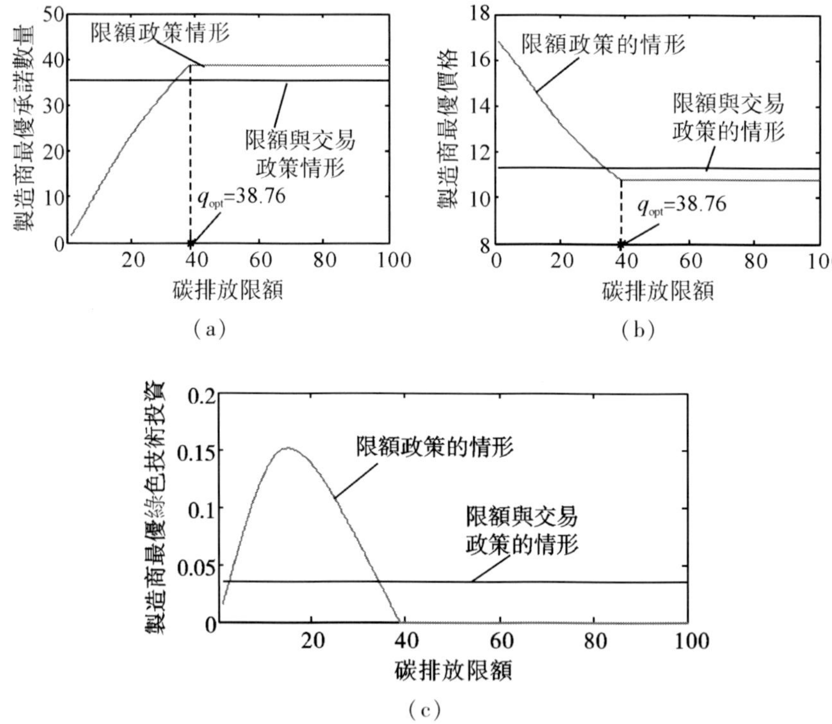

圖 3-12　考慮綠色技術投資的數量承諾情形，限額與交易政策對製造商最優策略的影響

（a）最優產量；（b）最優價格；（c）最優綠色技術投資

圖 3-12（a）表明在考慮綠色技術投資的數量承諾情形，考慮限額與交易政策時製造商最優產量隨初始碳排放限額保持不變，限額政策下製造商最優產量隨著初始碳排放限額增加先增加後不變。當碳排放限額較低時，限額政策下的製造商最優產量低於限額與交易政策的情形；當碳排放限額較高時，限額政策下的製造商最優產量高於限額與交易政策的情形。圖 3-12（b）表明考慮綠色技術投資的數量承諾情形，考慮限額與交易政策時製造商最優價格隨初始碳排放限額保持不變，限額政策下製造商最優價格隨著初始碳排放限額增加先減小後不變。當碳排放限額較低時，限額政策下的製造商最優價格高於限額與交易政策的情形；當碳排放限額較高時，限額政策下的製造商最優價格低於限額與交易政策的情形。圖 3-12（c）表明考慮綠色技術投資的數量承諾情形，考慮限額與交易政策時製造商最優綠色技術投資隨碳排放限額保持不變，且當碳排放限額和碳排放權交易價格滿足一定條件時，會低於限額政策的情形。上述結論證明了命題 3.13。

圖 3-13 闡述了考慮綠色技術投資的數量承諾情形時，限額政策和限額與交易政策下製造商最大期望利潤在不同碳排放權交易價格和碳排放限額的比較。令 $E \in [0,\ 100]$、$k \in [0,\ 3]$，兩種情形下製造商最大期望利潤如圖 3-13 所示。通過觀察圖 3-13，可以得到結論 3.11。

結論 3.11　考慮綠色技術投資的數量承諾情形時，限額與交易政策下製造商最大期望利潤總是大於限額政策下製造商最大期望利潤。且當碳排放限額越低或者碳排放限額與碳排放權價格都較高時，限額與交易政策下製造商期望利潤增加越多。

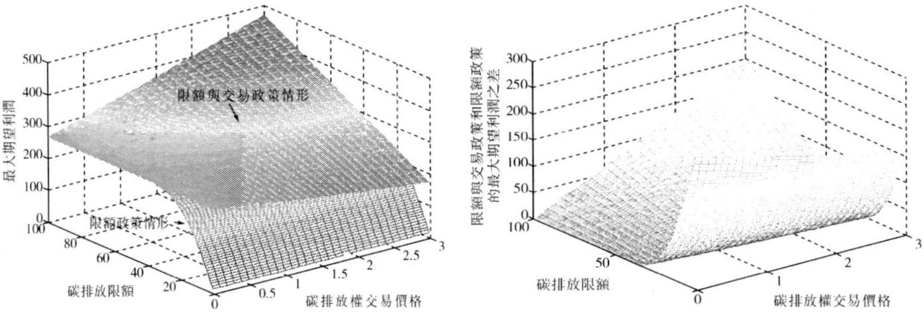

（a）　　　　　　　　　　　　　　（b）

圖 3-13　考慮綠色技術投資的數量承諾情形，限額政策和限額與交易政策下製造商利潤比較

（a）兩種政策下最大期望利潤；（b）限額與交易減限額政策的最大期望利潤差

(3) 綠色技術投資的影響分析

通過與不考慮綠色技術投資情形對比，分析綠色技術投資對製造商最優策略和最大期望利潤的影響。

綠色技術投資對製造商最優策略的影響非常直觀，此處不進行圖形展示。關於綠色技術投資對製造商最大期望利潤的影響如圖 3-14 所示。通過觀察，可以得到結論 3. 12。

結論 3. 12 數量承諾時，考慮綠色技術投資時製造商最大期望利潤總是高於不考慮綠色技術投資的情形。

因為數值分析所設定的數值滿足 $\frac{k}{2t} \geqslant \frac{\pi_2^q(q_2^{q*}) - \pi_2^q(q_{t2}^{q*})}{q_{t2}^{q*2}}$，故此時，考慮綠色技術投資時的製造商期望利潤總是大於不考慮綠色技術投資的情形。

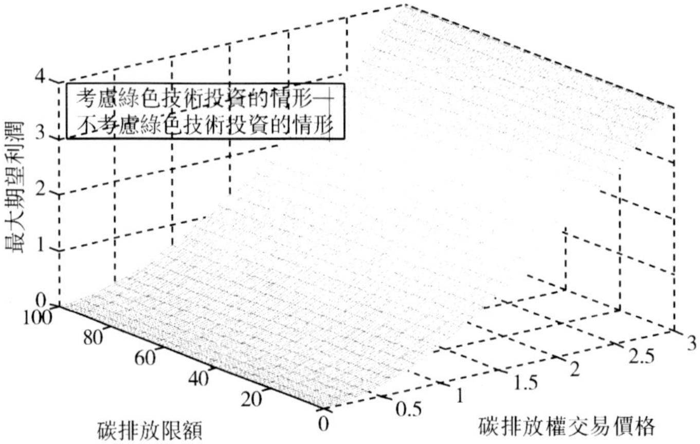

圖 3-14　綠色技術投資對製造商最大期望利潤的影響

綜合結論 3. 8 和結論 3. 12 可知，製造商只有在採用數量承諾策略時，考慮綠色技術投資才對其有利。這也就意味著，分散化情形下能夠使得整個供應鏈跟數量承諾時的運作效率相同，考慮綠色技術投資對製造商有利。

(4) 數量承諾的影響分析

本小節通過對比限額與交易政策下考慮綠色技術投資時，理性預期均衡和數量承諾兩種情形的製造商最優策略和最大期望利潤，分析數量承諾的影響。

理性預期均衡和數量承諾兩種情形的最優策略僅與碳排放權交易價格相關，與碳排放限額無關，故可以畫出此時製造商最優承諾數量、最優綠色技術投資和最優價格關於碳排放權交易價格（$k \in [0, 3]$）的變化圖，即圖 3-15。

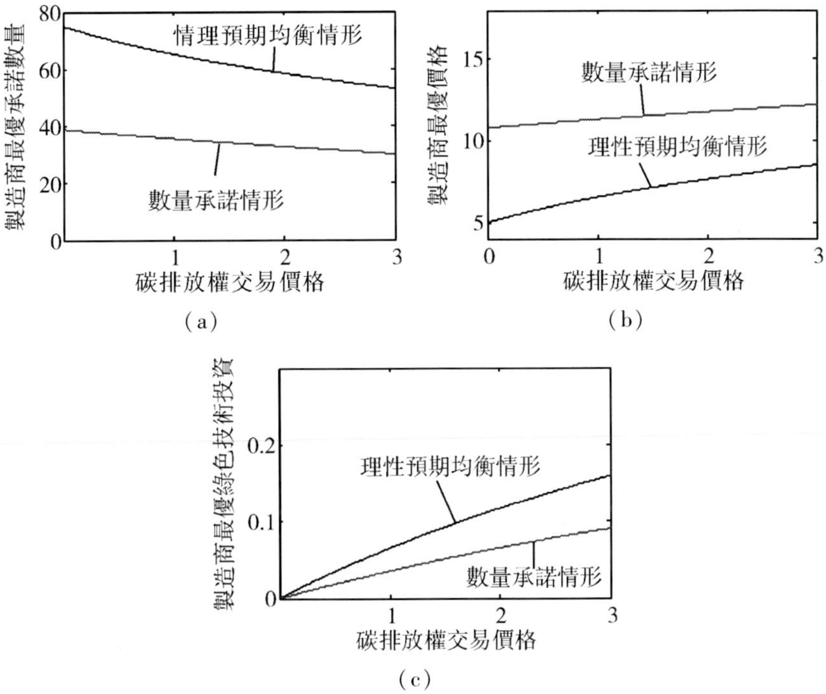

圖 3-15　限額與交易下考慮綠色技術投資時，理性預期均衡與數量承諾情形的最優策略比較

(a) 最優承諾數量；(b) 最優價格；(c) 最優綠色技術投資

圖 3-15 表明限額與交易政策下，數量承諾情形的最優承諾數量總是低於理性預期均衡的情形，最優價格總是高於理性預期均衡的情形，最優綠色技術投資總是低於理性預期均衡的情形。該結論證明了命題 3.16。

圖 3-16 闡述了限額與交易政策下考慮綠色技術投資時，理性預期均衡和數量承諾兩種情形的製造商最大期望利潤隨碳排放限額和碳排放權交易價格的變化情況，其中 $E \in [0, 100]$，$k \in [0, 3]$。圖 3-16 表明製造商採用數量承諾策略總是能夠提高其期望利潤。該結論證明了命題 3.17。

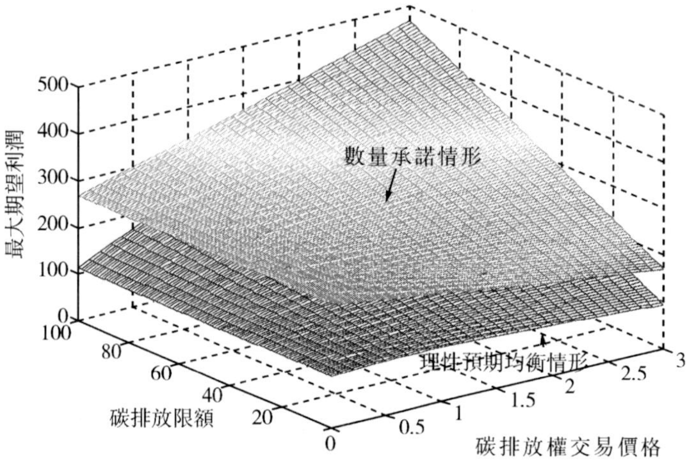

圖 3-16　理性預期均衡與數量承諾情形的最大期望利潤比較

(5) 碳排放限額和碳排放權交易價格的敏感性分析

本小結通過數值分析討論數量承諾情形製造商最優策略和最大期望利潤隨限額與交易參數的變化情況。

首先固定 $E=50$，通過變化 k 來觀察製造商最優策略和最大期望利潤隨 k 的變化情況（見圖 3-15 中的數量承諾情形）。同樣，假定碳排放權成本不會超過原有生產成本的 1.5 倍，即 $k \leqslant 3$。最優承諾數量、最優價格和最優綠色技術投資策略隨 k 的變化情況見圖 3-15 中的數量承諾情形。最優碳交易量和最大期望利潤隨 k 的變化情況如圖 3-17 所示。

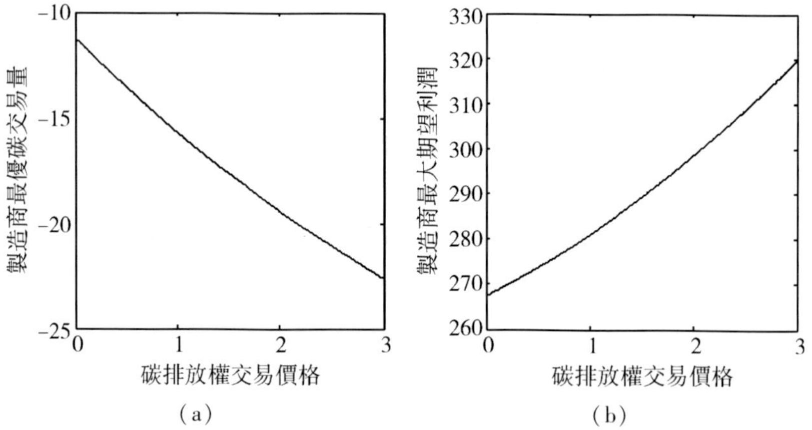

圖 3-17　數量承諾時製造商最優策略和最大期望利潤關於 k 的變化過程

(a) 最優綠色技術投資策略；(b) 最大期望利潤

通過觀察圖 3-15 和圖 3-17，可以得到結論 3. 13。

結論 3. 13 考慮綠色技術投資的數量承諾情形，製造商最優產量和碳排放權交易量關於碳排放權交易價格遞減，製造商最優價格、最優綠色技術投資和最大期望利潤關於碳排放權交易價格遞增。

其次當 $k = 1$，通過變化 E 可以觀察製造商最優策略和最大期望利潤關於 E 的變化情況，在圖 3-12 中已經能夠觀察到製造商最優策略關於碳排放限額的變化情況。圖 3-18 闡述了考慮綠色技術投資的數量承諾情形，製造商最優碳交易量和最大期望利潤關於碳排放限額的變化關係。圖 3-18 表明在限額與交易政策下，製造商最優碳交易量關於碳排放限額單調遞減，最大期望利潤關於碳排放限額線性遞增。但是，當考慮碳排放權交易時，即使給定初始碳排放限額為零，製造商仍能獲得較高利潤。

通過觀察圖 3-12 和圖 3-18，可得結論 3. 14。

結論 3. 14 考慮綠色技術投資的數量承諾情形，製造商最優產量、最優價格和最優綠色技術投資隨著碳排放權限額不變，製造商最優碳交易量隨著碳排放限額單調遞減，製造商最大期望利潤隨著碳排放限額遞增。

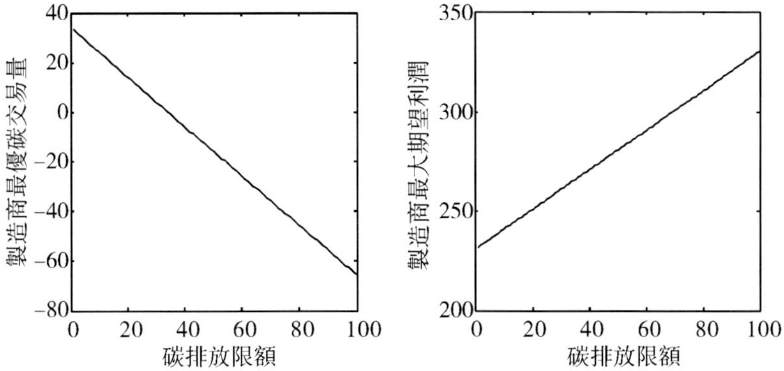

(a) (b)

圖 3-18 限額與交易政策下製造商最優策略和最大期望利潤關於 k 的變化過程

(a) 最優碳交易量；(b) 最大期望利潤

3. 4 本章小結

本章考慮製造商可以進行綠色技術投資，分限額政策和限額與交易政策兩種情境研究了單產品製造商的生產、定價和綠色技術投資決策。

限額政策下考慮綠色技術投資時，製造商決策研究的主要結論和管理啟示如下：

（1）理性預期均衡時，製造商最優生產、定價和綠色技術投資決策存在並且唯一。

（2）理性預期均衡時，與不考慮綠色技術投資的情形對比，當碳排放限額高於不考慮碳排放政策時的最優碳排放時，製造商不會進行綠色技術投資，兩種情形下製造商的最優決策和最大期望利潤相等。當碳排放限額較低，低於不考慮碳排放政策時的最優碳排放時，製造商會進行綠色技術投資，考慮綠色技術投資時的製造商最優產量增加、最優價格降低、最優利潤是否增加取決於碳排放限額的制定以及綠色技術投資的效率。此時，製造商考慮綠色技術投資對顧客有利，但是對製造商不一定有利。書中給出了對顧客和製造商均有利的條件。

（3）在數量承諾時，製造商最優承諾數量、最優定價和最優綠色技術投資策略存在並且唯一。

（4）數量承諾時，與不考慮綠色技術投資的情形對比，當碳排放限額高於不考慮碳排放政策的數量承諾情形的最優碳排放時，製造商不會進行綠色技術投資，兩種情形下製造商的最優決策和最大期望利潤相等。當碳排放限額低於不考慮碳排放政策的數量承諾情形的最優碳排放時，製造商會進行綠色技術投資，考慮綠色技術投資時的製造商最優產量增加、最優價格降低、在參數滿足一定條件時最優利潤增大。即在數量承諾情形，考慮綠色技術投資對顧客和製造商均有利。

（5）通過對比理性預期均衡和數量承諾兩種情形下的製造商最優策略和最大期望利潤發現：數量承諾使得製造商最優產量降低、最優價格升高、最大期望利潤增加。這表明，不管碳排放限額為多少，數量承諾策略總是能夠增加製造商的利潤，這為後續分散化供應鏈協調提供了思路和依據。

（6）理性預期均衡和數量承諾兩種情形下，當碳排放限額約束不起作用時，製造商最優策略和最大期望利潤均隨碳排放限額保持不變。當碳排放限額約束起作用時，製造商最優產量隨碳排放限額遞增、製造商最優價格隨碳排放限額遞減、最優綠色技術投資隨碳排放限額先增大後減小。最大期望利潤在理性預期均衡時隨碳排放限額先增大後減小，在數量承諾時隨碳排放限額遞增。

限額與交易政策下考慮綠色技術投資時，製造商決策研究的主要結論和管理啟示如下：

（1）在理性預期均衡時，在模型參數滿足一定條件時，製造商最優生產、定價、碳交易和綠色技術投資策略存在並且唯一。

（2）理性預期均衡時，與限額政策情形對比發現：碳排放限額存在一個臨界值（$E=(1-\eta_{l2}^{*})q_{l2}^{*}$），當碳排放限額等於臨界值時，限額政策和限額與交易政策兩種情形的最優決策相等且在生產過程中剛好用完碳排放權，與外部市場不會進行碳排放權交易；當碳排放限額低於臨界值時，限額與交易政策情形製造商最優產量更高、最優價格更低且會從外部市場購買碳排放權來維持生產。同時，碳排放限額在一定範圍內，限額與交易政策情形的綠色技術投資更少、最大期望利潤也會更低；當碳排放限額高於臨界值時，限額與交易政策情形下，製造商最優產量更低、最優價格更高且會向外部市場出售碳排放權來維持生產，同時限額與交易政策情形最優綠色技術投資更大、最大期望利潤也會更大。

（3）理性預期均衡時，與不考慮綠色技術投資的情形對比，限額與交易政策下製造商一定會進行綠色技術投資，其最優產量增加，最優價格減小。但是，此時考慮綠色技術投資時的製造商最大期望利潤總是小於不考慮綠色技術投資的情形，即考慮綠色技術投資對製造商反而不利，這是因為戰略顧客行為的存在導致的。

（4）數量承諾時，當模型參數滿足一定條件時，製造商最優承諾數量、最優價格、最優碳交易策略和綠色技術投資策略存在且唯一。

（5）數量承諾時，限額政策和限額與交易政策兩種情形的製造商最優策略和最大期望利潤對比的結論，與理性預期均衡的情形相同，只是碳排放限額的臨界值不同。數量承諾時的臨界值為（$E=(1-\eta_{l2}^{q*})q_{l2}^{q*}$）。

（6）數量承諾時，與不考慮綠色技術投資的情形對比，製造商一定會進行綠色技術投資，其最優產量增加，最優價格減小且最大期望利潤增加。

（7）通過對比理性預期均衡和數量承諾兩種情形下的製造商最優策略和最大期望利潤發現：數量承諾使得製造商最優產量降低、最優價格升高、最優綠色技術投資減小、最大期望利潤增加。這表明，不管碳排放限額和碳排放權交易價格為多少，數量承諾策略總是能夠增加製造商的利潤，這為後續分散化供應鏈協調提供了思路和依據。

（8）理性預期均衡和數量承諾兩種情形下，製造商最優產量和碳排放權交易量隨碳排放權交易價格遞減，製造商最優價格、最優綠色技術投資和最大期望利潤隨碳排放權交易價格遞增；製造商最優產量、最優價格和最優綠色技術投資隨碳排放權限額不變，製造商最優碳交易量隨碳排放限額單調遞減，製造商最大期望利潤隨碳排放限額遞增。

4 不考慮綠色技術投資的供應鏈決策與協調研究

第二章研究了不考慮綠色技術投資時，單一製造商的生產、定價和碳交易策略，解決了單一製造商參與競爭時的最優策略制定問題。但是，在企業實踐中供應鏈的環境更加普遍。因此，本章將研究對象由單一製造商拓展至由一個製造商和一個零售商組成的供應鏈。製造商面臨碳排放政策約束決策產品的批發價格，零售商決策銷售價格和訂貨量並負責將產品銷售給同質的戰略顧客。第二章考慮單一製造商的決策情境可以視為供應鏈集中決策環境的研究，是本章供應鏈協調的基準。本章假定製造商不考慮綠色技術投資，首先研究得到限額政策下製造商和零售商的最優決策，並以數量承諾情形為基準，基於收益分享合同設計了供應鏈協調策略；其次研究得到限額與交易政策下製造商和零售商的最優決策，並以數量承諾情形為基準，基於收益分享合同設計了供應鏈協調策略；最後對本章內容進行了總結。

4.1 問題描述與假設

本章研究由一個製造商和一個零售商組成的兩級供應鏈系統。假設在整個供應鏈系統，製造商占主導地位，零售商是跟隨者。製造商在碳排放政策下生產一種產品並通過零售商銷售給顧客。零售商向製造商訂購產品並銷售給同質的戰略顧客。假定每位戰略顧客最多購買一個產品。零售商在給定批發價的基礎上決策產品的訂貨量和零售價格。

本章在第二章的基礎上進行拓展，與第二章的變量和參數的符號定義有差異的部分如表 4-1 所示，其餘變量和參數的符號定義與第二章相同。後續參數之間應滿足的關係，同樣只列出有差異的部分。

表 4-1　　變量和參數的符號定義

符號	定義
c	製造商單位產品生產成本。
w	製造商單位產品批發價格。
p	零售商單位產品零售價，可被顧客觀察。
q	製造商的產品生產量/零售商的訂貨量，本書假設其不可被顧客觀察。
s	零售商單位產品折扣銷售價格，可視為產品的期末殘值，是外生變量。

模型參數必須滿足一定條件才能成立，故本章假設：

(1) $v > p > w > c > s > 0$。本條件表明產品從製造商到零售商再到顧客的過程中，製造商、零售商和顧客都有正的邊際利潤。另外，生產成本大於清倉價格表明產品未能全價出售則會產生一定損失，這促使製造商和零售商均會按照顧客需求來進行生產和訂貨，一旦庫存過剩將會產生損失。

(2) $w > c + k$。本條件表明在限額與交易政策下，製造商願意生產產品，否則製造商會選擇不生產，而是通過出售碳排放權獲利。

(3) 本書僅考慮製造商在生產過程中的碳排放而沒有考慮零售商的碳排放，因為製造商是碳排放的主要來源且本書假定只有製造商受到碳排放政策的約束。

4.2　限額政策下分散化供應鏈決策與協調模型

本節考慮製造商面臨限額政策的約束決策產品的批發價格，零售商在給定批發價格的基礎上，決策產品的零售價和訂貨量。事件的順序如下：①製造商在初始碳排放限額給定的基礎上制定產品的批發價格；②零售商形成顧客保留價格的預期並在此基礎上制定產品訂貨量和零售價格；③製造商在限額政策下生產產品並交付給零售商；④顧客根據市場價格信息估計產品折扣銷售的可能性並形成保留價格；⑤隨機需求實現，產品以正常價格售出，剩餘產品在銷售期末以折扣價格出售。

本章假定製造商占主導地位，零售商處於跟隨者地位。因此，本書在進行模型求解時，首先求解零售商在批發價格給定時的最優決策，得到零售商最優決策關於批發價格的反應函數；其次求解製造商決策問題，得到製造商的最優批發價格。

4.2.1　分散化供應鏈最優決策

首先，研究零售商的決策問題。當製造商的批發價格為 w 時，零售商的期望利潤函數 $\pi_1^r(q,\ p)$ 為：

$$\pi_1^r(q,\ p) = (p - s)\left(q - \int_0^q F(x)\,dx\right) - (w - s)q \tag{4-1}$$

引理 4.1　當 p 給定時，採用批發價格合同的零售商期望利潤函數 $\pi_1^r(q,p)$ 是 q 的凹函數。

證明：

當 p 給定時，根據式（4-1）可得：

$$\frac{\partial\,\pi_1^r(q,\ p)}{\partial q} = (p - s)\bar{F}(q) - (w - s)$$

$$\frac{\partial^2\,\pi_1^r(q,\ p)}{\partial\,q^2} = -(p - s)f(q) < 0$$

所以，當 p 給定時，$\pi_1^r(q,\ p)$ 是 q 的凹函數。

證畢。

關於理性預期均衡時零售商的最優策略，可以得到命題 4.1。

命題 4.1　在批發價格 w 給定的情形，考慮戰略顧客行為時，限額政策下零售商的最優訂貨策略 q_1^{r*} 和定價策略 p_1^{r*} 為：

$$q_1^{r*} = \bar{F}^{-1}\left(\sqrt{\frac{w - s}{v - s}}\right) \tag{4-2}$$

$$p_1^{r*} = s + \sqrt{(w - s)(v - s)} \tag{4-3}$$

證明： 在理性預期均衡時，式（2-9）仍然滿足。根據引理 4.1，令 $\frac{\partial\,\pi_1^r(q,\ p)}{\partial q} = 0$，並與式（2-9）聯立得到方程組：

$$\begin{cases} p = v - (v - s)F(q) \\ (p - s)\bar{F}(q) - (w - s) = 0 \end{cases}$$

求解可得理性預期均衡時零售商的最優訂貨和定價策略，即命題所示結果。

證畢。

命題 4.1 表明在限額政策情形，零售商理性預期均衡時的最優訂貨策略和定價策略存在並且唯一。

然後，研究製造商的決策問題。限額政策下製造商的利潤函數為：

$$\pi_1^m(w) = (w - c)\,q(w)$$

根據式（4-2）可知，限額政策下採用批發價格合同時，零售商最優訂貨量 q_1^{r*} 和製造商最優批發價格 w_1^{m*} 是一一對應的關係，即：

$$w = s + (v - s)\bar{F}^2(q) \tag{4-4}$$

則可將製造商的利潤函數轉換為：

$$\pi_1^m(q) = [(v - s)\bar{F}^2(q) - (c - s)]q$$

則在限額政策下，製造商的批發價格制定模型為：

$$\max_{q \geq 0} \pi_1^m(q) \tag{4-5}$$

$$s.\ t.\ q \leqslant E \tag{4-6}$$

在批發價格合同下，供應鏈總利潤 $\pi_1^{sc}(q,\ p)$ 為：

$$\pi_1^{sc}(q,\ p) = \pi_1^r(q,\ p) + \pi_1^m(w) = (p - s)\left(q - \int_0^q F(x)dx\right) - (c - s)q$$

在理性預期均衡時，根據式（2-9），可將供應鏈總利潤寫為：

$$\pi_1^{sc}(q) = (v - s)\bar{F}(q)\left(q - \int_0^q F(x)dx\right) - (c - s)q \tag{4-7}$$

引理 4.2 製造商期望利潤函數 $\pi_1^m(q)$ 是關於 q 的擬凹函數。實現 $\pi_1^m(q)$ 最大化的解 q_0^r 滿足：

$$1 - \frac{c - s}{(v - s)\bar{F}^2(q)} = \frac{2qf(q)}{\bar{F}(q)} \tag{4-8}$$

證明： $\pi_1^m(q)$ 關於 q 求一階導數：

$$\frac{d\,\pi_1^m(q)}{dq} = (v - s)\bar{F}^2(q) - 2(v - s)qf(q)\bar{F}(q) - (c - s) \tag{4-9}$$

令 $\dfrac{d\,\pi_1^m(q)}{dq} = 0$ 可得：

$$1 - \frac{c - s}{(v - s)\bar{F}^2(q)} = \frac{2qf(q)}{\bar{F}(q)}$$

顯然，等式右邊的表達式隨 q 遞增（因為 F 滿足 IFR），等式左邊的表達式隨 q 遞減，故該等式有唯一解。另外，$\pi_1^{m'}(0) = v - c > 0$ 並且 $\lim_{q \to \infty} \pi_1^{m'}(q) = -(c - s) < 0$。所以，$\pi_1^m(q)$ 是關於 q 的擬凹函數，且具有唯一使利潤最大化的解 q_0^r 滿足式（4-8），根據式（4-4）可知，零售商的最優訂貨量與製造商的批發價格具有一一對應關係，令 $w_0^m = s + (v - s)\bar{F}^2(q_0^r)$。

證畢。

在採用批發價格合同時，限額政策下製造商最優策略，可以得到命題4.2。

命題4.2 考慮戰略顧客行為時，限額政策下製造商的最優批發價格策略 w_1^{m*} 為：

$$w_1^{m*} = s + (v - s)\bar{F}^2(q_1^{r*})$$

其中 q_1^{r*} 表示限額政策下零售商的最優訂貨策略，其滿足：當 $E \geqslant q_0^r$ 時，$q_1^{r*} = q_0^r$；當 $E < q_0^r$ 時，$q_1^{r*} = E$。

證明：

約束式（4-6）可以轉化為：

$$q - E \leqslant 0$$

根據K-T條件和式（4-9）引入廣義拉格朗日乘子 λ，可以得到：

$$(v - s)\bar{F}^2(q) - 2(v - s)qf(q)\bar{F}(q) - (c - s) - \lambda = 0 \quad (4\text{-}10)$$

$$\lambda(q - E) \quad (4\text{-}11)$$

$$\lambda \geqslant 0 \quad (4\text{-}12)$$

（1）當 $\lambda = 0$ 時，根據式（4-10）和式（4-11）可以得到 $q_1^{r*} = q_0^r$ 且 $E \geqslant q_0^r$。

（2）當 $\lambda > 0$ 時，根據式（4-10）和式（4-11）可以得到：

$$\frac{d\pi_1^m(q)}{dq} = (v - s)\bar{F}^2(q) - 2(v - s)qf(q)\bar{F}(q) - (c - s) = \lambda > 0$$

$$E = q$$

根據引理4.2可知，$\pi_1^m(q)$ 是關於 q 的擬凹函數，則此時 $q_1^{r*} < q_0^r$ 且 $E = q_1^{r*}$。

根據式（4-4）則可得到 $w_1^{m*} = s + (v - s)\bar{F}^2(q_1^{r*})$ 且 $w_1^{m*} > w_0^m$。

證畢。

命題4.2表明，限額政策下分散化供應鏈環境下，製造商的最優批發價格存在並且唯一。最優批發價格的大小與政府設定的初始碳排放限額相關。當政府設定的初始碳排放限額較高時，碳排放政策約束不起作用，這時製造商和零售商均按照無碳排放政策情形的最優策略行動。當政府設定的初始碳排放限額較低時，製造商的產能受到限制，為了避免零售商訂貨量超出產能，製造商會相應地提高批發價格。

將 w_1^{m*} 代入式（4-2）和式（4-3）得到零售商的最優訂貨和定價策略為：$q_1^{r*} = \bar{F}^{-1}\left(\sqrt{\dfrac{w_1^{m*} - s}{v - s}}\right)$，$p_1^{r*} = s + \sqrt{(-s)(v - s)}$。

將供應鏈最優決策 q_1^{r*}、p_1^{r*} 和 w_1^{m*} 代入 $\pi_1^r(q, p)$、$\pi_1^m(q)$ 和 $\pi_1^{sc}(q)$ 可以

得到分散化供應鏈零售商、製造商和供應鏈總體利潤：

$$\pi_1^r(q_1^{r*},\ p_1^{r*}) = (p_1^{r*} - s)\left(q_1^{r*} - \int_0^{q_1^{r*}} F(x)dx\right) - (w - s)\ q_1^{r*}$$

$$\pi_1^m(q_1^{r*}) = [\ (v - s)\bar{F}^2(q_1^{r*}) - (c - s)\ ]\ q_1^{r*}$$

$$\pi_1^{sc}(q_1^{r*}) = (v - s)\bar{F}(q_1^{r*})\left(q_1^{r*} - \int_0^{q_1^{r*}} F(x)dx\right) - (c - s)\ q_1^{r*}$$

不考慮碳排放政策時，製造商的產量不會受到碳排放限額的約束，即可得到不考慮碳排放政策時，分散化供應鏈製造商和零售商的最優策略分別為：

零售商最優訂貨量 $\bar{q}_0^r = q_0^r$，最優定價 $\bar{p}_0^r = s + (v - s)\bar{F}(q_0^r)$，製造商最優批發價格 $\bar{w}_0^m = w_0^m$。零售商最大期望利潤為 $\bar{\pi}_0^r(\bar{q}_0^r,\ \bar{p}_0^r) = (\bar{p}_0^r - s)\left(\bar{q}_0^r - \int_0^{q_0^r} F(x)dx\right) - (w - s)\bar{q}_0^r$，製造商最大期望利潤為 $\bar{\pi}_0^m(\bar{q}_0^r) = [\ (v - s)\bar{F}^2(\bar{q}_0^r) - (c - s)\ ]\bar{q}_0^r$，供應鏈總利潤 $\bar{\pi}_0^{sc}(\bar{q}_0^r) = (v - s)\bar{F}(\bar{q}_0^r)\left(\bar{q}_0^r - \int_0^{q_0^r} F(x)dx\right) - (c - s)\bar{q}_0^r$。

為了分析限額政策的影響，對考慮和不考慮限額政策兩種情形下分散化供應鏈零售商和製造商的最優決策進行比較，得到命題 4.3。

命題 4.3 （1）當 $E \geqslant q_0^r$ 時，$q_1^{r*} = \bar{q}_0^r$，$p_1^{r*} = \bar{p}_0^r$，$w_1^{m*} = \bar{w}_0^m$；

（2）當 $E < q_0^r$ 時，$q_1^{r*} < \bar{q}_0^r$，$p_1^{r*} > \bar{p}_0^r$，$w_1^{m*} > \bar{w}_0^m$；

證明：（1）當 $E \geqslant q_0^r$ 時，根據兩種情形下最優決策的表達式可直接得出 $q_1^{r*} = \bar{q}_0^r$，$p_1^{r*} = \bar{p}_0^r$，$w_1^{m*} = \bar{w}_0^m$。

（2）當 $E < q_0^r$ 時，$p_1^{r*} = E < q_0^r = \bar{q}_0^r$，兩種情形下均存在 $p = v - (v - s)\bar{F}(q)$、$w = s + (v - s)\bar{F}^2(w)$，則可知 $p_1^{r*} > \bar{p}_0^r$，$w_1^{m*} > \bar{w}_0^m$。

證畢。

命題 4.3 第一條表明：供應鏈分散化決策時，當初始碳排放限額高於一定閾值，不考慮和考慮限額政策兩種情形下，零售商的最優產量、最優價格和製造商的最優批發價格均相等。因為當政府設定的初始碳排放限額較高時，限額政策對製造商的最優產量沒有影響，因此兩種情形下製造商和零售商的最優策略均相等。

命題 4.3 第二條表明：供應鏈分散化決策時，當初始碳排放限額低於一定閾值，考慮限額政策將使得零售商最優訂貨量下降、最優價格升高，製造商最優批發價格升高。這是因為當政府設定的初始碳排放限額較低時，限額政策起作用，使得製造商無法按照無碳排放政策情形的最優策略生產，而是會按照限額約束下的最高產量進行生產，所以製造商最優產量會降低。產量降低將會提高顧客的購買意願，從而提高了零售商的最優定價。製造商依靠其主導地位，在零售商提高零售價格時，可以同時提高批發價格來最大化其期望利潤。

對考慮和不考慮限額政策兩種情形下分散化供應鏈零售商、製造商和供應鏈最大期望利潤進行比較，得到命題 4.4。

命題 4.4 （1）當 $E \geqslant q_0^r$ 時，$\bar{\pi}_0^r(\bar{q}_0^r, \bar{p}_0^r) = \pi_1^r(q_1^{r*}, p_1^{r*})$，$\bar{\pi}_0^m(\bar{q}_0^r) = \pi_1^m(q_1^{r*})$，$\bar{\pi}_0^{sc}(\bar{q}_0^r) = \pi_1^{sc}(q_1^{r*})$；

（2）當 $E < q_0^r$ 時，$\bar{\pi}_0^r(\bar{q}_0^r, \bar{p}_0^r) > \pi_1^r(q_1^{r*}, p_1^{r*})$，$\bar{\pi}_0^m(\bar{q}_0^r) > \pi_1^m(q_1^{r*})$，$\bar{\pi}_0^{sc}(\bar{q}_0^r) > \pi_1^{sc}(q_1^{r*})$。

證明：（1）當 $E \geqslant q_0^r$ 時，根據命題 4.3 可知兩種情形下的最優策略均相等，由比較可得兩種情形下製造商期望利潤、零售商期望利潤和供應鏈總利潤表達式相同，則可直接得出 $\bar{\pi}_0^r(\bar{q}_0^r, \bar{p}_0^r) = \pi_1^r(q_1^{r*}, p_1^{r*})$，$\bar{\pi}_0^m(\bar{q}_0^r) = \pi_1^m(q_1^{r*})$，$\bar{\pi}_0^{sc}(\bar{q}_0^r) = \pi_1^{sc}(q_1^{r*})$。

（2）當 $E < q_0^r$ 時，後續命題4.5 的證明給出 $H(q)$ 為擬凹函數且在 $\tilde{q}$ 處取得最大值，將 $\bar{q}_0^r$ 代入 $H(q)$ 可知 $\bar{\pi}_0^r(\bar{q}_0^r, \bar{p}_0^r) = H(q_0^r)$，$\pi_1^r(q_1^{r*}, p_1^{r*}) = H(E)$。根據後續命題 4.5 的證明可知 $E < q_0^r < \tilde{q}$，所以可得 $H(q_0^r) > H(E)$，即 $\bar{\pi}_0^r(\bar{q}_0^r, \bar{p}_0^r) > \pi_1^r(q_1^{r*}, p_1^{r*})$。根據引理 4.2 可知 $\pi_1^m(q)$ 為關於 q 的擬凹函數且在 q_0^r 處取得最大值，則 $\bar{\pi}_0^m(\bar{q}_0^r) > \pi_1^m(q_1^{r*})$。供應鏈期望利潤函數與數量承諾情形的製造商期望利潤函數相同，則根據命題 2.5 可知 $\pi_1^{sc}(q)$ 為關於 q 的擬凹函數且在 q_{opt} 處取得最大值，後續命題 4.5 證明了 $q_0^r < q_{opt}$，則可以得到 $\bar{\pi}_0^{sc}(\bar{q}_0^r) > \pi_1^{sc}(q_1^{r*})$。

證畢。

命題 4.4 第一條表明，當碳排放限額較高時，不考慮和考慮限額政策兩種情形下製造商最大期望利潤、零售商期望利潤和供應鏈總利潤相等。這是因為當碳排放限額較高時，限額政策不起作用，兩種情形下的供應鏈最優策略和最大期望利潤顯然相等。

命題 4.4 第二條表明，當碳排放限額較低時，限額政策下製造商的最大期望利潤、零售商的期望利潤和供應鏈的總利潤均低於無碳排放政策的情形。這是因為碳排放限額較低時，限額政策其作用並直接約束了製造商的產量，從而降低了製造商最大期望利潤、零售商的最大期望利潤和供應鏈的總利潤。

4.2.2 分散化對供應鏈決策及績效的影響

第二章對單一製造商情形的研究，可以視為供應鏈集中決策情形的研究。本小節通過對比單一製造商和分散化供應鏈相應的最優決策和最大期望利潤，分析在限額政策下，分散化對供應鏈決策及最大期望利潤的影響。

關於分散化對供應鏈最優策略的影響，可以得到命題 4.5。

命題 4.5 (1) 當 $0 < E \leqslant q_0^r$ 時，$q_1^{r*} = q_1^{q*} = q_1^* = E$，$p_1^{r*} = p_1^{q*} = p_1^*$；

(2) 當 $q_0^r < E \leqslant q_{opt}$ 時，$q_1^{r*} < q_1^{q*} = q_1^* = E$，$p_1^{r*} > p_1^{q*} = p_1^*$；

(3) 當 $E > q_{opt}$ 時，$q_1^{r*} < q_1^{q*} < q_1^* \leqslant E$，$p_1^{r*} > p_1^{q*} > p_1^*$。

證明： 要比較 q_1^{r*}、q_1^{q*} 和 q_1^* 的大小關係，關鍵是要比較 q_0^r、q_{opt} 和 q_0 三者的大小關係。在命題 2.6 的證明中已經證明了 $q_{opt} < q_0$。接下來，本書將證明 q_0^r 和 q_{opt} 的大小關係。

令 $H(q) = \pi_1^q(q) - \pi_1^m(q)$，則：

$$H(q) = (v - s)\bar{F}(q)\left(q - \int_0^q F(x)dx\right) - (v - s)q\bar{F}^2(q)$$

$$H'(q) = (v - s)f(q)\left[2q\bar{F}(q) - \left(q - \int_0^q F(x)dx\right)\right]$$

令 $G(q) = 2q\bar{F}(q) - \left(q - \int_0^q F(x)dx\right)$，則 $G'(q) = \bar{F}(q) - 2qf(q)$。

$G(0) = 0$、$G'(0) = 1$ 且 F 滿足遞增失敗率，因此可知 $G(q)$ 從 0 開始，隨 q 先遞增然後遞減。則 $G(q) = 0$ 有唯一解，令為 $\tilde{q}$。當 $q < \tilde{q}$ 時，$G(q) > 0$，$H(q)$ 遞增；當 $q > \tilde{q}$ 時，$G(q) < 0$，$H(q)$ 遞減。由此可知 $H(q)$ 是關於 q 的擬凹函數且 $G'(\tilde{q}) = \bar{F}(\tilde{q}) - 2\tilde{q}f(\tilde{q}) < 0$。

根據上述分析可知，$H'(\tilde{q}) = 0$，即 $2\tilde{q}\bar{F}(\tilde{q}) = \left(\tilde{q} - \int_0^{\tilde{q}} F(x)dx\right)$。將 $\tilde{q}$ 代入 $\dfrac{d\pi_1^q(q)}{dq}$ 可得：

$$\frac{d\pi_1^q(q)}{dq}\Big|_{q=\tilde{q}} = (v - s)\left[\bar{F}^2(\tilde{q}) - f(\tilde{q})\left(\tilde{q} - \int_0^{\tilde{q}} F(x)dx\right)\right] - (c - s) = (v - s)\bar{F}(\tilde{q})\left[\bar{F}(\tilde{q}) - 2\tilde{q}f(\tilde{q})\right] - (c - s) < (v - s)\bar{F}(\tilde{q})\left[\bar{F}(\tilde{q}) - 2\tilde{q}f(\tilde{q})\right] < 0$$

根據引理 2.2 可知 $\pi_1^q(q)$ 是 q 的擬凹函數，所以可知 $q_{opt} < \tilde{q}$。

因為 $2\tilde{q}\bar{F}(\tilde{q}) = \left(\tilde{q} - \int_0^{\tilde{q}} F(x)dx\right)$ 且 $H(q)$ 是關於 q 的擬凹函數，則可得到當 $q < \tilde{q}$ 時，$\dfrac{d\pi_1^m(q)}{dq} < \dfrac{d\pi_1^q(q)}{dq}$；當 $q > \tilde{q}$ 時，$\dfrac{d\pi_1^m(q)}{dq} > \dfrac{d\pi_1^q(q)}{dq}$。因此，$q_{opt}$、$q_0^r$ 和 $\tilde{q}$ 三者的關係只可能為 $\tilde{q} < q_{opt} < q_0^r$ 和 $q_0^r < q_{opt} < \tilde{q}$。已經證明 $q_{opt} < \tilde{q}$，因此可得 $q_0^r < q_{opt}$。

因此，q_0^r、q_{opt} 和 q_0 三者之間的關係為 $q_0^r < q_{opt} < q_0$。根據 q_1^{r*}、q_1^{q*} 和 q_1^*

的表達式，可以畫出三者的關係示意圖。

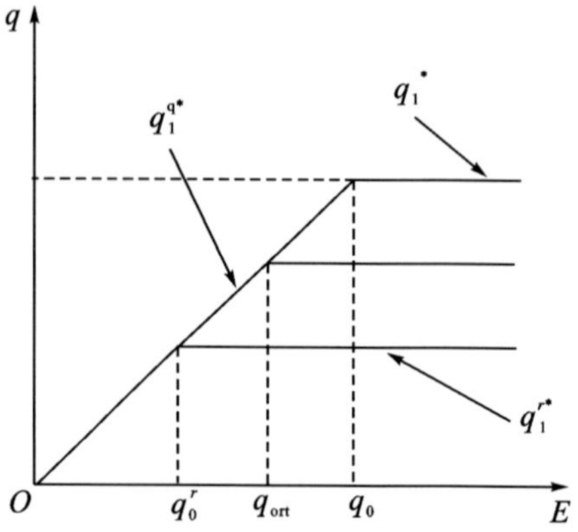

圖 4-1　不考慮綠色技術投資時 q 隨著 E 的變化過程

根據圖 4-1 及式（2-9）可以得到命題所示結論。

證畢。

命題 4.5 表明，集中化時的理性預期均衡最優產量和最優承諾數量、分散化供應鏈製造商最優產量三者的關係大小取決於政府設定的初始碳排放限額。當政府設定的初始碳排放限額較高時，分散化供應鏈製造商最優產量最低，甚至低於最優數量承諾情形的產量。這是因為，在製造商占主導的供應鏈結構下，製造商傾向於制定更高的批發價格（即更低的產量）來保證製造商本身能夠獲得最大的利潤，儘管這樣會損害零售商甚至整個供應鏈的利潤。隨著初始碳排放限額逐漸縮小，最先受到碳排放約束而被迫降低產量是在理性預期均衡情形，隨後是數量承諾的情形，最後，當政府設定的初始碳排放限額進一步降低時，三種情形下的製造商最優產量均等於碳排放限額，此時三者相等。

在命題 2.7 中，本書比較了限額政策下，製造商理性預期均衡與數量承諾兩種情形最大期望利潤的大小，發現 $\pi_1(q_1^*,\ p_1^*) \leqslant \pi_1^q(q_1^{q*})$，即製造商採用數量承諾策略時的最大期望利潤總是不小於理性預期均衡的情形。因此，為了實現供應鏈績效提升，本部分以數量承諾情形為基準，分析分散化對供應鏈製造商的最大期望利潤的影響。關於分散化對供應鏈最大期望利潤的影響，可以得到命題 4.6。

命題 4.6　(1) $0 < E \leqslant q_0^r$，$\pi_1^{sc}(q_1^{r*}) = \pi_1^q(q_1^{q*})$；

(2) $E > q_0^r$，$\pi_1^{sc}(q_1^{r*}) < \pi_1^q(q_1^{q*})$。

證明： 對比分散化供應鏈總期望利潤 $\pi_1^{sc}(q)$ 和集中化時採用數量承諾時的期望利潤 $\pi_1^q(q)$ 兩者的表達式，可知兩種情形下的期望利潤表達式相同。根據引理 2.2 可知 $\pi_1^q(q)$ 是 q 的擬凹函數，則當 $q < q_{opt}$ 時，$\pi_1^q(q)$ 隨 q 單調遞增。

(1) 當 $0 < E \leqslant q_0^r$ 時，$q_1^{r*} = q_1^{q*} = E$，則可得到 $\pi_1^{sc}(q_1^{r*}) = \pi_1^q(q_1^{q*})$。

(2) 當 $E > q_0^r$ 時，可以進一步分為兩種情形比較。當 $q_0^r < E < q_{opt}$ 時，此時 $\pi_1^q(q_1^{q*}) = \pi_1^q(E) > \pi_1^q(q_0^r) = \pi_1^{sc}(q_1^{r*})$；當 $E \geqslant q_{opt}$ 時，此時 $\pi_1^q(q_1^{q*}) = \pi_1^q(q_{opt}) > \pi_1^q(q_0^r) = \pi_1^{sc}(q_1^{r*})$。

證畢。

命題 4.6 表明以數量承諾情形為基準，限額政策下分散化供應鏈總體利潤要小於等於數量承諾的情形，即表明分散化供應鏈績效還有提升的空間。這也為後續的供應鏈協調提供了依據。

4.2.3 供應鏈協調策略

本小節以數量承諾情形為基準，對限額政策下考慮戰略顧客行為的供應鏈進行協調研究，從而提升整個供應鏈的績效。

4.2.3.1 批發價格合同協調策略

關於批發價格合同協調策略，可以得到命題 4.7。

命題 4.7 (1) 批發價格合同下，存在唯一的 $w_1^* = s + (v - s)\bar{F}^2(q_1^{q*})$，使得 $\pi_1^{sc}(q(w_1^*)) = \pi_1^q(q_1^{q*})$。

(2) 當 $E \leqslant q_0^r$ 時，$w_1^* = w_1^{m*}$；當 $E > q_0^r$ 時，$w_1^* < w_1^{m*}$。

證明：(1) 根據式 (4-4) 可知，分散化供應鏈情境下，零售商的最優訂貨量和製造商的最優批發價格有一一對應關係。則必然存在一點 $w_0^m = s + (v - s)\bar{F}^2(q_0^r)$。當 $w \in [c, w_0^m]$ 時，$q \in [q_0^r, q_0]$。當政府設定的初始碳排放限額 E 給定時，總存在 $w_1^* = s + (v - s)\bar{F}^2(q_1^{q*})$ 使得 $q(w_1^*) = q_1^{q*}$，從而可以得到此時 $\pi_1^{sc}(q(w_1^*)) = \pi_1^q(q_1^{q*})$。

(2) 當 $E \leqslant q_0^r$ 時，$q(w_1^*) = E = q(w_1^{m*})$，可得到 $w_1^* = w_1^{m*}$；當 $E > q_0^r$ 時，$(w_1^*) > q(w_1^{m*})$，可得到 $w_1^* < w_1^{m*}$。

證畢。

命題 4.7 的第一條說明在限額政策下考慮戰略顧客行為時，批發價格合同就能夠使得供應鏈績效達到數量承諾情形的水準，此時不需要設計額外的合同來實現供應鏈協調。在不考慮限額政策情形時，Su 和 Zhang[172] 就證明了批發價格合同能夠實現供應鏈協調。原因是在雙重邊際效應之上存在戰略顧客行為，而批發價格合同則成了平衡這兩種力量的工具。本書的研究表明，考慮限額政策，仍然沒有改變這個特性，即批發價格合同仍然能夠作為平衡戰略顧客行為和雙重邊際效應的工具，實現供應鏈績效最優。

命題 4.7 第二條表明，當政府設定的初始碳排放限額較低時，實現供應鏈協調的批發價格與分散化供應鏈中製造商期望利潤最大化時的批發價格相等。這個結論非常有趣，即表明當政府設定的初始碳排放限額在一定範圍內，不需要額外的設計協調合同，僅僅通過批發價格合同就能完全實現供應鏈協調。這是因為當碳排放限額較低時，無論是集中化還是分散化情形下，製造商的產量都受到約束而不能達到無碳排放政策情形下的最優產量，而只能按照碳排放限額的產量上限進行生產。當政府設定的初始碳排放限額較高時，實現供應鏈協調的批發價格低於分散化供應鏈中製造商期望利潤最大化時的批發價格。即此時要實現供應鏈協調，就要求供應商降低批發價格，即使這樣會降低製造商的最大期望利潤，但是能夠使得零售商最大期望利潤增加更多，從而提高整個供應鏈績效。該結論意味著，當碳排放限額大於閾值（$E > q_{opt}$）時，批發價格協調供應鏈也不能實現利潤的任意分配。這也就意味著僅僅實施批發價格合同難以實現供應鏈協調。製造商傾向於在系統最優批發價格的基礎上提高批發價格來獲得更多的利潤，即使這樣會使得零售商的利潤大大降低。

4.2.3.2 基於收益分享合同的協調策略

通過研究發現，當碳排放限額大於閾值 q_{opt} 時，僅僅依靠批發價格合同無法實現供應鏈協調。因此，本小節針對該情境（$E > q_{opt}$），基於收益分享合同對限額政策考慮戰略顧客行為的供應鏈進行協調研究。當 $E \leqslant q_{opt}$ 時，設定零售商保留收益的比例為零即可。

收益分享合同是傳統供應鏈協調的常用合同[182]，本部分研究如何利用收益分享合同作為實現數量承諾的工具，使得供應鏈績效能夠達到數量承諾時的水準。在收益分享合同下，假定 φ_1（$0 < \varphi_1 \leqslant 1$）表示零售商保留收益的比例，則（$1 - \varphi_1$）代表分享給製造商的收益。

在收益分享合同下，零售商的期望利潤函數 $\pi_{1s}^r(q, p, \varphi_1)$ 為：

$$\pi_{1s}^r(q, p, \varphi_1) = \varphi_1\left[\int_0^q [px + s(q-x)]f(x)dx + \int_q^\infty pqf(x)dx\right] - wq$$

化簡後可得：

$$\pi_{1s}^r(q, p, \varphi_1) = \varphi_1(p-s)\left(q - \int_0^q F(x)dx\right) - (w - \varphi_1 s)q \qquad (4\text{-}13)$$

在收益分享合同下，製造商的期望利潤函數 $\pi_{1s}^m(w, \varphi_1)$ 為：

$$\pi_{1s}^m(w, \varphi_1) = (w-c)q + (1-\varphi_1)\left[\int_0^q [px + s(q-x)]f(x)dx + \int_q^\infty pqf(x)dx\right]$$

化簡後可得在收益分享合同下製造商決策模型為：

$$\pi_{1s}^{m}(w, \varphi_1) = (1-\varphi_1)(p-s)\left(q - \int_0^q F(x)dx\right) + (w - c + (1-\varphi_1)s)q \tag{4-14}$$

$$s.\ t.\ q(w) < E \tag{4-15}$$

供應鏈的期望利潤函數 $\pi_{1s}^{sc}(q, p)$ 為：

$$\pi_{1s}^{sc}(q, p) = (p-s)\left(q - \int_0^q F(x)dx\right) - (c-s)q$$

其中下標 s 表示使用收益分享合同協調供應鏈的情形。

命題 4.8 收益分享合同下，零售商的最優訂貨策略 q_{1s}^* 為：

$$q_{1s}^* = \bar{F}^{-1}\left(\sqrt{\frac{w-\varphi_1 s}{\varphi_1(v-s)}}\right) \tag{4-16}$$

最優定價策略 p_{1s}^* 為：

$$p_{1s}^* = s + \sqrt{\frac{(w-\varphi_1 s)(v-s)}{\varphi_1}} \tag{4-17}$$

證明： 在收益分享合同下，根據理性預期均衡的定義，同樣可以得到 $p = v - (v-s)F(q)$ 成立。

$\pi_{1s}^{r}(q, p)$ 對 q 求一階和二階偏導數可得：

$$\frac{\partial \pi_{1s}^{r}(q, p)}{\partial q} = \varphi_1(p-s)\bar{F}(q) - (w - \varphi_1 s)$$

$$\frac{\partial^2 \pi_{1s}^{r}(q, p)}{\partial q^2} = -\varphi_1(p-s)f(q) < 0$$

表明當 p 給定時，零售商期望利潤函數是關於 q 的凹函數，令 $\frac{\partial \pi_{1s}^{r}(q, p)}{\partial q} = 0$ 並與 $= v - (v-s)F(q)$ 聯立方程組，求解可得收益分享合同下，零售商的最優訂貨和定價策略。

證畢。

命題 4.8 表明收益分享合同下，零售商理性預期均衡時的最優訂貨和定價策略存在並且唯一。這也是零售商關於批發價格 w 的最優反應函數。

命題 4.9 (1) $0 < \varphi_1 \leq 1$，當 $E > q_0^r$ 時，收益分享合同的參數 (w, φ_1) 滿足如下關係時：

$$w - \varphi_1 s = \varphi_1(v-s)\bar{F}^2(q_1^{q*}) \tag{4-18}$$

限額政策下考慮戰略顧客行為的供應鏈能夠協調。

（2）當 $\varphi_1 \to 0$ 時，製造商獲得全部利潤；當 $\varphi_1 = 1$ 時，零售商無法獲得全部利潤，但是其最大期望利潤要大於批發價格合同時的最大期望利潤。因此，實現供應鏈協調時，供應鏈利潤無法在製造商和零售商之間任意分配，但存在帕累托優化。

證明：（1）根據式（4-16）可以得到收益分享合同下零售商的最優訂貨量，要實現供應鏈協調，即要求零售商的最優訂貨量與數量承諾情形的訂貨量 q_1^{q*} 相等。即需要滿足：

$$q_1^{q*} = \bar{F}^{-1}\left(\sqrt{\frac{w - \varphi_1 s}{\varphi_1(v - s)}}\right)$$

化簡整理可得供應鏈協調的條件，即式（4-18）。

（2）通過將收益分享合同下製造商和零售商的期望利潤函數分別和數量承諾情形的期望利潤函數進行對比，整理可得：

$$\pi_{1s}^r(q, p, \varphi_1) = \varphi_1 \pi_{1s}^{sc}(q, p) + \varphi_1(c - s)q - \varphi_1(v - s)q\bar{F}^2(q)$$

$$\pi_{1s}^m(q, \varphi_1) = (1 - \varphi_1)\pi_{1s}^{sc}(q, p) - \varphi_1(c - s)q + \varphi_1(v - s)q\bar{F}^2(q)$$

當 $\varphi_1 \to 0$ 時，$\pi_{1s}^r(q, p, \varphi_1) \to 0$，製造商幾乎獲得全部利潤；當 $\varphi_1 = 1$ 時，採用收益分享合同時零售商最大期望利潤為：

$$\begin{aligned}\pi_{1s}^r(q, p, \varphi_1)\big|_{q=q_1^{q*},\, p=p_1^{q*},\, \varphi_1=1} &= (v - s)\bar{F}(q_1^{q*})\left[\left(q_1^{q*} - \int_0^{q_1^{q*}} F(x)dx\right) - q_1^{q*}\bar{F}(q_1^{q*})\right] \\ &= H(q_1^{q*})\end{aligned}$$

當 $E > q_0^r$，採用批發價格合同時零售商的最大期望利潤為：

$$\begin{aligned}\pi_1^r(q, p)\big|_{q=q_1^{r*},\, p=p_1^{r*},\, w=w_1^{m*}} &= (v - s)\bar{F}(q_0^r)\left[\left(q_0^r - \int_0^{q_0^r} F(x)dx\right) - q_0^r\bar{F}(q_0^r)\right] \\ &= H(q_0^r)\end{aligned}$$

$H(q)$ 在命題 4.5 的證明中已給出定義，並且證明了其為擬凹函數且在 $q = \tilde{q}$ 處取得最大值。同時，在命題 4.5 中還證明了 $q_0^r < q_{opt} < \tilde{q}$。則可得到當 $E > q_0^r$ 時，$H(q_1^{q*}) > H(q_0^r)$，即採用收益分享合同時零售商最大期望利潤大於採用批發價格合同時零售商的最大期望利潤。

因此，實現供應鏈協調時，供應鏈利潤無法在製造商和零售商之間任意分配，但存在帕累托優化。

證畢。

命題 4.9 表明，限額政策下考慮戰略顧客行為時，採用收益分享合同能夠實現供應鏈協調。雖然利潤無法實現任意分配，但是可分配程度很高且存在帕累托優化。在供應鏈協調時，零售商之所以無法獲得全部利潤，是因為在供應鏈中考慮了戰略顧客行為，為了使得零售商能夠在理性預期均衡時維持較高的零售價格，製造商需要制定較高的批發價格，這就使得即使零售商將所有的收益保留，仍然無法獲得所有利潤。因為此時製造商制定的批發價格較高，保證了自身的利潤不為零。

4.2.4 數值分析

本小節通過數值分析討論限額政策下分散化供應鏈的最優策略，限額政策參數對供應鏈最優決策和最大期望利潤的影響，進而給出相應的管理啟示。

假設隨機需求服從 [0，100] 的均勻分佈。初始碳排放限額 E 變動代表不同的決策情境。其餘參數保持不變，令 $v = 17$、$c = 2$、$s = 1$。

（1）分散化供應鏈最優決策

在上述參數給定時，可以得到分散化供應鏈製造商的期望利潤函數如圖 4-2 所示。圖 4-2 表明，當分散化決策不受碳排放政策約束時，整個供應鏈的最優產量為 $q_0^r = 30.34$。當製造商受到限額政策約束且碳排放限額小於 q_0^r 時，製造商會按照碳排放限額的最大產量進行生產。該結論可以證明引理 4.2 和命題 4.2。

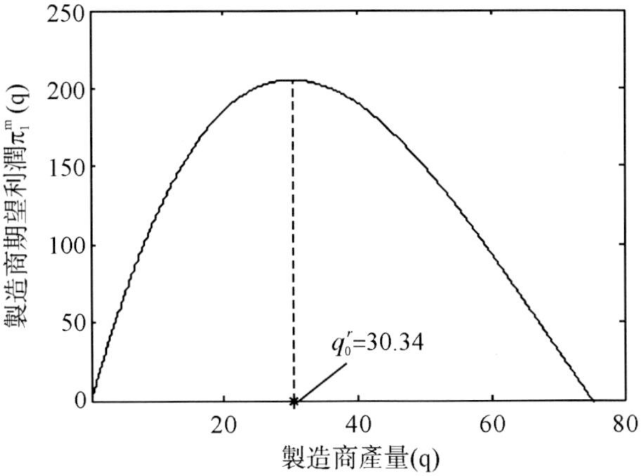

圖 4-2 $\pi_1^m(q)$ 函數圖像

（2）分散化對供應鏈決策及績效的影響

第二章的數值分析中已經計算得出了 $q_{opt} = 38.76$、$q_0 = 75$。則可得到 $q_0^r < q_{opt} < q_0$。據此結論，顯然命題 4.5 和命題 4.6 的結論成立。

(3) 供應鏈協調策略

1) 批發價格協調策略

在批發價格策略下，隨著限額政策的變化，實現供應鏈協調的批發價格也不斷變化。

表 4-2 通過展示隨著碳排放限額變化，集中化和分散化供應鏈的最大期望利潤變化，闡述了限額政策下批發價格協調策略。

表 4-2 表明在批發價格合同下，只要碳排放限額小於某一定值（分散化供應鏈最優時的碳排放量）時，批發價格合同即能實現供應鏈協調。其餘情形通過調整批發價格也能使得供應鏈達到數量承諾情形的供應鏈績效水準，但此時無法實現利潤任意分配。

表 4-2　　限額政策下批發價格協調策略

結果 \ E	25	35	38.76	45	80
w_1^{m*}	10.00	8.76	8.76	8.76	8.76
w_1^*	10.00	7.76	7.00	7.00	7.00
$\pi_1^r(q, p)$	37.50	63.70	73.60	73.60	73.60
$\pi_1^m(w)$	200.00	201.60	193.82	193.82	193.82
$\pi_1^{sc}(q, p)$	237.50	265.30	267.42	267.42	267.42
$\pi_1^q(q)$	237.50	265.30	267.42	267.42	267.42

2) 收益分享合同協調策略

在收益分享合同下，通過調整收益分享的比例 φ_1 可以實現利潤在零售商和製造商之間的分配。表 4-3 展示了當 $E=45>q_0^r$ 時，收益分享合同下供應鏈各方的期望利潤。

表 4-3　　限額政策下收益分享合同協調策略

期望利潤 \ 合同類型	批發價格合同	收益分享合同			
		$\varphi_1 \to 0$	$\varphi_1 = 1$	$\varphi_1 = 0.697$	$\varphi_1 = 0.845$
零售商	51.30	0	73.60	51.30	62.20
製造商	205.22	267.42	193.82	216.12	205.22
分散化供應鏈	256.52	267.42	267.42	267.42	267.42
集中化供應鏈	267.42	267.42	267.42	267.42	267.42

表 4-3 表明收益分享合約能夠實現供應鏈協調。當 $\varphi_1 \to 0$ 時，製造商獲得所有利潤；當 $\varphi_1 = 1$ 時，零售商無法獲得所有利潤，但是此時其最大期望利潤要高於分散化決策時的最大期望利潤。表 4-3 還表明當 $\varphi_1 \in [0.697, 0.845]$ 時，通過收益分享合同能夠實現帕累托改進。該結論證明了命題 4.8 和命題 4.9。

（4）敏感性分析

本小結通過數值分析討論限額政策下，製造商最優策略和最大期望利潤隨碳排放限額的變化情況。具體變化情況見圖 5-2 和圖 5-3，通過觀察可以得到以下結論：

結論 4.1 當碳排放限額高於不考慮限額政策時分散化供應鏈最優碳排放量，分散化供應鏈最優決策以及零售商、製造商和供應鏈總體最大期望利潤隨碳排放限額保持不變。

結論 4.2 當碳排放限額低於不考慮限額政策時分散化供應鏈最優碳排放量，零售商最優訂貨量隨碳排放限額遞增，零售商最優價格和製造商最優批發價格隨碳排放限額遞減，製造商最優綠色技術投資隨碳排放限額先增大後減小；零售商、製造商和供應鏈總體利潤隨碳排放限額遞增。

4.3 限額與交易政策下分散化供應鏈決策與協調模型

本節將限額政策拓展至考慮碳排放交易的限額與交易政策，研究分散化供應鏈的決策與協調問題。同樣假設在整個供應鏈系統，製造商占主導地位，零售商是跟隨者。事件的順序如下：①製造商制定產品的批發價格；②零售商形成顧客保留價格的預期並在此基礎上制定產品訂貨量和零售價格；③製造商在限額與交易下生產產品並交付給零售商；④顧客根據市場價格信息估計產品折扣銷售的可能性並形成保留價格；⑤隨機需求實現，產品以正常價格售出，剩餘產品在銷售期末以折扣價格出售。

4.3.1 分散化供應鏈最優決策

首先，研究零售商的決策問題。當製造商的批發價格為 w 時，零售商的期望利潤函數為 $\pi_2^r(q, p) = (p-s)\left(q - \int_0^q F(x)dx\right) - (w-s)q$。因為限額政策和限額與交易政策均為約束製造商的碳排放，故兩種情形下的零售商期望利潤函數以及最優訂貨和定價策略（即零售商關於 w 的最優反應函數）相同，已經由命題 4.1 給出：

$$q_2^{r*} = \bar{F}^{-1}\left(\sqrt{\frac{w-s}{v-s}}\right) \tag{4-19}$$

$$p_2^{r*} = s + \sqrt{(w-s)(v-s)} \tag{4-20}$$

其次，研究製造商的決策問題。限額與交易政策下製造商的利潤函數為 $\pi_2^m(w, e) = (w-c)q - ke$。

根據式（4-19）可知，限額政策下採用批發價格合同時，零售商最優訂貨量 q_2^{r*} 和製造商最優批發價格 w_2^{m*} 是一一對應的關係，即

$$w = s + (v-s)\bar{F}^2(q) \tag{4-21}$$

$e = q - E$，則可將製造商的利潤函數轉換為：

$$\pi_2^m(q) = [(v-s)\bar{F}^2(q) - (c-s+k)]q + kE$$

批發價格合同下，供應鏈總利潤以 $\pi_2^{sc}(q, p, e)$ 表示：

$$\pi_2^{sc}(q, p, e) = \pi_2^r(q, p) + \pi_2^m(w, e) = (p-s)\left(q - \int_0^q F(x)dx\right) - (c-s)q - ke$$

理性預期均衡時，根據式（2-9）以及 $e = q - E$，可將供應鏈總利潤函數寫為：

$$\pi_2^{sc}(q) = (v-s)\bar{F}(q)\left(q - \int_0^q F(x)dx\right) - (c-s+k)q + kE$$

引理 4.3 限額與交易政策下，製造商期望利潤函數 $\pi_2^m(q)$ 是關於 q 的擬凹函數。實現 $\pi_2^m(q)$ 最大化的解 q_2^{r*} 滿足：

$$1 - \frac{c-s+k}{(v-s)\bar{F}^2(q)} = \frac{2qf(q)}{\bar{F}(q)} \tag{4-22}$$

證明： $\pi_2^m(q)$ 關於 q 求一階導數：

$$\frac{d\,\pi_2^m(q)}{dq} = (v-s)\bar{F}^2(q) - 2(v-s)qf(q)\bar{F}(q) - (c-s+k) \tag{4-23}$$

令 $\frac{d\,\pi_2^m(q)}{dq} = 0$ 可得：

$$1 - \frac{c-s+k}{(v-s)\bar{F}^2(q)} = \frac{2qf(q)}{\bar{F}(q)}$$

顯然，等式右邊的表達式隨 q 遞增（因為 F 滿足 IFR），等式左邊的表達式隨 q 遞減，故該等式有唯一解。另外，$\pi_2^{m'}(0) = v - c - k > 0$ 並且 $\lim_{q\to\infty}\pi_2^{m'}(q) = -(c-s+k) < 0$。所以，$\pi_2^m(q)$ 是關於 q 的擬凹函數，且具有唯一使利潤最大

化的解 q_2^{r*} 滿足式（4-22）。

證畢。

採用批發價格合同時，限額與交易政策下製造商最優策略，可以得到命題 4.10。

命題 4.10 考慮戰略顧客行為時，限額與政策下製造商的最優批發價格策略 w_2^{m*} 為：

$$w_2^{m*} = s + (v - s)\bar{F}^2(q_2^{r*})$$

證明： 根據引理 4.3 和式（4-21）可知，零售商的最優訂貨量與製造商的批發價格具有一一對應關係，則限額與政策下製造商的最優批發價格策略 $w_2^{m*} = s + (v - s)\bar{F}^2(q_2^{r*})$。

證畢。

命題 4.10 表明，限額與交易政策下的分散化供應鏈環境中，製造商的最優批發價格存在並且唯一。最優批發價格的大小與政府設定的初始碳排放限額無關，但是與碳排放權交易價格相關。這是因為當製造商允許進行碳排放權交易時，其產量不會受到碳排放限額的直接約束，而是通過增加碳排放權這一生產要素改變其邊際生產成本來約束。這時製造商最優的產量就與碳排放限額無關，而是與碳排放權交易價格相關。碳排放權交易價格越高，製造商最優批發價越高；碳排放權交易價格越低，製造商最優批發價越低。

將 w_2^{m*} 代入式（4-19）和式（4-20）得到零售商的最優訂貨和定價策略為：$q_2^{r*} = \bar{F}^{-1}\left(\sqrt{\dfrac{w_2^{m*} - s}{v - s}}\right)$，$p_2^{r*} = s + \sqrt{(-s)(v - s)}$。

將供應鏈最優決策 q_2^{r*}、p_2^{r*} 和 w_2^{m*} 代入 $\pi_2^r(q, p)$、$\pi_2^m(q)$ 和 $\pi_2^{sc}(q)$ 可以得到分散化供應鏈零售商、製造商和供應鏈總體利潤：

$$\pi_2^r(q_2^{r*}, p_2^{r*}) = (p_2^{r*} - s)\left(q_2^{r*} - \int_0^{q_2^{r*}} F(x)dx\right) - (w - s)\, q_2^{r*}$$

$$\pi_2^m(q_2^{r*}) = [(v - s)\bar{F}^2(q_2^{r*}) - (c - s + k)]\, q_2^{r*} + kE$$

$$\pi_2^{sc}(q_2^{r*}) = (v - s)\bar{F}(q_2^{r*})\left(q_2^{r*} - \int_0^{q_2^{r*}} F(x)dx\right) - (c - s + k)\, q_2^{r*} + kE$$

為了分析碳排放權交易的影響，對限額政策和限額與交易政策兩種情形下，分散化供應鏈零售商和製造商的最優策略進行比較，得到命題 4.11。

命題 4.11 （1）當 $E \geqslant q_2^{r*}$ 時，$q_2^{r*} \leqslant q_1^{r*}$，$p_2^{r*} \geqslant p_1^{r*}$，$w_2^{m*} \geqslant w_1^{m*}$；

（2）當 $E < q_2^{r*}$ 時，$q_2^{r*} > q_1^{r*}$，$p_2^{r*} < p_1^{r*}$，$w_2^{m*} < w_1^{m*}$。

證明： 根據引理 4.3 可知，$\pi_2^m(q)$ 是關於 q 的擬凹函數且當 $q = q_2^{r*}$ 時取得

最大值。$\frac{d\pi_1^m(q)}{dq}|_{q=q_0^r}=0$，即 $(v-s)\bar{F}^2(q_0^r)-2(v-s)q_0^r f(q_0^r)\bar{F}(q_0^r)=(c-s)$。

將 q_0^r 代入 $\pi_2^m(q)$ 得到：

$$\frac{d\pi_2^m(q)}{dq}|_{q=q_0^r}=(v-s)\bar{F}^2(q_0^r)-2(v-s)q_0^r f(q_0^r)\bar{F}(q_0^r)-(c-s+k)=-k<0$$

則可知 $q_0^r > q_2^{r*}$。

(1) 當 $E \geqslant q_0^r$ 時，$q_2^{r*} < q_0^r = q_1^{r*}$；當 $q_2^{r*} \leqslant E < q_0^r$ 時，$q_2^{r*} \leqslant E = q_1^{r*}$。

(2) 當 $E < q_2^{r*}$ 時，$q_2^{r*} > E = q_1^{r*}$。

在上述兩種情形下 p 和 q 均滿足 $p=v-(v-s)F(q)$，根據上述對兩種情形下零售商最優產量的分析，則可得到兩種情形下零售商的最優定價的大小關係。同理，在上述兩種情形下 w 和 q 均滿足 $w=s+(v-s)\bar{F}^2(w)$，根據上述對兩種情形下零售商最優產量的分析，則可得到兩種情形製造商最優批發價的大小關係。

證畢。

命題 4.11 第一條表明：供應鏈分散化決策時，當碳排放限額較高時，限額與交易政策下零售商最優訂貨量低於限額政策的情形，零售商的最優定價則高於限額政策的情形，製造商最優批發價格高於限額政策的情形。也就是說，當引入碳排放權交易，製造商會提高批發價格，零售商會降低訂貨量並提高零售價格。這是因為考慮碳排放權交易時，製造商獲利的途徑不僅僅是生產產品，還可以通過出售碳排放權。這就使得製造商停止生產的條件從原來的邊際收益為零增加為邊際收益為碳排放權交易價格（即 k）。這就使得製造商願意降低產量（通過提高批發價格使得零售商少訂貨）。在理性預期均衡下，零售商在降低訂貨量的時候，會相應地提高產品的價格。

命題 4.11 的第二條表明，當碳排放限額低於一定閾值時，與限額政策情形相比，限額與交易政策下零售商最優訂貨量增加、零售商最優定價減小、製造商最優批發價格減小。這是因為，隨著碳排放限額進一步降低，限額政策下的最優訂貨量會因為受到碳排放權的約束而持續減少，而限額與交易政策的訂貨量則與碳排放限額大小無關。所以，當碳排放限額低於一定閾值時，限額政策情形下的最優訂貨量（通過提高批發價格來實現訂貨量降低）會低於限額與交易政策的情形。

對限額政策和限額與交易政策兩種情形下，分散化供應鏈零售商的最大期望利潤進行比較，得到命題 4.12。

命題 4.12 (1) 當 $E=q_2^{r*}$ 時，$\pi_2^r(q_2^{r*}, p_2^{r*})=\pi_1^r(q_1^{r*}, p_1^{r*})$；

(2) 當 $E < q_2^{r*}$ 時，$\pi_2^r(q_2^{r*}, p_2^{r*}) > \pi_1^r(q_1^{r*}, p_1^{r*})$；

(3) 當 $E > q_2^{r*}$ 時，$\pi_2^r(q_2^{r*}, p_2^{r*}) < \pi_1^r(q_1^{r*}, p_1^{r*})$。

證明：限額政策和限額與交易政策兩種情形下，零售商的期望利潤函數表達式相同。在零售商和製造商均按照理性預期均衡的最優策略行動時，有 $p = v-(v-s)F(q)$、$w = s+(v-s)\bar{F}^2(w)$ 成立。代入 $\pi_1^r(q, p)$ 和 $\pi_2^r(q, p)$，可得兩種情形下的零售商期望利潤函數為：

$$\pi_2^r(q) = \pi_1^r(q) = (v-s)\bar{F}(q)\left(q - \int_0^q F(x)dx\right) - (v-s)q\bar{F}^2(q) = H(q)$$

$H(q)$ 在命題 4.5 中定義並證明了其為擬凹函數，在 $\tilde{q}$ 取得最大值且 $q_0^r < \tilde{q}$，在命題 4.11 中證明了 $q_2^{r*} < q_0^r$，則 $q_2^{r*} < q_0^r < \tilde{q}$。

(1) 當 $E = q_2^{r*}$ 時，$\pi_2^r(q_2^{r*}, p_2^{r*}) = \pi_2^r(E) = \pi_1^r(E) = \pi_1^r(q_1^{r*}) = \pi_1^r(q_1^{r*}, p_1^{r*})$。

(2) 當 $E < q_2^{r*}$ 時，$\pi_1^r(q_1^{r*}, p_1^{r*}) = \pi_1^r(E) = \pi_2^r(E) < \pi_2^r(q_2^{r*}) < \pi_2^r(q_2^{r*}, p_2^{r*})$。

(3) 當 $E > q_2^{r*}$ 時，$q_2^{r*} < E < q_0^r$，$\pi_1^r(q_1^{r*}, p_1^{r*}) = \pi_1^r(E) = \pi_2^r(E) > \pi_2^r(q_2^{r*}, p_2^{r*})$；當 $E > q_0^r$ 時，$\pi_1^r(q_1^{r*}, p_1^{r*}) = \pi_1^r(q_0^r) = \pi_2^r(q_0^r) > \pi_2^r(q_2^{r*}, p_2^{r*})$。

證畢。

命題 4.12 表明，當限額與交易政策下，製造商按最優產量即零售商的最優訂貨量生產時，剛好用完碳排放限額。此時限額政策和限額與交易政策下兩種情形的零售商期望利潤相等。在此基礎上，當碳排放限額提高時，限額政策下零售商期望利潤會大於限額與交易政策的情形。這是因為限額進一步提高，在限額政策下，零售商可以訂購更多的產品，從而提高其期望利潤；而限額與交易政策下的零售商最優訂貨量與碳排放限額無關，即使碳排放限額提高，零售商最優訂貨量仍然不變，這就導致了限額政策下零售商最大期望利潤大於限額與交易政策情形下的最大期望利潤。當碳排放限額在 q_2^{r*} 的基礎上進一步降低時，限額政策下零售商訂貨量減少，導致其期望利潤將降低，從而使得限額政策下零售商最大期望利潤小於限額與交易政策情形下的最大期望利潤。

對限額政策和限額與交易政策兩種情形下，分散化供應鏈製造商的最大期望利潤進行比較，得到命題 4.13。

命題 4.13 (1) 當 $E = q_2^{r*}$ 或 $k = k_m$ 時，$\pi_2^m(q_2^{r*}) = \pi_1^m(q_1^{r*})$；

(2) 當 $\begin{cases} E < q_2^{r*} \\ k < k_m \end{cases}$ 或 $\begin{cases} E > q_2^{r*} \\ k > k_m \end{cases}$ 時，$\pi_2^m(q_2^{r*}) > \pi_1^m(q_1^{r*})$；

(3) 當 $\begin{cases} E < q_2^{r*} \\ k > k_m \end{cases}$ 或 $\begin{cases} E > q_2^{r*} \\ k < k_m \end{cases}$ 時，$\pi_2^m(q_2^{r*}) < \pi_1^m(q_1^{r*})$。

其中 $k_m = \dfrac{\pi_1^m(q_2^{r*}) - \pi_1^m(q_1^{r*})}{q_2^{r*} - E}$。

證明：限額政策和限額與交易政策兩種情形下，製造商的期望利潤函數表達式可以表示為：

$$\pi_2^m(q) = \pi_1^m(q) - k(q - E)$$

$$\pi_2^m(q_2^{r*}) = \pi_1^m(q_2^{r*}) - k(q_2^{r*} - E)$$

$$\pi_2^m(q_2^{r*}) - \pi_1^m(q_1^{r*}) = \pi_1^m(q_2^{r*}) - \pi_1^m(q_1^{r*}) - k(q_2^{r*} - E)$$

且根據引理 4.2 可知 $\pi_1^m(q)$ 是關於 q 的擬凹函數，且在 q_0^r 取得最大值。

(1) 當 $E = q_2^{r*}$ 時，$q_1^{r*} = E = q_2^{r*}$，$\pi_2^m(q_2^{r*}) - \pi_1^m(q_1^{r*}) = 0$，即 $\pi_2^m(q_2^{r*}) = \pi_1^m(q_1^{r*})$；當 $k = k_m$ 時，整理可得 $\pi_1^m(q_2^{r*}) - \pi_1^m(q_1^{r*}) - k(q_2^{r*} - E) = 0$，即 $\pi_2^m(q_2^{r*}) = \pi_1^m(q_1^{r*})$。

(2) 當 $\begin{cases} E < q_2^{r*} \\ k < k_m \end{cases}$ 或 $\begin{cases} E > q_2^{r*} \\ k > k_m \end{cases}$ 時，整理可得 $\pi_1^m(q_2^{r*}) - \pi_1^m(q_1^{r*}) - k(q_2^{r*} - E) > 0$，即 $\pi_2^m(q_2^{r*}) > \pi_1^m(q_1^{r*})$。

(3) 當 $\begin{cases} E < q_2^{r*} \\ k > k_m \end{cases}$ 或 $\begin{cases} E > q_2^{r*} \\ k < k_m \end{cases}$ 時，整理可得 $\pi_1^m(q_2^{r*}) - \pi_1^m(q_1^{r*}) - k(q_2^{r*} - E) < 0$，即 $\pi_2^m(q_2^{r*}) < \pi_1^m(q_1^{r*})$。

證畢。

命題 4.13 表明，限額政策和限額與交易政策兩種情形下製造商最大期望利潤的大小取決於兩種政策的參數（即 E 和 k）之間的關係。

對限額政策和限額與交易政策兩種情形下，分散化供應鏈的最大期望利潤進行比較，得到命題 4.14。

命題 4.14 (1) 當 $E = q_2^{r*}$ 或 $k = k_{sc}$ 時，$\pi_2^{sc}(q_2^{r*}) = \pi_1^{sc}(q_1^{r*})$；

(2) 當 $\begin{cases} E < q_2^{r*} \\ k < k_{sc} \end{cases}$ 或 $\begin{cases} E > q_2^{r*} \\ k > k_{sc} \end{cases}$ 時，$\pi_2^{sc}(q_2^{r*}) > \pi_1^{sc}(q_1^{r*})$；

(3) 當 $\begin{cases} E < q_2^{r*} \\ k > k_{sc} \end{cases}$ 或 $\begin{cases} E > q_2^{r*} \\ k < k_{sc} \end{cases}$ 時，$\pi_2^{sc}(q_2^{r*}) < \pi_1^{sc}(q_1^{r*})$。

其中 $k_{sc} = \dfrac{\pi_1^{sc}(q_2^{r*}) - \pi_1^{sc}(q_1^{r*})}{q_2^{r*} - E}$。

證明：限額政策和限額與交易政策兩種情形下，供應鏈的期望利潤函數表達式可以表示為：

$$\pi_2^{sc}(q) = \pi_1^{sc}(q) - k(q - E)$$

$$\pi_2^{sc}(q_2^{r*}) = \pi_1^{sc}(q_2^{r*}) - k(q_2^{r*} - E)$$

$$\pi_2^{sc}(q_2^{r*}) - \pi_1^{sc}(q_1^{r*}) = \pi_1^{sc}(q_2^{r*}) - \pi_1^{sc}(q_1^{r*}) - k(q_2^{r*} - E)$$

根據命題 2.5 可知 $\pi_1^{sc}(q)$ 為關於 q 的擬凹函數且在 q_{opt}（$q_0^r < q_{opt}$）處取得最大值。

（1）當 $E = q_2^{r*}$ 時，$q_1^{r*} = E = q_2^{r*}$，$\pi_2^{sc}(q_2^{r*}) - \pi_1^{sc}(q_1^{r*}) = 0$，即 $\pi_2^{sc}(q_2^{r*}) = \pi_1^{sc}(q_1^{r*})$；當 $k = k_{sc}$ 時，整理可得 $\pi_1^{sc}(q_2^{r*}) - \pi_1^{sc}(q_1^{r*}) - k(q_2^{r*} - E) = 0$，即 $\pi_2^{sc}(q_2^{r*}) = \pi_1^{sc}(q_1^{r*})$。

（2）當 $\begin{cases} E < q_2^{r*} \\ k < k_{sc} \end{cases}$ 或 $\begin{cases} E > q_2^{r*} \\ k > k_{sc} \end{cases}$ 時，整理可得 $\pi_1^{sc}(q_2^{r*}) - \pi_1^{sc}(q_1^{r*}) - k(q_2^{r*} - E) > 0$，即 $\pi_2^{sc}(q_2^{r*}) > \pi_1^{sc}(q_1^{r*})$。

（3）當 $\begin{cases} E < q_2^{r*} \\ k > k_{sc} \end{cases}$ 或 $\begin{cases} E > q_2^{r*} \\ k < k_{sc} \end{cases}$ 時，整理可得 $\pi_1^{sc}(q_2^{r*}) - \pi_1^{sc}(q_1^{r*}) - k(q_2^{r*} - E) < 0$，即 $\pi_2^{sc}(q_2^{r*}) < \pi_1^{sc}(q_1^{r*})$。

證畢。

命題 4.14 表明，限額政策和限額與交易政策兩種情形下供應鏈最大期望利潤的大小取決於兩種政策的參數（即 E 和 k）之間的關係。

4.3.2 分散化對供應鏈決策及績效的影響

第二章對單一製造商情形的研究，可以視為供應鏈集中決策情形的研究。本小節通過對比限額與交易政策下，單一製造商和分散化供應鏈的最優策略和最大期望利潤，分析限額與交易政策下，分散化對供應鏈最優策略及最大期望利潤的影響。

關於分散化對供應鏈最優策略的影響，可以得到命題 4.15。

命題 4.15 $q_2^{r*} < q_2^{q*} < q_2^*$，$p_2^{r*} > p_2^{q*} > p_2^*$。

證明：命題 2.13 已經證明了 $q_2^{q*} < q_2^*$，$p_2^{q*} > p_2^*$。因此，本部分只需證明 $q_2^{r*} < q_2^{q*}$ 和 $p_2^{r*} > p_2^{q*}$。證明過程與命題 4.5 相同，此處省略。

證畢。

命題 4.15 表明，分散化供應鏈決策中，零售商最優訂貨量（製造商的最優產量）低於數量承諾時製造商的最優承諾數量。零售商的最優價格會高於數量承諾時製造商的最優價格。這是因為，在製造商占主導的供應鏈結構下，製造商傾向於制定更高的批發價格（即更低的產量）來保證製造商本身能夠獲得最大的利潤，儘管這樣會損害零售商甚至整個供應鏈的利潤。

在命題 2.13 中，比較了限額與交易政策下，製造商理性預期均衡與數量承諾兩種情形最大期望利潤的大小，發現 $\pi_2^q(q_2^{q*}) > \pi_2(q_2^*, p_2^*)$，即製造商採用數量承諾策略時的最大期望利潤總是大於理性預期均衡的情形。因此，為了實現供應鏈績效提升，本部分以數量承諾情形為基準，分析分散化對供應鏈製造商的最大期望利潤的影響，為後續協調策略的研究提供基礎。關於分散化對供應鏈最大期望利潤的影響，可以得到命題 4.16。

命題 4.16　$\pi_2^{sc}(q_2^{r*}) < \pi_2^q(q_2^{q*})$

證明：對比分散化供應鏈總期望利潤 $\pi_2^{sc}(q)$ 和集中化時採用數量承諾時的期望利潤 $\pi_2^q(q)$ 兩者的表達式，可知兩種情形下的期望利潤表達式相同。根據引理 2.4 可知 $\pi_2^q(q)$ 是 q 的擬凹函數，且在 q_2^{q*} 處取得最大值。

根據命題 4.15 可知 $q_2^{r*} < q_2^{q*}$，則可以得到 $\pi_2^{sc}(q_2^{r*}) < \pi_2^q(q_2^{q*})$。

證畢。

命題 4.16 表明以數量承諾情形為基準，限額與交易政策下分散化供應鏈總體利潤要小於等於集中化的情形，即表明分散化供應鏈績效還有提升的空間。這也為後續的供應鏈協調提供了依據。

4.3.3　供應鏈協調策略

本小節以數量承諾情形為基準，對限額與交易政策下考慮戰略顧客行為的供應鏈進行協調研究，從而提升整個供應鏈的績效。

4.3.3.1　批發價格合同協調策略

關於批發價格合同協調可以得到如下命題：

命題 4.17　(1) 批發價格合同下，存在唯一的 $w_2^* = s + (v - s)\bar{F}(q_2^{q*})$ 使得 $\pi_2^{sc}(q(w_2^*)) = \pi_2^q(q_2^{q*})$；

(2) $w_2^* < w_2^{m*}$。

證明：(1) 根據式（4-21）可知，分散化供應鏈情境下，零售商的最優訂貨量和製造商的最優批發價格有一一對應關係。則必然存在一點 $w_2^* = s + (v - s)\bar{F}^2(q_2^{q*})$，此時 $\pi_1^{sc}(q(w_1^*)) = \pi_1^q(q_1^{q*})$。

(2) w 與 q 成反比的關係，命題 4.15 已經證明了 $q_2^{r*} < q_2^{q*}$，因此可得 $w_2^* < w_2^{m*}$。

證畢。

命題 4.17 的第一條說明在限額與交易政策下考慮戰略顧客行為時，通過調整批發價格能夠使得分散化供應鏈績效達到數量承諾情形的績效水準。原因是在雙重邊際效應之上存在戰略顧客行為，而批發價格合同則成了平衡這兩種力量的工具。本書的研究表明，考慮限額與交易政策，批發價格合同能夠作為平衡戰略顧客行為和雙重邊際效應的工具，實現供應鏈績效水準最優。

命題 4.17 第二條表明，實現供應鏈績效水準最優時的批發價格小於分散化供應鏈最優批發價格。這表明在供應鏈利潤最大化時，製造商無法實現最優的批發價格。這是因為，製造商在整個供應鏈占據主導地位，其傾向於提高批發價格來獲取更多利潤，即使這會降低零售商和整個供應鏈的期望利潤。該結論意味著，在限額與交易政策下，僅僅實施批發價格合同難以實現供應鏈協調。

那如何才能既實現供應鏈協調使得供應鏈總體利潤最大，又能夠保證製造商的最優決策與供應鏈最優決策一致。下一節將採用收益分享合同來實現此目的。

4.3.3.2 基於收益分享合同的供應鏈協調策略

收益分享合同是傳統供應鏈協調的常用合同，本部分研究如何利用收益分享合同作為實現數量承諾的工具，使得供應鏈績效能夠達到數量承諾時的水準。在收益分享合同下，假定 φ_2（$0 < \varphi_2 \leq 1$）表示零售商保留收益的比例，則（$1 - \varphi_2$）表示分享給製造商的收益。

限額與交易政策下，基於收益分享合同的零售商期望利潤函數 $\pi^r_{2s}(q,p,\varphi_2)$ 與限額政策情形相等：

$$\pi^r_{2s}(q,\ p,\ \varphi_2) = \varphi_2(p - s)\left(q - \int_0^q F(x)dx\right) - (w - \varphi_2 s)q \tag{4-24}$$

限額與交易政策下，基於收益分享合同的製造商期望利潤函數 $\pi^m_{2s}(w,\ e,\ \varphi_2)$ 為：

$$\pi^m_{2s}(w,\ e,\ \varphi_2) = (w - c)q + (1 - \varphi_2)\left[\int_0^q [px + s(q - x)]f(x)dx + \int_q^\infty pqf(x)dx\right] - ke$$

將 $e = q - E$ 代入上式化簡後可得：

$$\pi^m_{2s}(w,\ \varphi_2) = (1 - \varphi_2)(p - s)\left(q - \int_0^q F(x)dx\right) + (w - c - k + (1 - \varphi_2)s)q + kE \tag{4-25}$$

供應鏈的期望利潤函數 $\pi^{sc}_{2s}(q,\ p)$ 為：

$$\pi_{2s}^{sc}(q,\ p) = (p - s)\left(q - \int_0^q F(x)\,dx\right) - (c - s + k)q + kE \tag{4-26}$$

其中下標 s 表示使用收益分享合同協調供應鏈的情形。

命題 4.18 收益分享合同下，限額與交易政策下零售商的最優訂貨策略 q_{2s}^* 為：

$$q_{2s}^* = \bar{F}^{-1}\left(\sqrt{\frac{w - \varphi_2 s}{\varphi_2(v - s)}}\right) \tag{4-27}$$

最優定價策略 p_{2s}^* 為：

$$p_{2s}^* = s + \sqrt{\frac{(w - \varphi_2 s)(v - s)}{\varphi_2}} \tag{4-28}$$

證明： 本命題的證明與命題 4.8 的證明相同，此時省略。

證畢。

命題 4.18 表明收益分享合同下，零售商理性預期均衡時的最優訂貨和定價策略存在並且唯一。這也是零售商關於批發價格 w 的最優反應函數。

命題 4.19 (1) $0 < \varphi_2 \leqslant 1$，收益分享合同的參數 ($w$，$\varphi_2$) 滿足如下關係時：

$$w - \varphi_2 s = \varphi_2(v - s)\bar{F}^2(q_2^{q*}) \tag{4-29}$$

限額與交易政策下，考慮戰略顧客行為的供應鏈能夠協調。

(2) 當 $\varphi_1 \to 0$ 時，製造商幾乎獲得全部利潤；當 $\varphi_1 = 1$ 時，零售商無法獲得全部利潤，但是其最大期望利潤要大於批發價格合同時的最大期望利潤。因此，實現供應鏈協調時，供應鏈利潤無法在製造商和零售商之間任意分配，但存在帕累托優化。

證明： (1) 根據式 (4-27) 可以得到收益分享合同下零售商的最優訂貨量，要實現供應鏈協調，即要求零售商的最優訂貨量與數量承諾情形的訂貨量 q_2^{q*} 相等。即需要滿足：

$$q_2^{q*} = \bar{F}^{-1}\left(\sqrt{\frac{w - \varphi_2 s}{\varphi_2(v - s)}}\right)$$

化簡整理可得供應鏈協調的條件，即式 (4-29)。

(2) 通過將收益分享合同下製造商和零售商的期望利潤函數分別和數量承諾情形的期望利潤函數對比，整理可得：

$$\pi_{2s}^r(q,\ p,\ \varphi_2) = \varphi_2\,\pi_{2s}^{sc}(q,\ p) + \varphi_2(c - s + k)q - \varphi_2(v - s)q\bar{F}^2(q) - \varphi_2 kE$$

$$\pi_{2s}^m(q,\ \varphi_2) = (1 - \varphi_2)\,\pi_{2s}^{sc}(q,\ p) - \varphi_2(c - s + k)q + \varphi_2(v - s)q\bar{F}^2(q) + \varphi_2 kE$$

當 $\varphi_2 \to 0$ 時，$\pi_{2s}^r(q, p, \varphi_1) \to 0$，製造商幾乎獲得全部利潤；當 $\varphi_2 = 1$ 時，採用收益分享合同時零售商最大期望利潤為：

$$\pi_{2s}^r(q, p, \varphi_1)\mid_{q=q_2^{q*},\ p=p_2^{q*},\ \varphi_2=1} = (v-s)\bar{F}(q_2^{q*})\left[\left(q_2^{q*} - \int_0^{q_2^{q*}} F(x)dx\right) - q_2^{q*}\bar{F}(q_2^{q*})\right]$$

$$= H(q_2^{q*})$$

採用批發價格合同時零售商的最大期望利潤為：$\pi_2^r(q, p)\mid_{q=q_2^{r*},\ p=p_2^{r*},\ w=w_2^{m*}} =$

$$(v-s)\bar{F}(q_2^{r*})\left[\left(q_2^{r*} - \int_0^{q_2^{r*}} F(x)dx\right) - q_2^{r*}\bar{F}(q_2^{r*})\right] = H(q_2^{r*})$$

$H(q)$ 在命題 4.5 的證明中已給出定義，並且證明了其為擬凹函數且在 $q = \tilde{q}$ 處取得最大值。類似命題 4.5 中的證明，顯然可知 $q_2^{r*} < q_2^{q*} < \tilde{q}$。則可得到 $H(q_2^{q*}) > H(q_2^{r*})$，即採用收益分享合同時零售商最大期望利潤大於採用批發價格合同時零售商的最大期望利潤。

因此，實現供應鏈協調時，供應鏈利潤無法在製造商和零售商之間任意分配，但存在帕累托優化。

證畢。

命題 4.19 表明，限額與交易政策下考慮戰略顧客行為時，採用收益分享合同能夠實現供應鏈協調。雖然利潤無法任意分配，但可分配程度很高且存在帕累托優化。在供應鏈協調時，零售商之所以無法獲得全部利潤，是因為在供應鏈中考慮了戰略顧客行為，為了使得零售商能夠在理性預期均衡時維持較高的零售價格，製造商需要制定較高的批發價格，這就使得即使零售商將所有的收益保留，仍然無法獲得所有利潤。因為此時製造商制定的批發價格較高，從而使得其自身的利潤不為零。

4.3.4 數值分析

本小節通過數值分析討論限額與交易政策下分散化供應鏈的最優策略，限額與交易政策參數對供應鏈最優決策和最大期望利潤的影響，並給出相應管理啟示。

假設隨機需求服從 [0, 100] 的均勻分佈。初始碳排放限額 E 和 k 變動代表不同的決策情境。其餘參數保持不變，令 $v = 17$、$c = 2$、$s = 1$。

(1) 分散化供應鏈最優決策

在上述參數給定時，令 $E = 50$、$k = 1$，則可以得到分散化供應鏈製造商的期望利潤函數如圖 4-3 所示。

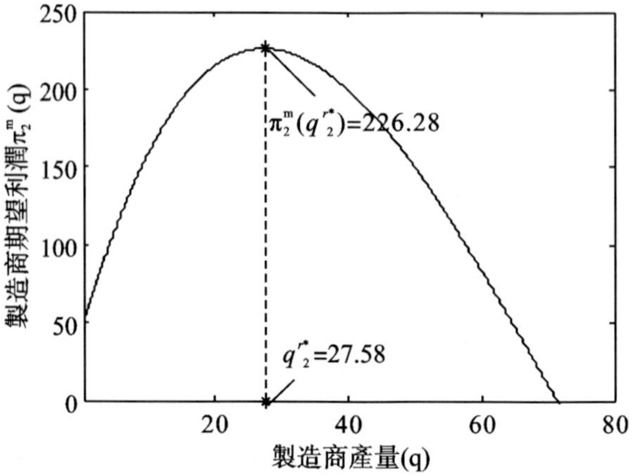

圖 4-3　$\pi_2^m(q)$ 函數圖像

圖 4-3 表明，限額與交易政策下，製造商期望利潤函數為關於 q 的擬凹函數（當需求服從均勻分佈時，$\pi_2^m(q)$ 是關於 q 的凹函數）。整個供應鏈的最優產量 $q_2^{r*}=27.58$，此時的製造商最優批發價格 $w_2^{m*}=9.39$、$p_2^{r*}=12.59$、$\pi_2^r(q_2^{r*}, p_2^{r*})=44.07$、$\pi_2^m(q_2^{r*})=226.28$、$\pi_2^{sc}(q_2^{r*})=270.35$。該結論證明了引理 4.3 和命題 4.10。

（2）分散化對供應鏈決策及績效的影響

第二章的數值分析中已經計算得出了數量承諾時：$q_2^{q*}=35.45$、$p_2^{q*}=11.33$、$\pi_2^q(q_2^{q*})=280.33$；理性預期均衡時：$q_2^*=64.64$、$p_2^*=6.66$、$\pi_2(q_2^*, p_2^*)=168.20$。在分散化決策環境下，$q_2^{r*}=27.58$、$p_2^{r*}=12.59$、$\pi_2^{sc}(q_2^{r*})=270.35$。顯然，$q_2^{r*}<q_2^{q*}<q_2^*$、$p_2^{r*}>p_2^{q*}>p_2^*$、$\pi_2^{sc}(q_2^{r*})<\pi_2^q(q_2^{q*})$，該結論證明了命題 4.15 和命題 4.16。

（3）供應鏈協調策略

1）批發價格協調策略

表4-4 展示了 $E=50$、$k=1$ 時，分散化供應鏈、批發價格協調時供應鏈和集中化供應鏈（數量承諾情形）三種情形的批發價格和供應鏈各方及總體利潤。

表 4-4　　限額與交易政策下批發價格協調策略

計算結果＼不同情形	分散化供應鏈	批發價格協調時	集中化供應鏈
w_2^{m*}	9. 39	——	——
w_2^*	——	7. 67	——
$\pi_2^r(q, p)$	44. 07	64. 90	——
$\pi_2^m(w)$	226. 28	215. 43	——
$\pi_2^{sc}(q, p)$	270. 35	280. 33	——
$\pi_2^q(q)$	——	——	280. 33

表 4-4 表明在批發價格合同下，通過調整批發價格能達到供應鏈績效最優，但此時無法實現利潤任意分配。根據表 4-4 所示，當製造商降低批發價格使得整個供應鏈達到績效最優水準時，製造商的利潤減少了。因此，批發價格合同能夠實現績效水準最優，但是由於利潤無法分配，故無法實施。

2）收益分享合同協調策略

在收益分享合同下，通過調整收益分享的比例 φ_2 可以實現利潤在零售商和製造商之間的分配。表 4-5 展示了當 $E = 50$、$k = 1$ 時，收益分享合同下供應鏈各方的期望利潤。

表 4-5 表明收益分享合約能夠實現供應鏈協調。當 $\varphi_2 \to 0$ 時，製造商獲得所有利潤；當 $\varphi_2 = 1$ 時，零售商無法獲得所有利潤，但是此時其最大期望利潤要高於分散化決策時的最大期望利潤。表 4-5 還表明當 $\varphi_2 \in [0.618, 0.833]$ 時，通過收益分享合同能夠實現帕累托改進。該結論證明了命題 4. 18 和命題 4. 19。

表 4-5　　限額與交易政策下收益分享合同協調策略

期望利潤＼合同類型	批發價格合同	收益分享合同			
		$\varphi_2 \to 0$	$\varphi_2 = 1$	$\varphi_2 = 0.618$	$\varphi_2 = 0.833$
零售商	44. 07	0	64. 90	44. 07	54. 05
製造商	226. 28	280. 33	215. 43	236. 26	226. 28
分散化供應鏈	270. 35	280. 33	280. 33	280. 33	280. 33
集中化供應鏈	280. 33	280. 33	280. 33	280. 33	280. 33

（4）敏感性分析

本小結通過數值分析討論限額與交易政策下，製造商最優策略和最大期望利潤關於碳排放限額和碳排放權交易價格的變化情況。

1）碳排放權交易價格的敏感性分析

首先固定 $E=50$，通過變化 k 來觀察製造商最優策略和最大期望利潤關於 k 的變化情況。同樣，假定生產產品的碳排放權成本不會超過原材料等其他生產成本的 1.5 倍即 $k \leqslant 3$。供應鏈最優策略和最大期望利潤關於碳排放權交易價格的變化情況如圖 4-4 所示。

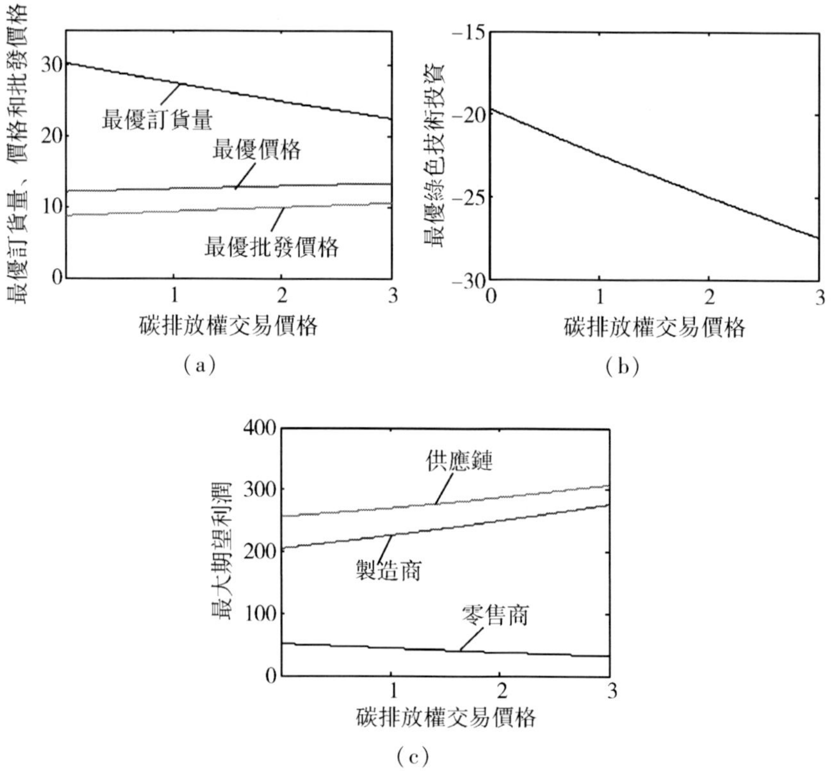

圖 4-4 限額與交易下不考慮綠色技術投資時供應鏈最優策略和最大期望利潤關於 k 的變化

（a）最優訂貨量、價格和批發價格（b）最優綠色技術投資；（c）最大期望利潤

通過觀察圖 4-4，可以得到以下結論：

結論 4.3 考慮綠色技術投資時，分散化供應鏈零售商的最優訂貨量和製造商的碳排放權交易量隨碳排放權交易價格遞減；分散化供應鏈零售商零售價

和製造商批發價隨碳排放權交易價格遞增。

結論 4.4 考慮綠色技術投資時，分散化供應鏈零售商最大期望利潤隨碳排放權交易價格遞減；分散化供應鏈製造商及總體最大期望利潤隨碳排放權交易價格遞增。

2）碳排放限額的敏感性分析

當 $k=1$ 時，通過變化 E 可以觀察製造商最優策略和最大期望利潤關於 E 的變化情況，根據最優解求解過程可知，供應鏈最優訂貨量、零售價和批發價格均與碳排放限額無關。供應鏈的碳排放權交易量以及零售商、製造商和供應鏈總體利潤關於碳排放限額的變化情況見圖 4-5。

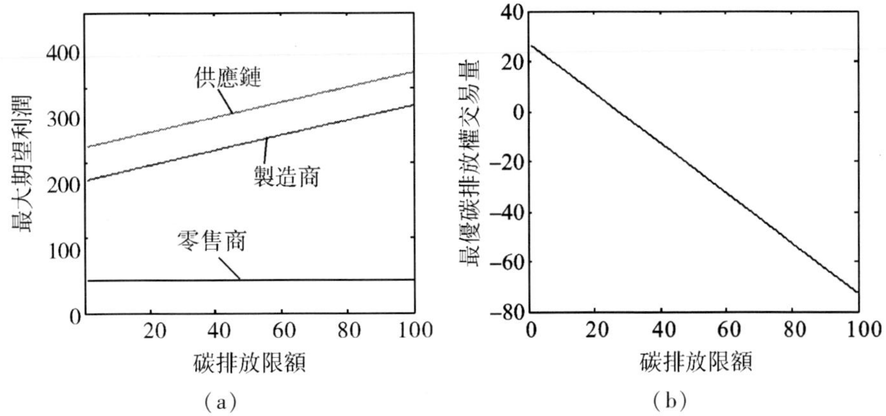

圖 4-5 限額與交易下不考慮綠色技術投資時製造商最優策略和最大期望利潤關於 E 的變化

（a）最優碳交易量；（b）最大期望利潤

根據上述分析以及對圖 4-5 的觀察，可以得到以下結論：

結論 4.5 限額與交易政策下不考慮綠色技術投資時，分散化供應鏈製造商碳排放權交易量隨碳排放限額遞減，其餘供應鏈最優策略均隨碳排放限額不變。

結論 4.6 限額與交易政策下不考慮綠色技術投資時，分散化供應鏈零售商最大期望利潤隨碳排放限額不變；分散化供應鏈製造商及總體最大期望利潤隨碳排放限額遞增。

4.4 本章小結

本章考慮由一個製造商、一個零售商和一個同質的戰略顧客群體組成的供應鏈系統。製造商在供應鏈系統中占主導地位。本章分限額政策和限額與交易政策兩種情境研究了分散化供應鏈決策，並以數量承諾情形為基準，基於收益分享合同設計了兩種情境的供應鏈協調策略。

限額政策下分散化供應鏈決策與協調模型研究的主要結論和管理啟示如下：

(1) 分散化供應鏈決策環境下，製造商最優批發價格、零售商最優零售價和訂貨量存在並且唯一。

(2) 與不考慮碳排放政策情形相比，當碳排放限額大於不考慮碳排放政策情形的製造商最優碳排放量時，限額政策不起約束作用，不考慮和考慮限額政策兩種情形的供應鏈決策和最大期望利潤相等；當碳排放限額小於不考慮碳排放政策情形的製造商最優碳排放量時，限額政策起約束作用，考慮限額政策的供應鏈零售商最優訂貨量降低，零售商零售價格和製造商批發價格均升高，零售商、製造商和供應鏈總利潤均減少。

(3) 與集中化（數量承諾）決策情形相比，當碳排放限額較低時，分散化和集中化的供應鏈決策和最大期望利潤均相等。當碳排放限額中等或較高時，分散化供應鏈產量低於集中化（數量承諾）的情形，分散化供應鏈價格高於集中化（數量承諾）的情形，分散化供應鏈最大期望利潤低於集中化（數量承諾）的情形。

(4) 限額政策下，當碳排放限額較低時，批發價格合同就能實現供應鏈協調。當碳排放限額較高時，通過調整批發價格也能使得供應鏈績效達到最優水準，但此時供應鏈利潤只能按照特定比例分配且不能實現帕累托改進；基於收益分享合同設計了供應鏈協調策略並且找到了能夠實現帕累托改進的收益分享比例的範圍。

(5) 當碳排放限額高於不考慮限額政策時分散化供應鏈最優碳排放量，分散化供應鏈最優決策以及零售商、製造商和供應鏈總體最大期望利潤隨碳排放限額保持不變；當碳排放限額低於不考慮限額政策時分散化供應鏈最優碳排放量，零售商最優訂貨量隨碳排放限額遞增，零售商最優價格和製造商最優批發價格隨碳排放限額遞減；零售商、供應商和供應鏈總體利潤隨碳排放限額遞增。

限額與交易政策下分散化供應鏈決策與協調模型研究的主要結論和管理啟示如下：

(1) 分散化供應鏈決策環境下，製造商最優批發價格和碳交易量、零售商最優零售價和訂貨量存在並且唯一。

(2) 與限額政策情形相比，限額政策和限額與交易政策兩種情形的供應鏈最優決策及最大期望利潤大小關係取決於碳排放權交易價格和碳排放限額的關係。當碳排放權交易價格和碳排放限額滿足一定關係時，考慮碳排放權交易使得零售商訂貨量降低，零售商零售價和製造商批發價格均升高，零售商最大期望利潤降低；否則，考慮碳排放權交易使得零售商訂貨量升高，零售商零售價和製造商批發價格均降低，零售商最大期望利潤升高。

(3) 與集中化（數量承諾）的情形相比，分散化使得供應鏈最優產量降低、最優價格升高和最大期望利潤降低。這表明，在分散化供應鏈環境下，供應鏈績效還有提升的空間，這也是分散化供應鏈協調的基準。

(4) 限額與交易政策下，製造商降低批發價格能夠使得整個供應鏈績效提高至最優水準，但此時供應鏈利潤只能按照特定比例分配且不能實現帕累托改進；基於收益分享合同設計了供應鏈協調策略並且找到了能夠實現帕累托改進的收益分享比例的範圍。

(5) 限額與交易政策下，最優訂貨量和碳排放權交易量隨碳排放權交易價格遞減；零售價和批發價隨碳排放權交易價格遞增；零售商最大期望利潤隨碳排放權交易價格遞減；製造商及總體最大期望利潤隨碳排放權交易價格遞增。碳排放權交易量隨碳排放限額遞減，其餘供應鏈最優策略均隨碳排放限額不變；零售商最大期望利潤隨碳排放限額不變，製造商及總體最大期望利潤隨碳排放限額遞增。

5 考慮綠色技術投資的供應鏈決策與協調研究

第三章研究了考慮綠色技術投資時，單一製造商的生產、定價和碳交易策略，解決了單一製造商參與競爭時的最優策略制定問題。但是，在企業實踐中供應鏈的環境更加普遍。因此，本章將研究對象由單一製造商拓展至由一個製造商和一個零售商組成的供應鏈。製造商面臨碳排放政策約束決策產品的批發價格，零售商決策銷售價格和訂貨量並負責將產品銷售給同質的戰略顧客。第三章考慮單一製造商的決策情境可以視為供應鏈集中決策環境的研究，是本章供應鏈協調的基準。本章假定製造商考慮綠色技術投資，首先研究得到限額政策下製造商和零售商的最優決策，並以數量承諾情形為基準，基於收益分享—成本分擔合同設計了供應鏈協調策略；其次研究得到限額與交易政策下製造商和零售商的最優決策，並以數量承諾情形為基準，基於收益分享—成本分擔合同設計了供應鏈協調策略；最後，對本章內容進行了總結。

5.1 問題描述與假設

本章研究由一個製造商和一個零售商組成的兩級供應鏈系統。假設在整個供應鏈系統，製造商占主導地位，零售商是跟隨者，那麼，製造商在碳排放政策下生產一種產品並通過零售商銷售給顧客；製造商在生產過程中，可以通過綠色技術投資來降低單位產品的碳排放；零售商向製造商訂購產品並銷售給同質的戰略顧客；假定每位戰略顧客最多購買一個產品，零售商在給定批發價格的基礎上決策產品的訂貨量和零售價格。

本章用到的符號定義與第三章和第四章相同。關於供應鏈環境下的相關符號定義與第四章相同，其餘符號定義與第三章相同。

本章同樣假定製造商占主導地位，故求解順序與第四章相同。

5.2 限額政策下分散化供應鏈決策與協調模型

本節考慮製造商面臨限額政策的約束決策產品的批發價格和綠色技術投資策略；零售商在給定批發價格的基礎上，決策產品的零售價和訂貨量。事件的順序如下：①製造商在初始碳排放限額給定的基礎上制定產品的批發價格和綠色技術投資策略；②零售商形成顧客保留價格的預期並在此基礎上制定產品訂貨量和零售價格；③製造商在限額政策下生產產品並交付給零售商；④顧客根據市場價格信息估計產品折扣銷售的可能性並形成保留價格；⑤隨機需求實現，產品以正常價格出售，剩餘產品在銷售期末以折扣價格出售。

5.2.1 分散化供應鏈最優決策

首先研究零售商的決策問題。當製造商的批發價格為 w 時，零售商的期望利潤函數 $\pi_{I1}^{r}(q, p)$ 為：

$$\pi_{I1}^{r}(q, p) = (p - s)\left(q - \int_{0}^{q} F(x)dx\right) - (w - s)q \tag{5-1}$$

引理 5.1 當 p 給定時，採用批發價格合同的零售商期望利潤函數 $\pi_{I1}^{r}(q, p)$ 是 q 的凹函數。

證明： 因為不考慮和考慮綠色技術投資兩種情形下，零售商的期望利潤函數相同，因此根據引理 4.1 即可得到引理所示結論。

證畢。

關於理性預期均衡時零售商的最優策略，可以得到以下命題：

命題 5.1 在批發價格 w 給定的情形，考慮綠色技術投資時，限額政策下零售商的最優訂貨策略 q_{I1}^{r*} 和定價策略 p_{I1}^{r*} 為：

$$q_{I1}^{r*} = \bar{F}^{-1}\left(\sqrt{\frac{w - s}{v - s}}\right) \tag{5-2}$$

$$p_{I1}^{r*} = s + \sqrt{(w - s)(v - s)} \tag{5-3}$$

證明： 因為不考慮和考慮綠色技術投資兩種情形下，零售商的期望利潤函數相同，因此根據命題 4.1 的證明即可得到命題所示結論。

證畢。

命題 5.1 表明在限額政策情形，零售商理性預期均衡時的最優訂貨策略和定價策略存在並且唯一。

其次研究製造商的決策問題。限額政策下考慮綠色技術投資時，製造商的利潤函數為：

$$\pi_{I1}^{m}(w,\ \eta)=(w-c)q-\frac{1}{2}t\eta^{2}$$

根據式（5-2）可知，限額政策下考慮綠色技術投資時，零售商在批發價格合同情形的最優訂貨量 q_{I1}^{r*} 和製造商最優批發價格 w_{I1}^{m*} 是一一對應的關係，即

$$w=s+(v-s)\bar{F}^{2}(q) \tag{5-4}$$

則可將製造商的利潤函數轉換為：

$$\pi_{I1}^{m}(q,\ \eta)=[(v-s)\bar{F}^{2}(q)-(c-s)]q-\frac{1}{2}t\eta^{2}$$

則在限額政策下，考慮綠色技術投資的製造商批發價格和綠色技術投資策略制定模型為：

$$\max_{q\geqslant 0,\ 0\leqslant\eta<1}\pi_{I1}^{m}(q,\ \eta) \tag{5-5}$$

$$s.\ t.\ (1-\eta)q\leqslant E \tag{5-6}$$

定義 $\theta_{I1}(q)=\frac{1}{1-\eta}\frac{\partial\pi_{I1}^{m}(q,\ \eta)}{\partial q}=\frac{1}{1-\eta}[(v-s)\bar{F}^{2}(q)-2(v-s)qf(q)\bar{F}(q)-(c-s)]$，$\theta_{I2}(\eta)=-\frac{1}{q}\frac{\partial\pi_{I1}^{q}(q,\ \eta)}{\partial\eta}=\frac{1}{q}\frac{dI(\eta)}{d\eta}=\frac{t\eta}{q}$。$\theta_{I1}(q)$ 表示分散化情形製造商單位碳排放邊際利潤，即製造商花費單位碳排放權用於產品生產時所帶來的利潤；$\theta_{I2}(\eta)$ 表示數量承諾情形製造商單位碳排放邊際成本，即製造商通過綠色技術投資降低單位碳排放所需投入的成本。

在批發價格合同下，供應鏈總利潤 $\pi_{I1}^{sc}(q,p,\eta)$ 為：

$$\begin{aligned}\pi_{I1}^{sc}(q,p,\eta)&=\pi_{I1}^{r}(q,\ p)+\pi_{I1}^{m}(w,\ \eta)\\&=(p-s)\left(q-\int_{0}^{q}F(x)dx\right)-(c-s)q-\frac{1}{2}t\eta^{2}\end{aligned}$$

在理性預期均衡時，根據式（2-9），可將供應鏈總利潤寫為：

$$\pi_{I1}^{sc}(q,\ \eta)=(v-s)\bar{F}(q)\left(q-\int_{0}^{q}F(x)dx\right)-(c-s)q-\frac{1}{2}t\eta^{2} \tag{5-7}$$

採用批發價格合同時，限額政策下製造商考慮綠色技術投資的最優策略，可以得到命題 5.2。

命題 5.2　考慮綠色技術投資時，限額政策下製造商的最優批發價格策略

w_{l1}^{m*} 為：

$$w_{l1}^{m*}=s+(v-s)\bar{F}^2(q_{l1}^{r*})$$

其中，q_{l1}^{r*} 表示限額政策下考慮綠色技術投資時零售商的最優訂貨策略。

零售商的最優訂貨、定價策略和製造商的最優綠色技術投資策略為：

（1）當 $E \geqslant q_0^r$ 時，$q_{l1}^{r*}=q_0^r$，$p_{l1}^{r*}=s+(v-s)\bar{F}(q_0^r)$，$\eta_{l1}^{m*}=0$；

（2）當 $E < q_0^r$ 時，q_{l1}^{r*}，p_{l1}^{r*} 和 η_{l1}^{m*} 滿足 $E=(1-\eta_{l1}^{m*})q_{l1}^{r*}$，$\theta_{l1}(q_{l1}^{r*})=\theta_{l2}(\eta_{l1}^{m*})$，$p_{l1}^{r*}=s+(v-s)\bar{F}(q_{l1}^{r*})$，$0<\eta_{l1}^{m*}<\dfrac{1}{2}$。

證明：在理性預期均衡下，可以得到 $p=v-(v-s)F(q)$。

約束條件式（5-6）可以改寫為：

$$(1-\eta)q-E \leqslant 0$$

$\pi_{l1}^m(q,\ \eta)$ 分別關於 q 和 η 求偏導可得：

$$\frac{\partial \pi_{l1}^m(q,\ \eta)}{\partial q}=(v-s)\bar{F}^2(q)-2(v-s)qf(q)\bar{F}(q)-(c-s) \quad (5\text{-}8)$$

$$\frac{\partial \pi_{l1}^m(q,\ \eta)}{\partial \eta}=-t\eta \quad (5\text{-}9)$$

根據 K-T 條件，將式（5-8）和式（5-9）引入廣義拉格朗日乘子 λ，可以得到：

$$(v-s)\bar{F}^2(q)-2(v-s)qf(q)\bar{F}(q)-(c-s)-\lambda(1-\eta)=0 \quad (5\text{-}10)$$

$$-t\eta+\lambda q=0 \quad (5\text{-}11)$$

$$\lambda((1-\eta)q-E)=0 \quad (5\text{-}12)$$

$$\lambda \geqslant 0 \quad (5\text{-}13)$$

（1）$\lambda=0$，根據式（5-10）和式（5-11）可得 $\dfrac{\partial \pi_{l1}^m(q,\ \eta)}{\partial q}=0$，$\dfrac{\partial \pi_{l1}^m(q,\ \eta)}{\partial \eta}=0$，聯立可得方程組：

$$\begin{cases}(v-s)\bar{F}^2(q)-2(v-s)qf(q)\bar{F}(q)-(c-s)=0\\ -t\eta=0\\ p=v-(v-s)F(q)\end{cases}$$

求解可得 $q_{l1}^{r*}=q_0^r$，$p_{l1}^{r*}=s+(v-s)\bar{F}(q_0^r)$，$\eta_{l1}^{m*}=0$。此時 $(1-\eta)q-E \leqslant 0$，即 $E \geqslant q_0^r$。

（2）$\lambda>0$，根據式（5-10）和式（5-11）可得：

$$\frac{\partial \pi_{I1}^{m}(q,\ \eta)}{\partial q}=(v-s)\bar{F}^{2}(q)-2(v-s)qf(q)\bar{F}(q)-(c-s)=\lambda(1-\eta)>0$$

$$\frac{\partial \pi_{I1}^{m}(q,\ \eta)}{\partial \eta}=-t\eta=-\lambda q<0$$

即 $q_{I1}^{r*}<q_{0}^{r}$，$0<\eta_{I1}^{m*}<1$ 並且

$$\frac{1}{1-\eta}[(v-s)\bar{F}^{2}(q)-2(v-s)qf(q)\bar{F}(q)-(c-s)]=\frac{t\eta}{q}$$

根據式（5-12）可得 $E=(1-\eta_{I1}^{m*})q_{I1}^{*}<q_{0}^{r}$。則 $p_{I1}^{r*}=s+(v-s)\bar{F}(q_{I1}^{r*})$。

$0<\eta_{I1}^{m*}<\frac{1}{2}$ 的證明過程與命題 3.1 中 $0<\eta_{I1}^{*}<\frac{1}{2}$ 的證明過程相同，此處不再累述。

因此，當 $E\geqslant q_{0}^{r}$ 時，$q_{I1}^{r*}=q_{0}^{r}$，$\eta_{I1}^{m*}=0$；當 $E<q_{0}^{r}$ 時，q_{I1}^{r*}、p_{I1}^{r*} 和 η_{I1}^{m*} 滿足 $E=(1-\eta_{I1}^{m*})q_{I1}^{r*}$ 且 $\theta_{I1}(q_{I1}^{r*})=\theta_{I2}(\eta_{I1}^{m*})$，$p_{I1}^{r*}=s+(v-s)\bar{F}(q_{I1}^{r*})$，$0<\eta_{I1}^{m*}<\frac{1}{2}$。

證畢。

命題 5.2 表明，限額政策下，分散化供應鏈的製造商最優批發價格和最優綠色技術投資策略，以及零售商的最優訂貨和定價策略均存在且唯一。當碳排放限額較高時，碳排放政策約束不起作用，製造商和零售商的最優策略與不考慮綠色技術投資情形下的最優策略相同。當碳排放限額較低時，碳排放政策約束其作用，製造商的產量受到限制，其為了最大化期望利潤會調整最優批發價格並進行綠色技術投資。製造商的批發調整，就使得零售商的最優訂貨和定價策略均會發生相應的變化。

將供應鏈最優決策 q_{I1}^{r*}、p_{I1}^{r*}、w_{I1}^{m*} 和 η_{I1}^{m*} 代入 $\pi_{I1}^{r}(q,\ p)$、$\pi_{I1}^{m}(q,\ \eta)$ 和 $\pi_{I1}^{sc}(q,\ \eta)$ 可以得到考慮綠色技術投資時分散化供應鏈零售商、製造商和供應鏈總體利潤：

$$\pi_{I1}^{r}(q_{I1}^{r*},\ p_{I1}^{r*})=(p_{I1}^{r*}-s)\left(q_{I1}^{r*}-\int_{0}^{q_{I1}^{r*}}F(x)dx\right)-(w-s)q_{I1}^{r*}$$

$$\pi_{I1}^{m}(q_{I1}^{r*},\ \eta_{I1}^{m*})=[(v-s)\bar{F}^{2}(q_{I1}^{r*})-(c-s)]q_{I1}^{r*}-\frac{1}{2}t\eta_{I1}^{m*2}$$

$$\pi_{I1}^{sc}(q_{I1}^{r*},\ \eta_{I1}^{m*})=(v-s)\bar{F}(q_{I1}^{r*})\left(q_{I1}^{r*}-\int_{0}^{q_{I1}^{r*}}F(x)dx\right)-(c-s)q_{I1}^{r*}-\frac{1}{2}t\eta_{I1}^{m*2}$$

5.2.2 分散化對供應鏈決策及績效的影響

第三章對單一製造商情形的研究，可以視為供應鏈集中決策情形的研究。本小節通過對比單一製造商和分散化供應鏈相應的最優決策和最大期望利潤，分析在限額政策下考慮綠色技術投資時，分散化對供應鏈最優決策及最大期望利潤的影響。

關於分散化對供應鏈最優策略的影響，可以得到命題 5.3。

命題 5.3 (1) $q_{I1}^{r*} < q_{I1}^{q*} < q_{I1}^{*}$，$p_{I1}^{r*} > p_{I1}^{q*} > p_{I1}^{*}$；

(2) 當 $E \geqslant q_0$ 時，$\eta_{I1}^{m*} = \eta_{I1}^{q*} = \eta_{I1}^{*}$； 當 $q_{opt} \leqslant E < q_0$ 時，$\eta_{I1}^{m*} = \eta_{I1}^{q*} < \eta_{I1}^{*}$；當 $q_0^r \leqslant E < q_{opt}$ 時，$\eta_{I1}^{m*} < \eta_{I1}^{q*} < \eta_{I1}^{*}$； 當 $E < q_0^r$ 時，$\eta_{I1}^{m*} < \eta_{I1}^{q*} < \eta_{I1}^{*}$。

證明：(1) 根據命題 4.5 的證明可知 $q_0^r < q_{opt} < q_0$。命題 3.7 已經證明了 $q_{I1}^{q*} < q_{I1}^{*}$，接下來將證明 $q_{I1}^{r*} < q_{I1}^{q*}$。

當 $E \geqslant q_{opt}$ 時，$q_{I1}^{r*} = q_0^r < q_{opt} = q_{I1}^{q*}$；

當 $q_0^r \leqslant E < q_{opt}$ 時，$q_{I1}^{q*} = \dfrac{E}{1 - \eta_{I1}^{q*}} > E \geqslant q_0^r = q_{I1}^{r*}$；

當 $E < q_0^r$ 時，定義 $\dfrac{d\,\pi_1^m(q)}{dq} = (v - s)\bar{F}^2(q) - 2(v - s)qf(q)\bar{F}(q) - (c - s)$。顯然 $E < q_{I1}^{r*}$，$q_{I1}^{q*} < q_0^r$，根據命題 4.5 可得當 $q < \tilde{q}$ ($\tilde{q} > q_0^r$) 時，$\dfrac{d\,\pi_1^m(q)}{dq} < \dfrac{d\,\pi_1^q(q)}{dq}$，則可知 $q_{I1}^{r*} < q_{I1}^{q*}$。

因為在各種情形下均存在 $p = v - (v - s)F(q)$，故根據三種情形下最優產量的大小關係，可以得到三種情形下最優價格滿足 $p_{I1}^{r*} > p_{I1}^{q*} > p_{I1}^{*}$。

(2) 命題 3.7 已經證明了 η_{I1}^{q*} 和 η_{I1}^{*} 的關係，接下來證明 η_{I1}^{m*} 和 η_{I1}^{q*} 的關係。

當 $E \geqslant q_{opt}$ 時，$\eta_{I1}^{m*} = \eta_{I1}^{q*} = 0$；

當 $q_0^r \leqslant E < q_{opt}$ 時，$0 = \eta_{I1}^{m*} < \eta_{I1}^{q*}$；

當 $E < q_0^r$ 時，第一條已經證明了此時 $q_{I1}^{r*} < q_{I1}^{q*}$，兩種情形下的最優策略均滿足 $E = (1 - \eta)q$，即當 E 給定時，η 和 q 同增同減，即可得到 $\eta_{I1}^{m*} < \eta_{I1}^{q*}$。

綜合上述證明，即可得到命題所示結論。

證畢。

命題 5.3 表明，考慮綠色技術投資時，分散化供應鏈製造商的最優產量、數量承諾情形製造商最優產量和理性預期均衡情形的最優產量三者呈依次遞減的關係。因為製造商在供應鏈中占主導地位，所以其傾向於制定較高的批發價格並生產較少的產品。因此，當碳排放限額逐步降低時，首先受到碳排放限額的約束而需減產並進行綠色技術投資的是理性預期均衡的情形，其次是數量承諾的情形，最後才是分散化供應鏈的情形。因此，在碳排放限額未降低至使得分散化供應鏈製造商進行綠色技術投資之前，分散化時的最優產量仍然最低。當碳排放限額低至使得三種情形下均需進行綠色技術投資時，製造商占主導使得其傾向於少投資少生產，所以此時製造商的最優產量仍然最低，綠色技術投資也是最低。

在命題 3.8 中，比較了限額政策下考慮綠色技術投資時，製造商理性預期均衡與數量承諾兩種情形最大期望利潤的大小，發現 $\pi_{I1}^{q}(q_{I1}^{q*},\ \eta_{I1}^{q*}) > \pi_{I1}(q_{I1}^{*},\ p_{I1}^{*},\ \eta_{I1}^{*})$，即製造商採用數量承諾策略時的最大期望利潤總是大於理性預期均衡的情形。因此，為了實現供應鏈績效提升，本部分以數量承諾情形為基準，分析分散化對供應鏈製造商的最大期望利潤的影響。關於分散化對供應鏈最大期望利潤的影響，可以得到以下命題：

命題 5.4 $\pi_{I1}^{q}(q_{I1}^{q*},\ \eta_{I1}^{q*}) > \pi_{I1}^{sc}(q_{I1}^{r*},\ \eta_{I1}^{m*})$。

證明： 顯然，當 $E \geqslant q_{opt}$ 時，兩種情形製造商均不進行綠色技術投資，故與不考慮綠色技術投資的結論一致，此時 $\pi_{I1}^{q}(q_{I1}^{q*},\ \eta_{I1}^{q*}) > \pi_{I1}^{sc}(q_{I1}^{r*},\ \eta_{I1}^{m*})$。

當 $E < q_{opt}$ 時，將 $\eta = 1 - \dfrac{E}{q}$ 代入式（3-10）可得：

$$\pi_{I1}^{q}(q) = (v - s)\bar{F}(q)\left(q - \int_{0}^{q} F(x)dx\right) - (c - s)q - \frac{1}{2}t\left(1 - \frac{E}{q}\right)^{2} \tag{5-14}$$

則 $\pi_{I1}^{q}(q_{I1}^{q*},\ \eta_{I1}^{q*}) = \pi_{I1}^{q}(q_{I1}^{q*})$，$\pi_{I1}^{sc}(q_{I1}^{r*},\ \eta_{I1}^{m*}) = \pi_{I1}^{q}(q_{I1}^{r*})$。$\theta_{1}^{q}(q_{I1}^{q*}) = \theta_{2}^{q}(\eta_{I1}^{q*})$ 且 $E = (1 - \eta_{I1}^{q*})\,q_{I1}^{q*}$ 時，$\dfrac{d\,\pi_{I1}^{q}(q)}{dq}\Big|_{q=q_{I1}^{q*}} = 0$，即 q_{I1}^{q*} 為 $\pi_{I1}^{q}(q)$ 的最大值，則可知 $\pi_{I1}^{q}(q_{I1}^{*}) < \pi_{I1}^{q}(q_{I1}^{q*})$，即 $\pi_{I1}^{q}(q_{I1}^{q*},\ \eta_{I1}^{q*}) > \pi_{I1}(q_{I1}^{*},\ p_{I1}^{*},\ \eta_{I1}^{*})$。

綜合上述分析可得 $\pi_{I1}^{q}(q_{I1}^{q*},\ \eta_{I1}^{q*}) > \pi_{I1}^{sc}(q_{I1}^{r*},\ \eta_{I1}^{m*})$。

證畢。

命題 5.4 表明以數量承諾情形為基準，限額政策下考慮綠色技術投資時分散化供應鏈總體利潤要小於數量承諾的情形，即表明分散化供應鏈績效還有提升的空間。這也為後續的供應鏈協調提供了依據。

5.2.3 綠色技術投資的影響分析

通過對比不考慮和考慮綠色技術投資兩種情形下，分散化供應鏈製造商、零售商的最優策略和最大期望利潤，可以分析綠色技術投資對分散化供應鏈最優策略和最大期望利潤的影響。

關於綠色技術投資對分散化供應鏈製造商和零售商的最優策略的影響，可以得到以下命題：

命題 5.5 （1）當 $E \geqslant q_0^r$ 時，$q_{I1}^{r*} = q_1^{r*}$，$p_{I1}^{r*} = p_1^{r*}$，$w_{I1}^{r*} = w_1^{r*}$；

（2）當 $E < q_0^r$ 時，$q_{I1}^{r*} > q_1^{r*}$，$p_{I1}^{r*} < p_1^{r*}$，$w_{I1}^{r*} < w_1^{r*}$。

證明：（1）顯然，當 $E \geqslant q_0^r$ 時，$q_{I1}^{r*} = q_1^{r*}$，$p_{I1}^{r*} = p_1^{r*}$，$w_{I1}^{r*} = w_1^{r*}$。

（2）當 $E < q_0^r$ 時，$q_1^{r*} = E$，$q_{I1}^{r*} = \dfrac{E}{1 - \eta_{I1}^{m*}} > E$（因為 $0 < \eta_{I1}^{m*} < 1$），所以 $q_{I1}^{r*} > q_1^{r*}$；

不考慮和考慮綠色技術投資的兩種情形下，均存在 $p = v - (v - s)F(q)$。因為 $q_{I1}^{r*} > q_1^{r*}$，所以 $p_{I1}^{r*} < p_1^{r*}$。

不考慮和考慮綠色技術投資的兩種情形下，零售商的最優反應函數均為 $w = s + (v - s)\bar{F}^2(q)$，根據 $q_{I1}^{r*} > q_1^{r*}$，可以得到 $w_{I1}^{r*} < w_1^{r*}$。

證畢。

命題 5.5 表明，在分散化決策環境下，考慮綠色技術投資使得零售商的最優訂貨量（即為製造商的最優生產量）不變或升高、零售商最優價格不變或減小、製造商最優批發價格不變或減小。當碳排放限額較高時，即使製造商能夠進行綠色技術投資，其仍然不會進行綠色技術投資，此時兩種情形的製造商最優策略相同。當碳排放限額較低時，製造商無法按照不考慮綠色技術投資的情形下的最優產量進行生產時，其會主動進行綠色技術投資，從而可以獲得碳排放權的節約以生產更多產品，這是為何考慮綠色技術投資會使得製造商最優產量提高（通過降低批發價格來實現）的原因。零售商批發價格降低是因為：一方面當製造商批發價格降低，零售商的邊際利潤提高，其具有降低零售價格的空間；另一方面，製造商的產量增加，對於零售商來講，理性預期均衡時戰略顧客的購買意願會降低，這也會迫使零售商的零售價格降低。

關於綠色技術投資對分散化供應鏈的最大期望利潤的影響，可以得到以下命題：

命題 5.6 $\pi_{I1}^r(q_{I1}^{r*}, p_{I1}^{r*}) \geqslant \pi_1^r(q_1^{r*}, p_1^{r*})$；

證明：（1）顯然，當 $E \geqslant q_0^r$ 時，不考慮和考慮綠色技術投資兩種情形的供應鏈決策相等，此時在考慮綠色技術投資情形下，製造商仍然不會進行綠色技術投資，則兩種情形的供應鏈決策和零售商最大期望利潤相等。

（2）當 $E \geqslant q_0^r$ 時：

將兩種情形的零售商最優策略代入各自的期望利潤函數可得:

$$\pi_I^r(q_{I1}^{r*}, p_{I1}^{r*}) \equiv \pi_{I1}^r(q_{I1}^{r*}) = H(q_{I1}^{r*})$$

$$\pi_1^r(q_1^{r*}, p_1^{r*}) \equiv \pi_1^r(q_1^{r*}) = H(q_1^{r*})$$

其中 $H(q)$ 已在命題 4.5 中進行定義並被證明是關於 q 的擬凹函數且 $H'(\tilde{q}) = 0$。

根據命題 5.3 可知 $q_{I1}^{r*} < \tilde{q}$, 命題 5.5 證明了 $q_1^{r*} < q_{I1}^{r*}$, 則可得到 $q_1^{r*} < q_{I1}^{r*} < \tilde{q}$。則可知 $H(q_1^{r*}) < H(q_{I1}^{r*})$, 即 $\pi_{I1}^r(q_{I1}^{r*}, p_{I1}^{r*}) > \pi_1^r(q_1^{r*}, p_1^{r*})$。

綜上，可得命題所示結論。

證畢。

命題 5.6 表明限額政策的分散化供應鏈決策環境下，考慮綠色技術投資的零售商最大期望利潤大於等於不考慮綠色技術投資時相應的值。當碳排放限額較高時，製造商不進行綠色技術投資，此時不考慮和考慮綠色技術投資兩種情形零售商最大期望利潤相等。當碳排放限額較低時，製造商會通過綠色技術投資節約碳排放權，此時，零售商的最大期望利潤均能得到提升。關於考慮綠色技術投資對製造商和供應鏈總體利潤的影響，難以得出分析結論，故在數值分析部分給出數值結果。

5.2.4 供應鏈協調策略

本小節以數量承諾情形為基準，對限額政策下考慮綠色技術投資的供應鏈進行協調研究，從而提升整個供應鏈的績效。

5.2.4.1 批發價格合同協調策略

關於批發價格合同協調策略，可以得到以下命題:

命題 5.7 （1）當 $E \geqslant q_{opt}$ 時，存在 $w_{I1}^* = s + (v - s)\bar{F}^2(q_{opt})$ 滿足 $\pi_{I1}^{sc}(q_{I1}^{r*}, \eta_{I1}^{m*}) = \pi_{I1}^q(q_{I1}^{q*}, \eta_{I1}^{q*})$; $w_{I1}^* < w_{I1}^{m*}$。

（2）當 $E < q_{opt}$ 時，分散化供應鏈無法達到數量承諾情形的最優策略和最大期望利潤。

證明:（1）根據式（5-4）可知，考慮綠色技術投資時的分散化供應鏈情境下，零售商的最優訂貨量和製造商的最優批發價格有一一對應關係。則必然存在一點 $w_{I1}^* = s + (v - s)\bar{F}^2(q_{opt})$。則當政府設定的初始碳排放限額 $E \geqslant q_{opt} > q_0^r$ 時，數量承諾情形和分散化供應鏈情形兩種情形下，製造商均不會進行綠色技術投資，此時考慮綠色技術投資與不考慮綠色技術投資的情形相同，故可得到 $\pi_{I1}^{sc}(q_{I1}^{r*}, \eta_{I1}^{m*}) = \pi_{I1}^q(q_{I1}^{q*}, \eta_{I1}^{q*})$。根據零售商最優反應函數可知製造商最優批發價格與零售商最優訂貨量兩者呈同向變動的關係，故根據 $q_{opt} > q_0^r$，可知 $w_{I1}^{*} < w_{I1}^{m*}$。

（2）當 $E < q_{opt}$ 時，數量承諾情形的製造商會進行綠色技術投資，假定其最優策略同時也是分散化情形的最優策略。此時 $\theta_{I1}(q_{I1}^{r*}) < \theta_{I2}(\eta_{I1}^{m*})$，所以可得分散化供應鏈無法達到數量承諾情形的最優策略和最大期望利潤。

證畢。

命題 5.7 第一條表明當碳排放限額較高時，通過批發價格調整可以使得分散化供應鏈績效達到數量承諾情形的供應鏈績效。這是因為當碳排放限額較高時，碳排放權約束不起作用，此時考慮綠色技術投資與不考慮綠色技術投資時的供應鏈決策和最大期望利潤相同，所以存在一個最優的批發價格實現供應鏈期望利潤達到數量承諾的情形。該命題還表明實現供應鏈協調時的批發價格小於分散化情形的製造商最優批發價格，即當供應鏈最大期望利潤最大時，製造商的期望利潤會低於分散化的情形。因此，此時僅批發價格無法實現供應鏈協調。

命題 5.7 第二條表明，當碳排放限額較低時，無論怎樣調整批發價格，兩種情形下的供應鏈最優決策都不可能相等，分散化供應鏈也無法達到數量承諾的情形。這是因為綠色技術投資的成本承擔的主體不同的原因。在數量承諾的情形，製造商在進行綠色技術投資決策時，其最優綠色技術投資策略是整個集中化供應鏈單位碳排放權邊際利潤與單位碳排放權邊際成本相等。而在分散化供應鏈環境下，綠色技術投資成本完全由製造商承擔，其最優綠色技術投資策略僅僅是製造商單位碳排放權邊際利潤與單位碳排放權邊際成本相等。

5.2.4.2　基於收益分享合同的協調策略

本部分研究收益分享合同是否能夠作為實現數量承諾的工具，使得在考慮綠色技術投資時，限額政策下的供應鏈績效能夠達到數量承諾時的水準？在收益分享合同下，假定 $\varphi_{I1}(0 < \varphi_{I1} \leq 1)$ 表示零售商保留收益的比例，則$(1 - \varphi_{I1})$ 代表分享給製造商的收益。

在收益分享合同下，零售商的期望利潤函數 $\pi_{I1s}^{r}(q, p, \varphi_{I1})$ 為：

$$\pi_{I1s}^{r}(q, p, \varphi_{I1}) = \varphi_{I1}\left[\int_0^q [px + s(q - x)]f(x)dx + \int_q^{\infty} pqf(x)dx\right] - wq$$

化簡後可得：

$$\pi_{I1s}^{r}(q, p, \varphi_{I1}) = \varphi_{I1}(p - s)\left(q - \int_0^q F(x)dx\right) - (w - \varphi_{I1}s)q \qquad (5\text{-}15)$$

在收益分享合同下，製造商的期望利潤函數 $\pi_{I1s}^{m}(w, \eta, \varphi_{I1})$ 為：

$$\pi_{I1s}^{m}(w,\eta,\varphi_{I1}) = (w-c)q + (1-\varphi_{I1})\left[\int_{0}^{q}[px+s(q-x)]f(x)dx + \int_{q}^{\infty}pqf(x)dx\right] - \frac{1}{2}t\eta^{2}$$

化簡後可得，收益分享合同下製造商決策模型為：

$$\pi_{I1s}^{m}(w,\ \eta,\ \varphi_{I1}) = (1-\varphi_{I1})(p-s)\left(q-\int_{0}^{q}F(x)dx\right) + (w-c+(1-\varphi_{1})s)q - \frac{1}{2}t\eta^{2} \tag{5-16}$$

$$s.\ t.\ (1-\eta)q(w) < E \tag{5-17}$$

供應鏈的期望利潤函數 $\pi_{I1s}^{sc}(q,\ p)$ 為：

$$\pi_{I1s}^{sc}(q,\ p) = (p-s)\left(q-\int_{0}^{q}F(x)dx\right) - (c-s)q$$

其中下標 s 表示使用收益分享合同協調供應鏈的情形。

命題 5.8 收益分享合同下，零售商的最優訂貨策略 q_{I1s}^{*} 為：

$$q_{I1s}^{*} = \bar{F}^{-1}\left(\sqrt{\frac{w-\varphi_{I1}s}{\varphi_{I1}(v-s)}}\right) \tag{5-18}$$

最優定價策略 p_{I1s}^{*} 為：

$$p_{I1s}^{*} = s + \sqrt{\frac{(w-\varphi_{I1}s)(v-s)}{\varphi_{I1}}} \tag{5-19}$$

證明：證明過程與命題 4.8 的證明過程相同，此處省略。

證畢。

命題 5.8 表明收益分享合同下，零售商理性預期均衡時的最優訂貨和定價策略存在並且唯一。這也是零售商最優訂貨量和最優定價關於批發價格 w 的最優反應函數。

根據式（5-16）可得零售商最優訂貨量 q_{I1s}^{*} 與製造商最優批發價格 w_{I1s}^{*} 是一一對應的關係，且滿足表達式：

$$w = \varphi_{I1}s + \varphi_{I1}(v-s)\bar{F}(q) \tag{5-20}$$

將式（5-20）代入式（5-16），此時製造商的期望利潤函數可表示為：

$$\pi_{I1s}^{m}(q,\ \eta,\ \varphi_{I1}) = (1-\varphi_{I1})(v-s)\bar{F}(q)\left(q-\int_{0}^{q}F(x)dx\right) + [\varphi_{I1}(v-s)\bar{F}^{2}(q) - (c-s)]q - \frac{1}{2}t\eta^{2}$$

命題 5.9 收益分享合同下，

（1）當 $E \geqslant q_{opt}$ 時，合同參數 $(w,\ \varphi_{I1})$ 滿足：

$$w - \varphi_{I1} s = \varphi_{I1}(v - s)\bar{F}^2(q_{I1}^{q*}) \tag{5-21}$$

限額政策下考慮綠色技術投資的供應鏈能夠協調。

(2) 當 $E < q_{opt}$ 時，只有 $\varphi_{I1} \to 0$，分散化供應鏈決策和最大期望利潤能夠達到數量承諾的情形，此時零售商期望利潤小於零。

證明：(1) 當 $E \geqslant q_{opt}$ 時，分散化供應鏈情形以及數量承諾情形下，製造商均不會進行綠色技術投資，此時供應鏈協調策略與不考慮綠色技術投資時相同。因此，只要合同參數滿足式 (5-21)，限額政策下考慮綠色技術投資的供應鏈能夠協調。

(2) 當 $E < q_{opt}$ 時，收益分享合同下，製造商期望利潤函數關於 q 和 η 分別求導數得：

$$\frac{\partial \pi_{I1s}^{m}(q, \eta, \varphi_{I1})}{\partial q} = \frac{\partial \pi_{I1}^{q}(q, \eta)}{\partial q} + \varphi_{I1}\left(\frac{\partial \pi_{I1}^{m}(q, \eta)}{\partial q} - \frac{\partial \pi_{I1}^{q}(q, \eta)}{\partial q}\right)$$

$$\frac{\partial \pi_{I1s}^{m}(q, \eta, \varphi_{I1})}{\partial \eta} = \frac{\partial \pi_{I1}^{q}(q, \eta)}{\partial \eta}$$

此時，數量承諾情形的製造商最優策略應滿足 $0 < \eta_{I1}^{q*} < 1$，$E = (1 - \eta_{I1}^{q*}) q_{I1}^{q*}$，$\theta_1^q(q_{I1}^{q*}) = \theta_2^q(\eta_{I1}^{q*})$。通過對比可得，此時要想收益分享合同下的供應鏈最優決策與數量承諾情形相等，必須令 $\varphi_{I1} \to 0$。則：

$$\pi_{I1s}^{r}(q, p, \varphi_{I1}) = - w_{I1s}^{*} q_{I1s}^{*} < 0$$

證畢。

命題 5.9 表明考慮綠色技術投資時，當碳排放限額較高，數量承諾情形和分散化情形兩種情形下製造商均不進行綠色技術投資時，採用收益分享合同能夠實現供應鏈協調。但是隨著碳排放限額降低，當數量承諾情形製造商進行綠色技術投資時，收益分享合同無法實現供應鏈協調。這是因為在收益分享合同下，綠色技術投資的所有成本均由製造商承擔，其在制定最優產量和綠色技術投資策略時，總是會傾向於少投資，只有當製造商獲得零售商所有收益時，其最優綠色技術投資策略和最優產量才會與數量承諾的情形相等。但是此時零售商的最大期望利潤為負，其肯定不會參與。

5.2.4.3 基於收益分享—成本分擔合同的協調策略

考慮綠色技術投資時，上述分析得出收益分享合同在碳排放限額較低時無法實現供應鏈的原因在於製造商承擔了全部的綠色技術投資成本且零售商與顧客之間符合理性預期均衡。基於此，本書考慮在收益分享合同的基礎上增加綠色技術投資成本的分擔且由製造商向顧客進行數量承諾，設計供應鏈協調策略。假定製造商承擔的綠色技術投資的成本為 $\alpha_{I1}(0 \leqslant \alpha_{I1} \leqslant 1)$，則 $1 - \alpha_{I1}$ 代表零售商需要承擔的綠色技術投資的成本。此時，零售商的期望利潤函數為：

$$\pi^{r}_{I1\alpha}(q,p,\varphi_{I1},\alpha_{I1}) = \varphi_{I1}(p-s)\left(q-\int_{0}^{q}F(x)dx\right)-(w-\varphi_{I1}s)q-\frac{1}{2}(1-\alpha_{I1})t\,\eta^{2} \tag{5-22}$$

製造商的期望利潤函數為：

$$\pi^{m}_{I1\alpha}(w,\eta,\varphi_{I1},\alpha_{I1}) = (1-\varphi_{I1})(p-s)\left(q-\int_{0}^{q}F(x)dx\right)+(w-c)q-\frac{1}{2}\alpha_{I1}t\,\eta^{2} \tag{5-23}$$

命題 5.10 當 $E < q_{opt}$、$0 \leqslant \lambda \leqslant 1$ 時，收益分享—成本分擔合同的參數（w，φ_{I1}，α_{I1}）滿足如下關係時：

$$\begin{cases} w = \lambda c \\ \varphi_{I1} = \lambda \\ \alpha_{I1} = 1-\lambda \end{cases} \tag{5-24}$$

限額政策下考慮綠色技術投資的供應鏈能夠協調。

證明： 當收益分享—成本分擔合同參數滿足式（5-24）且製造商進行數量承諾時，製造商和零售商的期望利潤函數可以整理為：

$$\begin{cases} \pi^{r}_{I1\alpha}(q,\ p,\ \varphi_{I1},\ \alpha_{I1}) = \lambda\ \pi^{q}_{I1}(q,\ \eta) \\ \pi^{m}_{I1\alpha}(w,\ \eta,\ \varphi_{I1},\ \alpha_{I1}) = (1-\lambda)\ \pi^{q}_{I1}(q,\ \eta) \end{cases}$$

則可得到，當製造商採用數量承諾策略時，整個供應鏈的最優決策和最大期望利潤與集中化（數量承諾情形）相同。當 $\lambda = 0$ 時，製造商獲得供應鏈全部利潤；當 $\lambda = 1$ 時，零售商獲得供應鏈全部利潤。此時，收益分享—成本分擔合同實現了限額政策下考慮綠色技術投資的供應鏈協調。

證畢。

命題 5.10 表明限額政策下考慮綠色技術投資時，當碳排放限額較低，要實現供應鏈協調，需製造商向顧客進行數量承諾才能達到。這是因為，在分散化供應鏈中，製造商的最優產量和最優綠色技術投資均低於集中化（數量承諾）的情形。則分散化供應鏈製造商進行數量承諾會增加供應鏈的產出和綠色技術投資、降低供應鏈的零售價。因此，通過製造商進行數量承諾，能夠實現製造商、零售商和顧客三方的帕累托改進。這時，數量承諾策略對於顧客來講就變得可信。

5.2.5 數值分析

本小節通過數值分析討論限額政策下考慮綠色技術投資時，分散化供應鏈的最優策略，限額政策參數對供應鏈最優決策和最大期望利潤的影響，進而給出相應的管理啟示。

假設隨機需求服從 [0，100] 的均勻分佈。初始碳排放限額 E 變動代表不同的決策情境。其餘參數保持不變，令 $v = 17$、$c = 2$、$s = 1$、$t = 1,000$。

（1）分散化供應鏈最優決策

在上述參數給定時，可以得到考慮綠色技術投資時分散化供應鏈製造商的期望利潤函數如圖 5-1 所示。當碳排放限額較高時，分散化決策不受限額政策約束，不考慮和考慮綠色技術投資時的供應鏈決策及期望利潤相等。圖 5-1 表明，當碳排放較低時，限額政策起作用，在限額政策約束下，製造商有最優生產和綠色技術投資決策。當 $E = 25 < q_0^r = 30.34$ 時，供應鏈最優決策：$q_{II}^{r*} = 26.11$、$\eta_{II}^{m*} = 0.042,6$、$p_{II}^{r*} = 12.82$、$w_{II}^{m*} = 9.74$；零售商、製造商和供應鏈最大期望利潤：$\pi_{II}^{r}(q_{II}^{r*},\ p_{II}^{r*}) = 40.30$、$\pi_{II}^{m}(q_{II}^{r*},\ \eta_{II}^{m*}) = 201.07$、$\pi_{II}^{sc}(q_{II}^{r*},\ \eta_{II}^{m*}) = 241.37$。該結論可以證明命題 5.2。

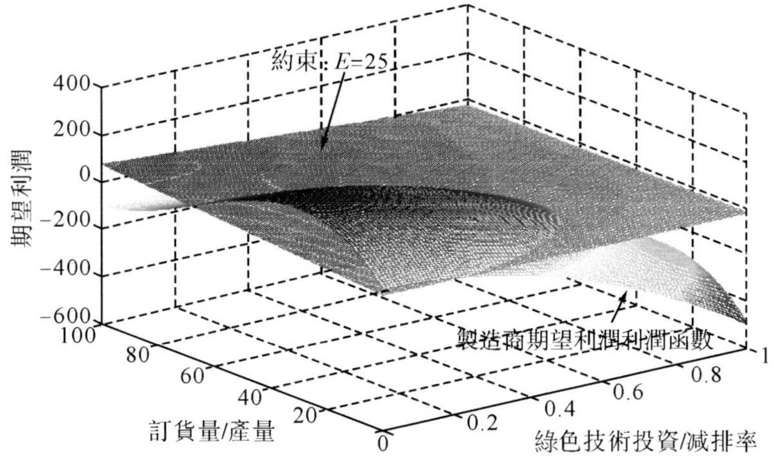

圖 5-1　$\pi_{II}^{m}(q,\ \eta)$ 及限額約束（$E = 25$）函數圖像

（2）分散化對供應鏈決策及績效的影響

第三章的數值分析中已經計算得出當 $E = 25 < 38.76$ 時，$q_{II}^{q*} = 28.02$、$p_{II}^{q*} = 12.52$、$\eta_{II}^{q*} = 0.107,9$、$\pi_{II}^{q}(q_{II}^{q*},\ \eta_{II}^{q*}) = 243.66$。據此結論，顯然命題 5.3 和命題 5.4 的結論成立。

（3）綠色技術投資的影響分析

圖 5-2 闡述了在限額政策下，綠色技術投資對供應鏈決策（零售商最優訂貨量、零售價格和製造商最優批發價格）的影響。圖 5-2 表明當碳排放限

額較高時，不考慮和考慮綠色技術投資兩種情形的分散化供應鏈決策相等；當碳排放限額較低時，製造商進行綠色技術投資會使得零售商訂貨量增加、零售商批發價格降低、製造商批發價格降低。該結論證明了命題 5.5。

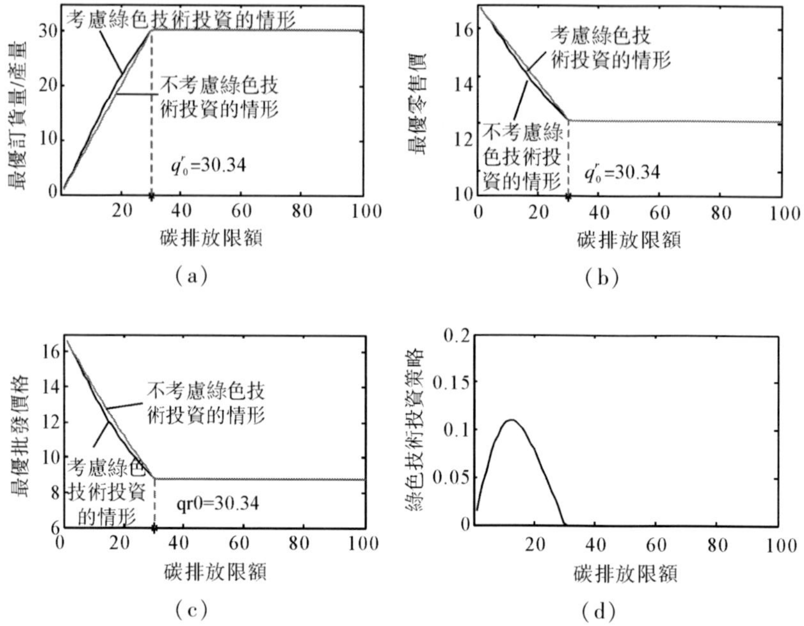

圖 5-2　限額政策下，綠色技術投資對分散化供應鏈決策的影響

（a）最優訂貨量；（b）最優價格；（c）最優批發價；（d）最優綠色技術投資

圖 5-3 闡述了在限額政策下，綠色技術投資對供應鏈各方（零售商、製造商、供應鏈總體）最大期望利潤的影響。

圖 5-3 表明當碳排放限額較高時，不考慮和考慮綠色技術投資兩種情形各方最大期望利潤相等；當碳排放限額較低時，製造商進行綠色技術投資會使得零售商、製造商及供應鏈總體的最大期望利潤增加。該結論一方面證明了命題 5.6，另一方面還可以得到結論 5.1。

結論 5.1　考慮綠色技術投資時的分散化供應鏈製造商和供應鏈總體最大期望利潤，大於等於不考慮綠色技術投資時製造商和供應鏈的最大期望利潤。

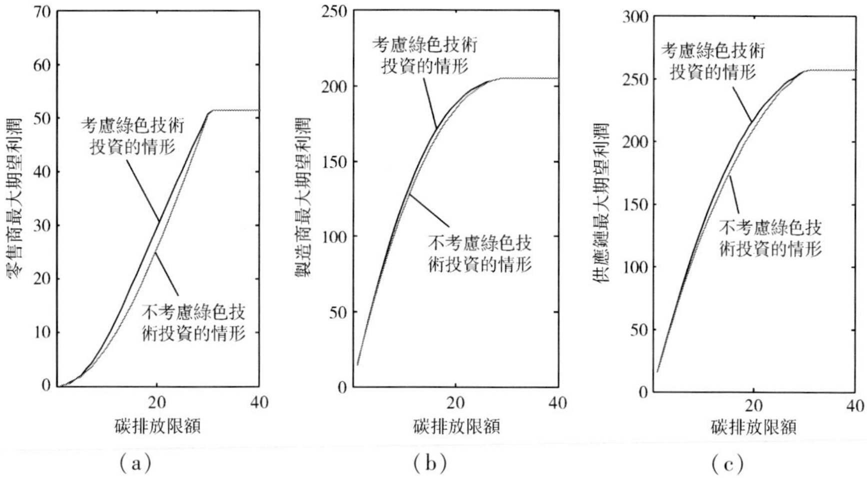

圖 5-3　限額政策下，綠色技術投資對分散化供應鏈各方利潤的影響

(a) 零售商；(b) 製造商；(c) 供應鏈

(4) 敏感性分析

本小結通過數值分析討論限額政策下考慮綠色技術投資時，製造商最優策略和最大期望利潤關於碳排放限額的變化情況。

關於分散化供應鏈最優策略和最大期望利潤關於碳排放限額的變化情況參見圖 5-2 和圖 5-3，通過觀察可以得到以下結論：

結論 5.2　當碳排放限額高於不考慮限額政策時分散化供應鏈最優碳排放量，分散化供應鏈最優決策以及零售商、製造商和供應鏈總體最大期望利潤隨碳排放限額保持不變。

結論 5.3　當碳排放限額低於不考慮限額政策時分散化供應鏈最優碳排放量，零售商最優訂貨量隨碳排放限額遞增，零售商最優價格和製造商最優批發價格隨碳排放限額遞減，製造商最優綠色技術投資隨碳排放限額先增加後減小；零售商、製造商和供應鏈總體利潤隨碳排放限額遞增。

5.3　限額與交易政策下分散化供應鏈決策與協調模型

本節將限額政策拓展至考慮碳排放交易的限額與交易政策，研究分散化供應鏈的決策與協調問題。同樣假設在整個供應鏈系統，製造商占主導地位，零售商是跟隨者。事件的順序如下：①製造商制定產品的批發價格和綠色技術投資策略；②零售商形成顧客保留價格的預期並在此基礎上制定產品訂貨量和零售價格；③製造商在限額與交易下生產產品並交付給零售商；④顧客根據市場價格信息估計產品折扣銷售的可能性並形成保留價格；⑤隨機需求實現，產品以正常價格售出，剩餘產品在銷售期末以折扣價格出售。

5.3.1 分散化供應鏈最優決策

首先，研究零售商的決策問題。當製造商的批發價格為 w 時，零售商的期望利潤函數為 $\pi^r_{I2}(q, p)=(p-s)\left(q-\int_0^q F(x)dx\right)-(w-s)q$。因為限額政策和限額與交易政策均未約束製造商的碳排放，故兩種情形下的零售商期望利潤函數以及最優訂貨和定價策略（即零售商關於 w 的最優反應函數）相同，已經由命題 5.1 給出：

$$q^{r*}_{I2}=\bar{F}^{-1}\left(\sqrt{\frac{w-s}{v-s}}\right) \tag{5-25}$$

$$p^{r*}_{I2}=s+\sqrt{(w-s)(v-s)} \tag{5-26}$$

其次，研究製造商的決策問題。考慮綠色技術投資時，限額與交易政策下製造商的利潤函數為 $\pi^m_{I2}(w, e, \eta)=(w-c)q-ke-\frac{1}{2}t\eta^2$。

根據式（5-25）可知，考慮綠色技術投資的情形，限額與交易政策下採用批發價格合同時，零售商最優訂貨量 q^{r*}_{I2} 和製造商最優批發價格 w^{m*}_{I2} 是一一對應的關係，即：

$$w=s+(v-s)\bar{F}^2(q) \tag{5-27}$$

結合 $e=(1-\eta)q-E$，則可將製造商的利潤函數轉換為：

$$\pi^m_{I2}(q, \eta)=[(v-s)\bar{F}^2(q)-(c-s+(1-\eta)k)]q+kE-\frac{1}{2}t\eta^2 \tag{5-28}$$

批發價格合同下，供應鏈總利潤以 $\pi^{sc}_{I2}(q, p, e, \eta)$ 表示：

$$\pi^{sc}_{I2}(q, p, e, \eta)=(p-s)\left(q-\int_0^q F(x)dx\right)-(c-s)q-ke-\frac{1}{2}t\eta^2$$

理性預期均衡時，根據式（2-9）以及 $e=(1-\eta)q-E$，可將供應鏈總利潤函數寫為：

$$\pi^{sc}_{I2}(q, \eta)=(v-s)\bar{F}(q)\left(q-\int_0^q F(x)dx\right)-(c-s+(1-\eta)k)q+kE-\frac{1}{2}t\eta^2$$

引理 5.2　q 給定時，製造商最優綠色技術投資策略 η_{l2}^{m*} 由關於 q 的函數唯一確定。

$$\begin{cases} \eta_{l2}^{m*} \equiv \eta(q) = \dfrac{kq}{t} \\ 0 < \eta_{l2}^{m*} < 1 \end{cases}$$

證明： $\pi_{l2}^{m}(q, \eta)$ 對 η 分別求一階和二階偏導數：

$$\frac{\partial \pi_{l2}^{m}(q, \eta)}{\partial \eta} = qk - t\eta$$

$$\frac{\partial^2 \pi_{l2}^{m}(q, \eta)}{\partial \eta^2} = -t < 0$$

則可知當 q 給定時，$\pi_{l2}^{m}(q, \eta)$ 時關於 η 的凹函數。

令 $\dfrac{\partial \pi_{l2}^{m}(q, \eta)}{\partial \eta} = 0$，可以得到 $\eta_{l2}^{m*} \equiv \eta(q) = \dfrac{kq}{t}$，另根據假設可知 $0 < \eta_{l2}^{m*} < 1$。

證畢。

將 $\eta_{l2}^{m*} = \eta(q)$ 代入式（5-28）得：

$$\pi_{l2}^{m}(q) \equiv \pi_{l2}^{m}(q, \eta(q)) = [(v - s)\bar{F}^2(q) - (c - s + k)]q + kE + \frac{k^2 q^2}{2t} \tag{5-29}$$

則本小節關於製造商期望利潤函數的兩變量最優化問題就轉變為關於 q 的單變量最優化問題：

$$\max_{q \geq 0} \pi_{l2}^{m}(q)$$

引理 5.3　當 $\dfrac{k^2}{t} - 2(v - s)[2f(q)\bar{F}(q) + qf'(q)\bar{F}(q) - qf^2(q)] < 0$ 時，限額與交易政策下考慮綠色技術投資時，分散化供應鏈製造商的期望利潤函數 $\pi_{l2}^{m}(q)$ 是關於 q 的凹函數。

證明： $\pi_{l2}^{m}(q)$ 關於 q 求一階和二階導數：

$$\frac{d\pi_{l2}^{m}(q)}{dq} = (v - s)[\bar{F}^2(q) - 2qf(q)\bar{F}(q)] - (c - s + k) + \frac{k^2}{t}q$$

$$\frac{d^2 \pi_{l2}^{m}(q)}{dq^2} = \frac{k^2}{t} - 2(v - s)[2f(q)\bar{F}(q) + qf'(q)\bar{F}(q) - qf^2(q)] < 0$$

則 $\pi_{l2}^{m}(q)$ 是關於 q 的凹函數。

證畢。

命題 5.11 當 $\frac{k^2}{t} - 2(v-s)[2f(q)\bar{F}(q) + qf'(q)\bar{F}(q) - qf^2(q)] < 0$ 時，分散化供應鏈製造商最優批發價格 w_{I2}^{m*} 滿足：

$$w_{I2}^{m*} = s + (v-s)\bar{F}^2(q_{I2}^{r*})$$

其中 q_{I2}^{r*} 為零售商最優訂貨量，滿足：

$$(v-s)[\bar{F}^2(q) - 2qf(q)\bar{F}(q)] - (c-s+k) + \frac{k^2}{t}q = 0 \qquad (5-30)$$

證明： 根據引理 5.3 可得出實現製造商利潤最大化的 q_{I2}^{r*} 滿足式（5-29），結合式（5-27）可知此時製造商最優批發價格 $w_{I2}^{m*} = s + (v-s)\bar{F}^2(q_{I2}^{r*})$。

證畢。

命題 5.11 表明，限額與交易政策下考慮綠色技術投資時，分散化供應鏈製造商的最優承諾數量存在並且唯一。最優批發價格的大小與政府設定的初始碳排放限額無關，但是與碳排放權交易價格相關。這是因為，當製造商允許進行碳排放權交易和綠色技術投資時，其產量不會受到碳排放限額的直接約束，而是通過增加碳排放權這一生產要素改變其邊際生產成本來約束。這時製造商最優的產量就與碳排放限額無關，而是與碳排放權交易價格相關。

將 w_{I2}^{m*} 代入式（5-26），得到分散化供應鏈零售商的最優價格 $p_{I2}^{r*} = s + \sqrt{(-s)(v-s)}$。根據引理 5.2 可得製造商的最優綠色技術投資策略 $\eta_{I2}^{m*} = \frac{k}{t}q_{I2}^{r*}$。

將供應鏈最優決策 q_{I2}^{r*}、p_{I2}^{r*}、w_{I2}^{m*} 和 η_{I2}^{m*} 代入 $\pi_{I2}^{r}(q, p)$、$\pi_{I2}^{m}(q)$ 和 $\pi_{I2}^{sc}(q, \eta)$ 可以得到分散化供應鏈零售商、製造商和供應鏈總體利潤：

$$\pi_{I2}^{r}(q_{I2}^{r*}, p_{I2}^{r*}) = (p_{I2}^{r*} - s)\left(q_{I2}^{r*} - \int_0^{q_{I2}^{r*}} F(x)dx\right) - (w_{I2}^{m*} - s)q_{I2}^{r*}$$

$$\pi_{I2}^{m}(q_{I2}^{r*}) = [(v-s)\bar{F}^2(q_{I2}^{r*}) - (c-s+k)]q_{I2}^{r*} + kE + \frac{k^2 q_{I2}^{r*2}}{2t}$$

$$\pi_{I2}^{sc}(q_{I2}^{r*}, \eta_{I2}^{m*}) = (v-s)\bar{F}(q_{I2}^{r*})\left(q_{I2}^{r*} - \int_0^{q_{I2}^{r*}} F(x)dx\right) - (c-s+(1-\eta_{I2}^{m*})k)q_{I2}^{r*} + kE - \frac{1}{2}t\,\eta_{I2}^{m*2}$$

為了分析碳排放權交易的影響，對限額政策和限額與交易政策兩種情形下，分散化供應鏈零售商和製造商的最優策略進行比較，得到命題 5.12。

命題 5.12 （1）當 $E > (1-\eta_{I2}^{m*})q_{I2}^{r*}$ 時，$q_{I1}^{r*} > q_{I2}^{r*}$，$p_{I1}^{r*} < p_{I2}^{r*}$，$w_{I1}^{m*} < w_{I2}^{m*}$，$e_{I2}^{m*} < 0$；

（2）當 $E=(1-\eta_{l2}^{m*})q_{l2}^{r*}$ 時，$q_{l1}^{r*}=q_{l2}^{r*}$，$p_{l1}^{r*}=p_{l2}^{r*}$，$w_{l1}^{m*}=w_{l2}^{m*}$，$e_{l2}^{m*}=0$；

（3）當 $E<(1-\eta_{l2}^{m*})q_{l2}^{r*}$ 時，$q_{l1}^{r*}<q_{l2}^{r*}$，$p_{l1}^{r*}>p_{l2}^{r*}$，$w_{l1}^{m*}>w_{l2}^{m*}$，$e_{l2}^{m*}>0$；

（4）當 $E\geqslant q_0^r$ 或 $\begin{cases}E<q_0^r\\E>q_{l1}^{r*}(1-\frac{k}{t}q_{l2}^{r*})\end{cases}$ 時，$\eta_{l1}^{m*}<\eta_{l2}^{m*}$；當 $\begin{cases}E<q_0^r\\E=q_{l1}^{r*}(1-\frac{k}{t}q_{l2}^{r*})\end{cases}$ 時，$\eta_{l1}^{r*}=\eta_{l2}^{r*}$；當 $\begin{cases}E<q_0^r\\E<q_{l1}^{r*}(1-\frac{k}{t}q_{l2}^{r*})\end{cases}$ 時，$\eta_{l1}^{m*}>\eta_{l2}^{m*}$。

證明：本命題證明的關鍵在於證明 q_0^r 和 q_{l2}^{r*} 的關係。

根據命題 5.11 可知 q_{l2}^{r*} 滿足：

$$(v-s)[\bar{F}^2(q)-2qf(q)\bar{F}(q)]-(c-s+k)+\frac{k^2}{t}q=0$$

根據引理 5.2 可知：

$$\eta_{l2}^{m*}=\frac{k\,q_{l2}^{r*}}{t}<1$$

$$1-\frac{k\,q_{l2}^{r*}}{t}>0$$

根據引理 4.2 可知 $\pi_1^m(q)$ 為關於 q 的擬凹函數且在 $q=q_0^r$ 取得最大值。將 q_{l2}^{r*} 代入 $\frac{d\,\pi_1^m(q)}{dq}$ 可以得到：

$$\frac{d\,\pi_1^m(q)}{dq}\Big|_{q=q_{l2}^{r*}}=(v-s)\bar{F}^2(q_{l2}^{r*})-2(v-s)\,q_{l2}^{r*}f(q_{l2}^{r*})\,\bar{F}(q_{l2}^{r*})-(c-s)$$

$$=k\left(1-\frac{k}{t}q_{l2}^{r*}\right)>0$$

則可得到 $q_{l2}^{r*}<q_0^r$。

（1）當 $E\geqslant q_0^r$ 時，$q_{l2}^{r*}<q_0^r=q_{l1}^{r*}$。此時限額政策下製造商不會進行綠色技術投資即 $\eta_{l1}^{m*}=0$，則可得到 $\eta_{l1}^{m*}<\eta_{l2}^{m*}$。因為 $(1-\eta_{l2}^{m*})q_{l2}^{r*}<q_{l2}^{r*}$，所以 $e_{l2}^{m*}=(1-\eta_{l2}^{m*})q_{l2}^{r*}-E<q_{l2}^{r*}-E<q_0^r-E<0$。

（2）當 $E=(1-\eta_{l2}^{m*})q_{l2}^{r*}$ 時，結合引理 5.2 和命題 5.11 可以得到在 q_{l2}^{r*} 和 η_{l2}^{m*} 滿足：

$$\theta_{l1}(q_{l2}^{r*})=\theta_{l2}(\eta_{l2}^{m*})=k$$

與命題 5.2 對比可知，此時兩種情形下製造商的最優策略需要滿足的條件完全相同，即 $q_{l1}^{r*}=q_{l2}^{r*}$，$\eta_{l1}^{m*}=\eta_{l2}^{m*}$，$e_{l2}^{m*}=0$。

(3) 當 $(1-\eta_{l2}^{m*})q_{l2}^{r*} < E < q_0^r$ 時，在限額政策下，製造商會重新調整最優產量（通過調整最優批發價格，使得零售商調整最優訂貨量）和最優綠色技術投資策略；在限額與交易政策下，製造商最優產量、最優價格和最優綠色技術投資策略均與 E 的大小無關。因此，在限額政策下，E 在 $(1-\eta_{l2}^{m*})q_{l2}^{r*}$ 的基礎上增大，根據命題 5.2 中給出的製造商最優策略，製造商會增加最優產量（通過降低最優批發價格實現），這就使得 $q_{l1}^{r*} > q_{l2}^{r*}$，$w_{l1}^{m*} < w_{l2}^{m*}$，$e_{l2}^{m*} < 0$。

(4) 當 $0 < E < (1-\eta_{l2}^{m*})q_{l2}^{r*}$ 時，在限額政策下，製造商會重新調整最優產量（通過調整最優批發價格，使得零售商調整最優訂貨量）和最優綠色技術投資策略；在限額與交易政策下，製造商最優產量、最優價格和最優綠色技術投資策略均與 E 的大小無關。因此，在限額政策下，E 在 $(1-\eta_{l2}^{m*})q_{l2}^{r*}$ 的基礎上減小，根據命題 5.2 中給出的最優策略，製造商會降低產量（通過提高最優批發價格實現），這就使得 $q_{l1}^{r*} < q_{l2}^{r*}$，$w_{l1}^{m*} > w_{l2}^{m*}$，$e_{l2}^{m*} > 0$。

(5) 關於限額政策和限額與交易政策兩種情形的最優減排率比較。當 $E \geqslant q_0^r$ 時，剛才已經證明了 $\eta_{l1}^{m*} < \eta_{l2}^{m*}$。當 $E < q_0^r$ 時，根據命題 5.2 和引理 5.2 可知，η_{l1}^{m*} 應滿足 $E=(1-\eta_{l1}^{m*})q_{l1}^{r*}$，即 $\eta_{l1}^{m*}=1-\dfrac{E}{q_{l1}^{r*}}$，$\eta_{l2}^{m*}$ 應滿足 $\dfrac{t\,\eta_{l2}^{m*}}{q_{l2}^{r*}}=k$，即 $\eta_{l2}^{m*}=\dfrac{k}{t}q_{l2}^{r*}$。當 E 和 k 滿足不等式 $E > q_{l1}^{r*}(1-\dfrac{k}{t}q_{l2}^{r*})$ 時，整理可得 $\eta_{l1}^{m*} < \eta_{l2}^{m*}$；當 E 和 k 滿足等式 $E=(1-\dfrac{k}{t}q_{l2}^{r*})$ 時，整理可得 $\eta_{l1}^{m*}=\eta_{l2}^{m*}$；當 E 和 k 滿足不等式 $E < q_{l1}^{r*}(1-\dfrac{k}{t}q_{l2}^{r*})$ 時，整理可得 $\eta_{l1}^{m*} > \eta_{l2}^{m*}$。

在所有情形下，p 與 q 均滿足 $p=v-(v-s)F(q)$，則可得到上述各種條件下，限額政策和限額與交易政策下的最優價格的關係。

證畢。

命題 5.12 表明考慮綠色技術投資時，限額政策和限額與交易政策兩種情形下的製造商最優策略的大小關係取決於政府設定的初始碳排放限額（本書假設兩種政策下，政府設定的初始碳排放限額相等）。初始碳排放限額對限額政策和限額與交易政策兩種情形的供應鏈零售商和製造商最優策略的影響與數量承諾的情形類似。當碳排放限額較高時，限額政策下零售商訂貨量更高、零售商定價更低、製造商綠色技術投資更大且製造商批發價格更低。當碳排放限額較低時，限額與交易政策下零售商訂貨量更高、零售商定價更低、製造商綠色技術投資更大且製造商批發價格更低。

5.3.2 分散化對供應鏈決策及績效的影響

第三章對考慮綠色技術投資時單一製造商情形的研究，可以視為考慮綠色技術投資時供應鏈集中決策情形的研究。本小節通過對比限額與交易政策下，單一製造商和分散化供應鏈的最優策略和最大期望利潤，分析考慮綠色技術投資時，分散化對供應鏈最優策略及最大期望利潤的影響。

關於分散化對供應鏈最優策略的影響，可以得到以下命題：

命題 5.13 $q_{I2}^{r*} < q_{I2}^{q*} < q_{I2}^{*}$，$p_{I2}^{r*} > p_{I2}^{q*} > p_{I2}^{*}$，$\eta_{I2}^{m*} < \eta_{I2}^{q*} < \eta_{I2}^{*}$。

證明：命題 3.16 已經證明了 $q_{I2}^{q*} < q_{I2}^{*}$，$p_{I2}^{q*} > p_{I2}^{*}$，$\eta_{I2}^{q*} < \eta_{I2}^{*}$。因此，本命題只需證明 $q_{I2}^{r*} < q_{I2}^{q*}$，$p_{I2}^{r*} > p_{I2}^{q*}$，$\eta_{I2}^{m*} < \eta_{I2}^{q*}$。

在命題 4.5 已定義 $H(q) = (v-s)\bar{F}(q)\left(q - \int_0^q F(x)dx\right) - (v-s)q\bar{F}^2(q)$，求得 $H'(q) = (v-s)f(q)\left[2q\bar{F}(q) - \left(q - \int_0^q F(x)dx\right)\right]$，證明了 $H(q)$ 是關於 q 的擬凹函數且 $H'(\tilde{q}) = 0$，其中 $q_0^r < \tilde{q}$。則可知當 $q < \tilde{q}$ 時，$H'(q) > 0$，即 $2q\bar{F}(q) > \left(q - \int_0^q F(x)dx\right)$。

命題 5.12 已經證明了 $q_{I2}^{*} < q_0^r$，則 $q_{I2}^{q*} < q_0^r < \tilde{q}$。與命題 3.16 關於 $q_{I2}^{q*} < q_{I2}^{*}$ 的證明過程類似，可以得到 $q_{I2}^{r*} < q_{I2}^{*}$，則 $q_{I2}^{r*} < q_0^r < \tilde{q}$。

根據命題 5.11 可知 q_{I2}^{r*} 滿足：

$$(v-s)\left[\bar{F}^2(q) - 2qf(q)\bar{F}(q)\right] - (c-s+k) + \frac{k^2}{t}q = 0$$

即可以得到：

$$(v-s)\bar{F}^2(q_{I2}^{r*}) - (c-s+k) + \frac{k^2}{t}q_{I2}^{r*} = 2(v-s)\,q_{I2}^{r*}f(q_{I2}^{r*})\,\bar{F}(q_{I2}^{r*})$$

引理 3.4 證明了 $\pi_{I2}^{q}(q)$ 是關於 q 的凹函數且在 q_{I2}^{q*} 處取得最大值，則：

$$\frac{d\,\pi_{I2}^{q}(q)}{dq}\Big|_{q=q_{I2}^{r*}} = (v-s)\left[\bar{F}^2(q_{I2}^{r*}) - f(q_{I2}^{r*})\left(q_{I2}^{r*} - \int_0^{q_{I2}^{r*}} F(x)dx\right)\right] - (c-s+k)$$
$$+ \frac{k^2}{t}q_{I2}^{r*} = (v-s)f(q_{I2}^{r*})\left[2\,q_{I2}^{r*}\bar{F}(q_{I2}^{r*}) - \left(q_{I2}^{r*} - \int_0^{q_{I2}^{r*}} F(x)dx\right)\right] > 0$$

因此可得 $q_{I2}^{r*} < q_{I2}^{q*}$。

因為兩種情形下：①p 與 q 均滿足 $p = v - (v-s)F(q)$，則可得到 $p_{I2}^{r*} > p_{I2}^{q*}$；②$\eta$ 與 q 均滿足 $\eta = \frac{kq}{t}$，則可得到 $\eta_{I2}^{r*} < \eta_{I2}^{q*}$。

綜合上述分析，則可證明命題所示結論成立。

證畢。

命題 5.13 表明，考慮綠色技術投資的分散化供應鏈決策中，分散化供應鏈、數量承諾和理性預期均衡三種情形下的供應鏈最優產量（訂貨量）依次遞增、最優價格依次遞減、最優綠色技術投資（即減排率）依次遞增。這是因為，在製造商占主導的供應鏈結構下，製造商傾向於制定更高的批發價格（即更低的產量和更少的綠色技術投資）來保證製造商本身能夠獲得最大的利潤，儘管這樣會損害零售商甚至整個供應鏈的利潤。

在命題 3.17 中，比較了限額與交易政策下，考慮綠色技術投資時製造商理性預期均衡與數量承諾兩種情形最大期望利潤的大小，發現 $\pi_{I2}^{q}(q_{I2}^{q*},\ \eta_{I2}^{q*}) > \pi_{I2}(q_{I2}^{*},\ p_{I2}^{*},\ \eta_{I2}^{*})$，即製造商採用數量承諾策略時的最大期望利潤總是大於理性預期均衡的情形。因此，為了實現供應鏈績效提升，本部分以數量承諾情形為基準，分析考慮綠色技術投資時分散化對供應鏈製造商的最大期望利潤的影響，為後續協調策略的研究提供基礎。

關於分散化對供應鏈最大期望利潤的影響，可以得到命題 5.14。

命題 5.14 $\pi_{I2}^{sc}(q_{I2}^{r*},\ \eta_{I2}^{m*}) < \pi_{I2}^{q}(q_{I2}^{q*},\ \eta_{I2}^{q*})$

證明： 對比考慮綠色技術投資時分散化供應鏈總期望利潤 $\pi_{I2}^{sc}(q,\ \eta)$ 和集中化時採用數量承諾時的期望利潤 $\pi_{2}^{q}(q,\ \eta)$ 兩者的表達式，可知兩種情形下的期望利潤表達式相同。根據引理 3.3 和引理 5.2 可知，在兩種情形下的最優綠色技術投資函數均為 $\eta(q)=\dfrac{kq}{t}$，則兩種情形的期望利潤函數表達式可以轉化為僅關於 q 的一元函數，即式（3-27）。

根據引理 3.4 可知 $\pi_{I2}^{q}(q)$ 是 q 的凹函數，且在 q_{I2}^{q*} 處取得最大值。根據命題 5.13 可知 $q_{I2}^{r*} < q_{I2}^{q*}$，則可以得到 $\pi_{I2}^{q}(q_{I2}^{r*}) < \pi_{2}^{q}(q_{I2}^{q*})$，即 $\pi_{I2}^{sc}(q_{I2}^{r*},\ \eta_{I2}^{m*}) < \pi_{I2}^{q}(q_{I2}^{q*},\ \eta_{I2}^{q*})$。

證畢。

命題 5.14 表明限額與交易政策下考慮綠色技術投資時，分散化供應鏈總體利潤要小於等於數量承諾的情形，即表明分散化供應鏈績效還有提升的空間。這為後續的供應鏈協調提供了依據。

5.3.3 綠色技術投資的影響分析

在限額與交易政策下，通過對比不考慮和考慮綠色技術投資兩種情形分散化供應鏈製造商、零售商的最優策略和最大期望利潤，可以分析綠色技術投資對限額與交易政策下分散化供應鏈最優策略和最大期望利潤的影響。

限額與交易政策下，關於綠色技術投資對分散化供應鏈製造商和零售商的最優策略的影響，可以得到以下命題：

命題 5.15 $q_{l2}^{r*} > q_2^{r*}$，$p_{l2}^{r*} < p_2^{r*}$，$w_{l2}^{r*} < w_2^{r*}$。

證明：根據引理 4.3 可得，$\pi_2^m(q)$ 為擬凹函數且在 q_2^{r*} 取得最大值。根據命題 5.11 可知，q_{l2}^{r*} 滿足式（5-30）。則可以得到：

$$\frac{d\,\pi_2^m(q)}{dq}\Big|_{q=q_{l2}^{r*}} = -\frac{k^2}{t}q_{l2}^{r*} < 0$$

則可證明 $q_{l2}^{r*} > q_2^{r*}$。

不考慮和考慮綠色技術投資的兩種情形下，均存在 $p = v - (v - s)F(q)$。因為 $q_{l2}^{r*} > q_2^{r*}$，所以 $p_{l2}^{r*} < p_2^{r*}$。

不考慮和考慮綠色技術投資的兩種情形下，零售商的最優反應函數均為 $w = s + (v - s)\bar{F}^2(q)$，根據 $q_{l2}^{r*} > q_2^{r*}$，可以得到 $w_{l2}^{r*} < w_2^{r*}$。

證畢。

命題 5.17 表明，在限額與交易政策的分散化決策環境下，考慮綠色技術投資使得零售商的最優訂貨量（即為製造商的最優生產量）增加、零售商最優價格減小、製造商最優批發價格減小。當允許進行綠色技術投資時，製造商會綜合採用綠色技術投資和碳排放權交易兩種途徑來獲得碳排放權。因此，其肯定會進行綠色技術投資，從而使得製造商最優產量提高（通過降低批發價格來實現）。零售商批發價格降低是因為：一方面當製造商批發價格降低，零售商的邊際利潤提高，其具有降低零售價格的空間；另一方面，製造商的產量升高，對於零售商來講，理性預期均衡時戰略顧客的購買意願會降低，這也會迫使零售商的零售價格降低。

關於限額與交易政策下，綠色技術投資對分散化供應鏈製造商、零售商和供應鏈的最大期望利潤的影響，可以得到以下命題：

命題 5.16 （1）$\pi_{l2}^r(q_{l2}^{r*},\ p_{l2}^{r*}) > \pi_2^r(q_2^{r*},\ p_2^{r*})$；

（2）$\pi_{l2}^m(q_{l2}^{r*},\ \eta_{l2}^{m*}) > \pi_2^m(q_2^{r*})$；

（3）$\pi_{l2}^{sc}(q_{l2}^{r*},\ \eta_{l2}^{m*}) > \pi_2^{sc}(q_2^{r*})$。

證明：（1）限額與交易政策下，不考慮和考慮綠色技術投資時的零售商期望利潤函數相同。將兩種情形的零售商最優策略代入各自的期望利潤函數可得：

$$\pi_{l2}^r(q_{l2}^{r*},\ p_{l2}^{r*}) = \pi_{l2}^r(q_{l2}^{r*}) = H(q_{l2}^{r*})$$
$$\pi_2^r(q_2^{r*},\ p_2^{r*}) = \pi_2^r(q_2^{r*}) = H(q_2^{r*})$$

其中 $H(q)$ 已在命題 4.5 中進行定義並被證明是關於 q 的擬凹函數且 $H'(\tilde{q})=0$。

命題 5.13 證明了 $q_{I2}^{r*}<\tilde{q}$，命題 5.15 證明了 $q_2^{r*}<q_{I2}^{r*}$，則可得到 $q_2^{r*}<q_{I2}^{r*}<\tilde{q}$。則可知 $H(q_2^{r*})<H(q_{I2}^{r*})$，即 $\pi_{I2}^r(q_{I2}^{r*}, p_{I2}^{r*})>\pi_2^r(q_2^{r*}, p_2^{r*})$。

(2) 將兩種情形的製造商最優策略代入各自的期望利潤函數可得：

$$\pi_{I2}^m(q_{I2}^{r*}, \eta_{I2}^{m*})=\pi_{I2}^m(q_{I2}^{r*})$$

$$=[(v-s)\bar{F}^2(q_{I2}^{r*})-(c-s+k)]q_{I2}^{r*}+kE+\frac{k^2 q_{I2}^{r*2}}{2t}$$

$$\pi_2^m(q_2^{r*})=[(v-s)\bar{F}^2(q_2^{r*})-(c-s+k)]q_2^{r*}+kE$$

根據引理 5.3 可知，當 $\frac{k^2}{t}-2(v-s)[2f(q)\bar{F}(q)+qf'(q)\bar{F}(q)-qf^2(q)]<0$ 時，$\pi_{I2}^m(q)$ 是關於 q 的凹函數，則有 $\pi_{I2}^m(q_{I2}^{r*})>\pi_{I2}^m(q_2^{r*})>\pi_2^m(q_2^{r*})$，即 $\pi_{I2}^m(q_{I2}^{r*}, \eta_{I2}^{m*})>\pi_2^m(q_2^{r*})$。

(3) 供應鏈總利潤等於零售商和製造商的最大期望利潤之和，根據前面兩點的證明，可直接得到 $\pi_{I2}^{sc}(q_{I2}^{r*}, \eta_{I2}^{m*})>\pi_2^{sc}(q_2^{r*})$。

證畢。

命題 5.16 表明限額與交易政策的分散化供應鏈決策環境下，考慮綠色技術投資的零售商、製造商和供應鏈最大期望利潤均大於不考慮綠色技術投資時相應的值。命題 5.15 證明考慮綠色技術投資會降低零售商的零售價格，這意味著在分散化的決策環境下，考慮綠色技術投資對零售商、製造商和顧客三方均有利。

5.3.4 供應鏈協調策略

本小節以數量承諾情形為基準，對限額與交易政策下考慮綠色技術投資的供應鏈進行協調研究，從而提升整個供應鏈的績效。

5.3.4.1 批發價格合同協調策略

關於批發價格合同協調策略，可以得到以下命題：

命題 5.17 批發價格合同下，分散化供應鏈無法達到數量承諾情形的最優策略和最大期望利潤。

證明：限額與交易政策考慮綠色技術投資時，要通過批發價格調整實現分散化供應鏈協調，需要保證分散化情形的零售商最優訂貨量和製造商的最優綠色技術投資策略與數量承諾情形相等。

根據命題 3.12 可得 q_{I2}^{q*} 滿足：

$$(v-s)\left[\bar{F}^2(q)-f(q)\left(q-\int_0^q F(x)dx\right)\right]-(c-s+k)+\frac{k^2}{t}q=0$$

根據命題 5.11 可得 q_{I2}^{r*} 滿足：

$$(v-s)[\bar{F}^2(q)-2qf(q)\bar{F}(q)]-(c-s+k)+\frac{k^2}{t}q=0$$

根據命題 5.13 的證明可知，只有當 $q=\tilde{q}$ 時，上述兩個式子才同時成立。而 $q_{I2}^{r*}<q_{I2}^{q*}<\tilde{q}$。

故通過批發價格調整，無法實現供應鏈協調。

證畢。

命題 5.17 表明，在限額與交易政策下考慮綠色技術投資時，無論怎樣調整批發價格，分散化供應鏈最優決策和最大期望利潤都不可能達到數量承諾的情形。在數量承諾的情形，製造商在進行綠色技術投資決策時，其最優綠色技術投資策略是整個集中化供應鏈單位碳排放權邊際利潤與單位碳排放權邊際成本相等。而在分散化供應鏈環境下，綠色技術投資成本完全由製造商承擔，其最優綠色技術投資策略僅僅是製造商單位碳排放權邊際利潤與單位碳排放權邊際成本相等。

5.3.4.2　基於收益分享合同的協調策略

在收益分享合同下，假定 φ_{I2}（$0\leqslant\varphi_{I2}\leqslant 1$）表示零售商保留收益的比例，則（$1-\varphi_{I2}$）代表分享給製造商的收益。

限額與交易政策下考慮綠色技術投資時，基於收益分享合同的零售商期望利潤函數 $\pi_{I2s}^{r}(q, p, \varphi_2)$ 與限額政策情形相等：

$$\pi_{I2s}^{r}(q, p, \varphi_{I2})=\varphi_{I2}(p-s)\left(q-\int_0^q F(x)dx\right)-(w-\varphi_{I2}s)q \qquad (5-31)$$

限額與交易政策下考慮綠色技術投資時，基於收益分享合同的製造商期望利潤函數 $\pi_{I2s}^{m}(w, e, \eta, \varphi_{I2})$ 為：

$$\pi_{I2s}^{m}(w, e, \eta, \varphi_{I2})$$

$$=(w-c)q+(1-\varphi_{I2})\left[\int_0^q[px+s(q-x)]f(x)dx+\int_q^\infty pqf(x)dx\right]$$

$$-ke-\frac{1}{2}t\eta^2$$

將 $e=(1-\eta)q-E$ 代入上式化簡後可得：

$$\pi^m_{l2s}(w,\ \eta,\ \varphi_{l2}) = (1-\varphi_{l2})(p-s)\left(q-\int_0^q F(x)dx\right)$$

$$+(w-c-(1-\eta)k+(1-\varphi_{l2})s)q+kE-\frac{1}{2}t\eta^2 \tag{5-32}$$

供應鏈的期望利潤函數 $\pi^{sc}_{l2s}(q,p,\eta)$ 為：

$$\pi^{sc}_{l2s}(q,p,\eta) = (p-s)\left(q-\int_0^q F(x)dx\right)-(c-s+(1-\eta)k)q+kE-\frac{1}{2}t\eta^2 \tag{5-33}$$

其中下標 s 表示使用收益分享合同協調供應鏈的情形。

命題 5.18 收益分享合同下，限額與交易政策下零售商的最優訂貨策略 q^*_{l2s} 為：

$$q^*_{l2s} = \bar{F}^{-1}\left(\sqrt{\frac{w-\varphi_{l2}s}{\varphi_{l2}(v-s)}}\right) \tag{5-34}$$

最優定價策略 p^*_{l2s} 為：

$$p^*_{l2s} = s+\sqrt{\frac{(w-\varphi_{l2}s)(v-s)}{\varphi_{l2}}} \tag{5-35}$$

證明：本命題的證明與命題 4.8 的證明相同，此時省略。

證畢。

命題 5.18 表明收益分享合同下，零售商理性預期均衡時的最優訂貨和定價策略存在並且唯一。這也是零售商關於批發價格 w 的最優反應函數。

將式（5-34）和式（5-35）所示的收益分享合同下零售商的最優反應函數代入式（5-32）可得：

$$\pi^m_{l2s}(q,\ \eta,\ \varphi_{l2}) = (1-\varphi_{l2})(v-s)\bar{F}(q)\left(q-\int_0^q F(x)dx\right)$$

$$+[\varphi_{l2}(v-s)\bar{F}^2(q)-(c-s+(1-\eta)k)]q+kE-\frac{1}{2}t\eta^2$$

$$\frac{\partial \pi^m_{l2s}(q,\ \eta,\ \varphi_{l2})}{\partial\eta} = qk-t\eta$$

$$\frac{\partial^2 \pi^m_{l2s}(q,\ \eta,\ \varphi_{l2})}{\partial\eta^2} = -t<0$$

因此，當 q 和 φ_{l2} 給定時，收益分享合同下製造商最優綠色技術投資策略存在且唯一。令 $\frac{\partial \pi^m_{l2s}(q,\ \eta,\ \varphi_{l2})}{\partial\eta}=0$，可得 $\eta^{m*}_{l2s}\equiv\eta(q)=\frac{qk}{t}$，將其代入 $\pi^m_{l2s}(q,\ \eta,\ \varphi_{l2})$ 可得：

$$\pi^{m}_{l2s}(q,\ \varphi_{l2}) = (v - s)\bar{F}(q)\left(q - \int_0^q F(x)dx\right)$$

$$+ \varphi_{l2}(v - s)\bar{F}(q)\left[q\bar{F}(q) - \left(q - \int_0^q F(x)dx\right)\right] - (c - s + k)q + kE + \frac{k^2 q^2}{2t}$$

命題 5.19 限額與交易政策下考慮綠色技術投資時，收益分享合同無法實現供應鏈協調。

證明： $\pi^{m}_{l2s}(q,\ \varphi_{l2})$ 關於 q 求一階偏導數並整理可以得到：

$$\frac{\partial\ \pi^{m}_{l2s}(q,\ \varphi_{l2})}{\partial q} = \frac{\partial\ \pi^{q}_{l2}(q)}{\partial q} + \varphi_{l2}\left(\frac{\partial\ \pi^{m}_{l2}(q)}{\partial q} - \frac{\partial\ \pi^{q}_{l2}(q)}{\partial q}\right)$$

通過對比可得，此時要想收益分享合同下的供應鏈最優決策與數量承諾情形相等，必須令 $\varphi_{l2} = 0$。令 w^{*}_{l2s} 和 q^{*}_{l2s} 分別表示限額與交易政策下考慮綠色技術投資時，收益分享合同下製造商最優批發價格和零售商最優訂貨量，則：

$$\pi^{r}_{l2s}(q,\ p,\ \varphi_{l2}) = - w^{*}_{l2s}\ q^{*}_{l2s} < 0$$

因此，此時收益分享合同無法實現供應鏈協調。

證畢。

命題 5.19 表明，限額與交易政策下考慮綠色技術投資時，採用收益分享合同無法實現供應鏈協調。這是因為在收益分享合同下，綠色技術投資的所有成本均由製造商承擔，其在制定最優產量和綠色技術投資策略時，總是會傾向於少投資，只有當製造商獲得零售商所有收益時，其最優綠色技術投資策略和最優產量才會與數量承諾的情形相等。但是此時零售商的最大期望利潤為負，其肯定不會參與。

5.3.4.3 基於收益分享—成本分擔合同的協調策略

限額與交易政策下考慮綠色技術投資時，命題 5.19 表明收益分享合同無法實現供應鏈協調的原因在於製造商承擔了全部的綠色技術投資成本且零售商與顧客之間符合理性預期均衡。基於此，本書考慮在收益分享合同的基礎上增加綠色技術投資和碳排放權交易成本的分擔且由製造商向顧客進行數量承諾，即 $p = v - (v - s)F(q)$。令 φ_{l2}（$0 < \varphi_{l2} \leqslant 1$）代表零售商保留收益的比例，則（$1 - \varphi_{l2}$）代表分享給製造商的收益；$\alpha_{l2}$（$0 \leqslant \alpha_{l2} \leqslant 1$）代表製造商承擔的綠色技術投資和碳排放權交易的成本，則（$1 - \alpha_{l2}$）代表零售商分擔的綠色技術投資和碳排放權交易的成本。

採用收益分享—成本分擔合同時，零售商的期望利潤函數為：

$$\pi^{r}_{l2\alpha}(q,\ \varphi_{l2},\ \alpha_{l2}) = \varphi_{l2}(v - s)\bar{F}(q)\left(q - \int_0^q F(x)dx\right) - (w - \varphi_{l2}s)q$$

$$- (1 - \alpha_{l2})k[(1 - \eta)q - E] - \frac{1}{2}(1 - \alpha_{l2})t\eta^2 \qquad (5\text{-}36)$$

限額與交易政策下考慮綠色技術投資時，$e = (1 - \eta)q - E$，則基於收益分享—成本分擔合同的製造商期望利潤函數 $\pi^{m}_{l2c}(w,\ \eta,\ \varphi_{l2},\ \alpha_{l2})$ 為：

$$\pi^{m}_{l2\alpha}(w,\ \eta,\ \varphi_{l2},\ \alpha_{l2}) = (1 - \varphi_{l2})(v - s)\bar{F}(q)\left(q - \int_0^q F(x)dx\right)$$

$$+ (w - c - \alpha_{l2}(1 - \eta)k + (1 - \varphi_{l2})s)q + \alpha_{l2}kE - \frac{1}{2}\alpha_{l2}t\eta^2 \qquad (5\text{-}37)$$

其中，下標 α 表示使用收益分享—成本分擔合同協調供應鏈的情形。

命題 5.20 限額與交易政策下考慮綠色技術投資時，當 $0 \leqslant \lambda \leqslant 1$ 時，收益分享—成本分擔合同的參數（w，φ_{l2}，α_{l2}）滿足如下關係時：

$$\begin{cases} w = \lambda c + (1 - \eta)k \\ \varphi_{l2} = \lambda \\ \alpha_{l2} = 1 - \lambda \end{cases} \qquad (5\text{-}38)$$

限額與交易政策下考慮綠色技術投資的供應鏈能夠協調。

證明：當收益分享—成本分擔合同參數滿足式（5-38）且由製造商進行數量承諾時，零售商和製造商的期望利潤函數可以表示為：

$$\begin{cases} \pi^{r}_{l2\alpha}(q,\ p,\ \varphi_{l2},\ \alpha_{l2}) = \lambda\ \pi^{q}_{l2}(q,\ \eta) \\ \pi^{m}_{l2\alpha}(w,\ \eta,\ \varphi_{l2},\ \alpha_{l2}) = (1 - \lambda)\ \pi^{q}_{l2}(q,\ \eta) \end{cases}$$

此時零售商的最優訂貨量等於集中化供應鏈（數量承諾）時的最優存貨數量，由於零售商數量承諾時最優定價滿足 $p = v - (v - s)F(q)$，代入 $\pi^{sc}_{l2c}(q,\ p,\eta)$ 可得，此時分散化供應鏈期望利潤函數與集中化（數量承諾）時的期望利潤函數相同。所以，當收益分享—成本分擔合同參數滿足式（5-38）時，分散化供應鏈可以協調。當 $\lambda = 0$ 時，製造商獲得全部利潤；當 $\lambda = 1$ 時，零售商獲得全部利潤。供應鏈的利潤可以在製造商和零售商之間任意分配。

證畢。

命題 5.20 表明限額與交易政策下考慮綠色技術投資時，要實現供應鏈協調，需製造商向顧客進行數量承諾才能達到。這是因為，在分散化供應鏈中，製造商的最優產量和最優綠色技術投資均低於集中化（數量承諾）的情形。則分散化供應鏈製造商進行數量承諾會增加供應鏈的產出和綠色技術投資、降低供應鏈的零售價格。因此，通過製造商進行數量承諾，能夠實現製造商、零售商和顧客三方的帕累托改進。這時，數量承諾策略對於顧客來講就變得可信。另外，本書假定製造商占主導地位，則本書合同設計也由製造商負責。製造商可以首先確定其最優綠色技術投資（即確定 η），並在此基礎上設計合同參數。本書假設綠色技術投資是對零售商公開的信息，則製造商的綠色技術可驗證，即變量 η 可驗證。

協調後的供應鏈最優綠色技術投資大於分散化情形的綠色技術投資，表明本書所設計的供應鏈協調策略能夠激勵和促使製造商加大綠色技術投資力度，即本書所設計的協調機制不但能夠提高供應鏈利潤，而且還能提升供應鏈的環境績效。

5.3.5 數值分析

本小節通過數值分析討論限額與交易政策下考慮綠色技術投資時，分散化供應鏈的最優策略，限額與交易政策參數對供應鏈最優決策和最大期望利潤的影響，進而給出相應的管理啟示。

假設隨機需求服從 [0，100] 的均勻分佈。初始碳排放限額 E 和碳排放權交易價格 k 變動代表不同的決策情境。其餘參數保持不變，令 $v=17$、$c=2$、$s=1$、$t=1,000$。

（1）分散化供應鏈最優決策

在上述參數給定時，可以得到考慮綠色技術投資時分散化供應鏈製造商的期望利潤函數如圖 5-4 所示。圖 5-4 表明，在限額與交易政策約束下，製造商有最優生產和綠色技術投資決策。當 $k=1$、$E=50$ 時，供應鏈最優決策：$q_{I2}^{r*}=27.65$、$\eta_{I2}^{m*}=0.027,7$、$p_{I2}^{r*}=12.58$、$w_{I2}^{m*}=9.37$；零售商、製造商和供應鏈

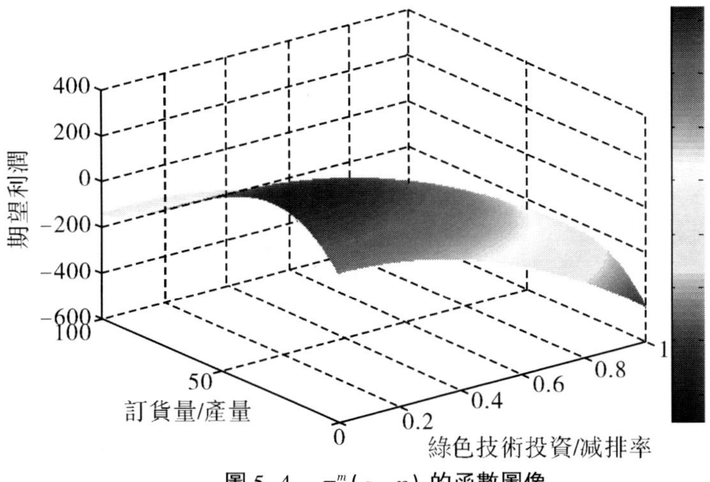

圖 5-4 $\pi_{I2}^{m}(q, \eta)$ 的函數圖像

最大期望利潤：$\pi_{I2}^{r}(q_{I2}^{r*}, p_{I2}^{r*})=44.26$、$\pi_{I2}^{m}(q_{I2}^{r*}, \eta_{I2}^{m*})=226.66$、$\pi_{I2}^{sc}(q_{I2}^{r*}, \eta_{I2}^{m*})=270.92$。該結論可以證明引理 5.2、引理 5.3 和命題 5.11。

（2）分散化對供應鏈決策及績效的影響

第三章數值分析中已經計算得出當 $k=1$、$E=50$ 時，$q_{I2}^{q*}=35.57$、$\eta_{I2}^{q*}=0.035,6$、$p_{2}^{q*}=11.31$、$e_{2}^{q*}=-15.70$、$\pi_{I2}^{q}(q_{I2}^{q*})=280.96$。據此結論，顯然命題 5.13 和命題 5.14 的結論成立。

（3）綠色技術投資的影響分析

當 $k=1$、$E=50$ 時，不考慮綠色技術投資的供應鏈最優策略及最大期望利潤為：$q_{2}^{r*}=27.58$、$w_{2}^{m*}=9.39$、$p_{2}^{r*}=12.59$、$\pi_{2}^{r}(q_{2}^{r*}, p_{2}^{r*})=44.07$、$\pi_{2}^{m}(q_{2}^{r*})=226.28$、$\pi_{2}^{sc}(q_{2}^{r*})=270.35$。

通過與本章考慮綠色技術投資的相應供應鏈最優策略的最大期望利潤相比，可得命題 5.15 和命題 5.16 成立。

（4）敏感性分析

本小結通過數值分析討論限額與交易政策下考慮綠色技術投資時，製造商最優策略和最大期望利潤關於碳排放限額和碳排放權交易價格的變化情況。

1）碳排放權交易價格的敏感性分析

首先固定 $E=50$，通過變化 k 來觀察製造商最優策略和最大期望利潤關於 k 的變化情況。同時，假定生產產品的碳排放權成本不會超過原材料等其他生產成本的 1.5 倍，即 $k \leqslant 3$。供應鏈最優策略和最大期望利潤關於碳排放權交易價格的變化情況如圖 5-5 所示。

通過觀察圖 5-5，可以得到以下結論：

結論 5.4　考慮綠色技術投資時，分散化供應鏈零售商的最優訂貨量和製造商的碳排放權交易量隨碳排放權交易價格遞減；分散化供應鏈零售商零售價格和製造商批發價格、綠色技術投資策略隨碳排放權交易價格遞增。

結論 5.5　考慮綠色技術投資時，分散化供應鏈零售商最大期望利潤隨碳排放權交易價格遞減；分散化供應鏈製造商及總體最大期望利潤隨碳排放權交易價格遞增。

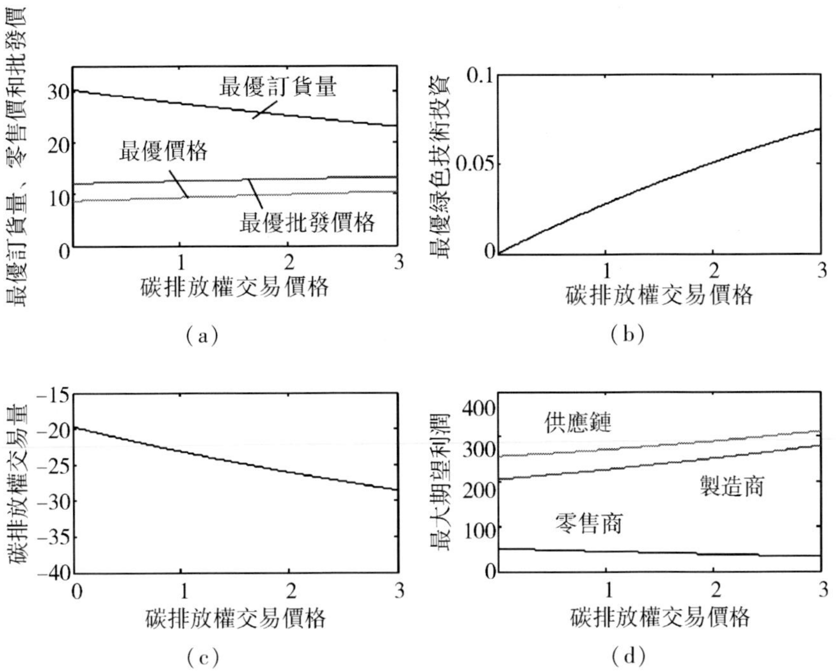

圖 5-5　限額與交易政策下分散化供應鏈最優策略和最大期望利潤關於 k 的變化過程

(a)(b)(c)供應鏈最優策略；(d)最大期望利潤

2）碳排放限額的敏感性分析

當 $k=1$ 時，通過變化 E 可以觀察製造商最優策略和最大期望利潤關於 E 的變化情況，根據最優解求解過程可知，供應鏈最優訂貨量、零售價、綠色技術投資策略和批發價格均與碳排放限額無關。供應鏈的碳排放權交易量以及零售商、製造商和供應鏈總體利潤關於碳排放限額的變化情況見圖 5-6。

根據上述分析以及對圖 5-6 的觀察，可以得到以下結論：

結論 5.6　考慮綠色技術投資時，分散化供應鏈製造商碳排放權交易量隨碳排放限額遞減，其餘供應鏈最優策略均隨碳排放限額不變。

結論 5.7　考慮綠色技術投資時，分散化供應鏈零售商最大期望利潤隨碳排放限額不變；分散化供應鏈製造商及總體最大期望利潤隨碳排放限額遞增。

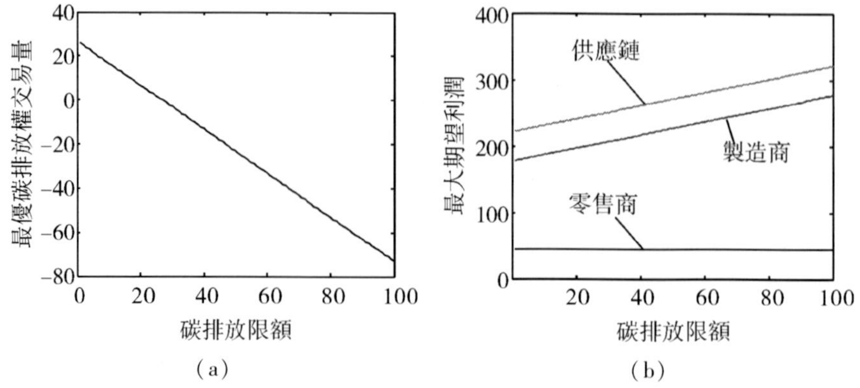

圖 5-6　限額與交易政策下製造商最優策略和最大期望利潤關於 k 的變化過程

（a）最優碳交易量；（b）最大期望利潤

5.4　本章小結

本章考慮由一個製造商、一個零售商和一個同質的戰略顧客群體組成的供應鏈系統。製造商在供應鏈系統中占主導地位且允許通過綠色技術投資來獲得碳排放權節約。本章分限額政策和限額與交易政策兩種情境研究了考慮綠色技術投資時的分散化供應鏈決策，並以數量承諾情形為基準，基於收益分享—成本分擔合同設計了實現兩種情境下的供應鏈協調策略。

限額政策下考慮綠色技術投資時，分散化供應鏈決策與協調模型研究的主要結論和管理啟示如下：

（1）考慮綠色技術投資的分散化供應鏈決策環境下，製造商最優批發價格和最優綠色技術投資、零售商最優零售價和訂貨量存在並且唯一。

（2）與集中化（數量承諾）決策情形相比，分散化供應鏈產量低於集中化（數量承諾）的情形，分散化供應鏈價格高於集中化（數量承諾）的情形，分散化供應鏈綠色技術投資小於等於集中化（數量承諾）的情形；分散化供應鏈最大期望利潤低於集中化（數量承諾）的情形。

（3）與不考慮綠色技術投資的情形相比，當碳排放限額高於不考慮綠色技術投資且無碳排放政策時的最優碳排放量，製造商不會進行綠色技術投資，不考慮和考慮綠色技術投資兩種情形供應鏈最優策略相等，零售商、製造商和供應鏈總體的最大期望利潤相等；當碳排放限額低於不考慮綠色技術投資且無碳排放政策約束時的最優碳排放量，製造商會進行綠色技術投資，考慮綠色技術投資使得零售商訂貨量增加、零售價格降低，製造商批發價格降低；零售商、製造商和供應鏈總體最大期望利潤增加。

(4) 限額政策下考慮綠色技術投資的供應鏈，批發價格合同和收益分享合同均無法實現供應鏈協調。這是因為考慮綠色技術投資時，製造商承擔了所有的綠色技術投資成本卻無法獲得增加的全部收益。基於此，本節考慮由製造商進行數量承諾，基於收益分享—成本分擔合同設計了實現供應鏈協調的策略。

(5) 當碳排放限額高於不考慮限額政策時分散化供應鏈最優碳排放量，分散化供應鏈最優決策以及零售商、製造商和供應鏈總體最大期望利潤隨碳排放限額保持不變；當碳排放限額低於不考慮限額政策時分散化供應鏈最優碳排放量，零售商最優訂貨量隨碳排放限額遞增，零售商最優價格和製造商最優批發價格隨碳排放限額遞減，製造商最優綠色技術投資隨碳排放限額先增加後減少；零售商、供應商和供應鏈總體利潤隨碳排放限額遞增。

限額與交易政策下考慮綠色技術投資時，分散化供應鏈決策與協調模型研究的主要結論和管理啟示如下：

(1) 考慮綠色技術投資的分散化供應鏈決策環境下，模型參數滿足一定條件時，製造商最優批發價格、碳交易策略和綠色技術投資策略、零售商最優定價和訂貨策略存在並且唯一。

(2) 與限額政策情形相比，限額政策和限額與交易政策兩種情形的供應鏈最優決策大小關係取決於碳排放權交易價格和碳排放限額的關係。當碳排放權交易價格和碳排放限額滿足一定範圍時，考慮碳排放權交易使得零售商訂貨量降低，零售商零售價格和製造商批發價格均升高；否則，考慮碳排放權交易使得零售商訂貨量升高，零售商零售價格和製造商批發價格均降低。

(3) 與集中化（數量承諾）的情形相比，分散化使得供應鏈最優產量降低、最優綠色技術投資降低、最優價格升高和最大期望利潤降低。這表明，在分散化供應鏈環境下，供應鏈績效還有提升的空間，這也是分散化供應鏈協調的基準。

(4) 與不考慮綠色技術投資的情形相比，考慮綠色技術投資時零售商訂貨量增加、零售價格降低，製造商批發價格降低；考慮綠色技術投資使得零售商、製造商和供應鏈總體的最大期望利潤均增加。

(5) 限額與交易政策下考慮綠色技術投資時，批發價格合同和收益分享合同均無法實現供應鏈協調。這是因為考慮綠色技術投資時，製造商承擔了所有的綠色技術投資成本卻無法獲得增加的全部收益。基於此，本節考慮由製造商進行數量承諾，基於收益分享—成本分擔合同設計了實現供應鏈協調的策略。

（6）考慮綠色技術投資時，最優訂貨量和碳排放權交易量隨碳排放權交易價格遞減；最優零售價、批發價和綠色技術投資隨碳排放權交易價格遞增；零售商最大期望利潤隨碳排放權交易價格遞減；製造商及總體最大期望利潤隨碳排放權交易價格遞增。碳排放權交易量隨碳排放限額遞減，其餘供應鏈最優策略均隨碳排放限額不變；零售商最大期望利潤隨碳排放限額不變，製造商及總體最大期望利潤隨碳排放限額遞增。

6 研究結論與展望

6.1 本書主要結論

二氧化碳等溫室氣體過度排放導致的全球變暖對人類的生存和發展帶來了嚴峻的挑戰。因此，轉變人類生產和生活方式，實現可持續發展的低碳經濟成了全球關注的熱點。作為全球最大的二氧化碳排放國，中國面臨著更大的碳減排壓力。2015 年 3 月，中國政府工作報告提出要實施「中國製造 2025」，實現由資源消耗大、污染物排放多的粗放製造向綠色製造轉變。而實現綠色製造的重要方式和舉措就是實現低碳製造。由於企業是以供應鏈的形式參與市場競爭的，所以必須在供應鏈各環節開展有效節能減排工作，即開展低碳供應鏈管理。

為了實現低碳供應鏈，針對供應鏈企業尤其是製造企業實施碳排放政策是各國政府的必然選擇。中國已在北京、天津和上海等 7 地開展了碳排放權交易試點，並將在 2016 年啓動全國碳排放權交易市場，碳交易量預計可達歐盟的一倍。限額與交易政策在中國全面鋪開已是大勢所趨。而供應鏈企業為了應對限額與交易政策的實施，會選擇進行綠色技術投資來改進生產工藝，在獲得碳排放權節約的同時占據未來企業競爭的制高點。

另外，在易逝品銷售過程中，企業動態定價策略的頻繁運用，使得顧客普遍表現出戰略顧客行為。供應鏈企業在營運決策制定時，忽略戰略顧客行為會給供應鏈企業績效帶來不利影響。考慮戰略顧客行為的供應鏈管理研究已成為研究者和實踐者的關注問題。但是，供應鏈低碳化的現實背景給考慮戰略顧客行為的供應鏈企業決策與協調研究帶來了嚴峻挑戰。

本書在限額/限額與交易政策下，結合戰略顧客行為的消費特徵，首先立足單一製造商，分不考慮和考慮綠色技術投資兩種情境，研究集中化供應鏈決策；其次將單一製造商拓展至由一個製造商和一個零售商組成的兩級供應鏈，分不考慮和考慮綠色技術投資兩種情境，研究了分散化供應鏈決策與協調策略。首先，研究兩種情境的供應鏈集中化決策。求解得到了理性預期均衡和數量承諾兩種情形的製造商（集中決策者）的最優策略。其次，研究了供應鏈分散化決策。求解得到了分散化供應鏈最優策略並以數量承諾情形為基準設計了供應鏈協調策略。總結起來，本書的主要結論包括以下四個方面：

（1）不考慮綠色技術投資的製造商決策

研究製造商在限額政策和限額與交易政策約束下，不考慮綠色技術投資時生產和定價決策。研究表明：①限額政策下考慮戰略顧客行為時，理性預期均衡和數量承諾兩種情形的製造商最優生產與定價策略存在且唯一。②限額政策能夠起到一定的數量承諾作用，當碳排放限額較低時，理性預期均衡和數量承諾兩種情形的最優策略和最大期望利潤相等；隨著碳排放限額增加，限額政策的約束減弱，此時數量承諾情形會使得製造商產量降低、價格升高且最大期望利潤增加。③限額與交易政策下考慮戰略顧客行為時，理性預期均衡和數量承諾兩種情形的製造商最優生產、定價和碳交易策略存在且唯一。④限額與交易政策下，數量承諾使得製造商最優產量降低、最優價格升高且最大期望利潤增加。

（2）考慮綠色技術投資的製造商決策

研究製造商在限額政策和限額與交易政策約束下，考慮綠色技術投資時生產和定價決策。研究表明：①限額政策下，理性預期均衡和數量承諾兩種情形的製造商最優生產、定價和綠色技術投資策略存在且唯一。②限額政策下，由於考慮綠色技術投資，不管碳排放限額為多少，數量承諾都會使得製造商最優產量降低、最優價格升高、最優綠色技術投資減小和最大期望利潤增加。③限額與交易政策下，當模型參數滿足一定條件時，理性預期均衡和數量承諾兩種情形的製造商最優生產、定價、碳交易和綠色技術投資策略存在且唯一。④限額與交易政策下考慮綠色技術投資時，不管碳排放限額和碳排放權交易價格為多少，數量承諾策略使得製造商最優產量降低、最優價格升高、最優綠色技術投資減小和最大期望利潤增加。

（3）不考慮綠色技術投資的分散化供應鏈決策與協調

考慮由一個單產品製造商、一個零售商和一個同質的戰略顧客群體組成的供應鏈系統。製造商受到碳排放政策約束且在供應鏈系統中占主導地位。研究了限額政策和限額與交易政策下供應鏈決策，並以數量承諾情形為基準設計了供應鏈協調策略。研究表明：①限額政策下，分散化供應鏈製造商最優批發價格、零售商最優零售價格和訂貨量存在且唯一。②限額政策下，當碳排放限額較低時，碳排放限額起到數量承諾的作用，此時供應鏈決策與最大期望利潤與集中化（數量承諾）情形相等；當碳排放限額較高時，與集中化（數量承諾）情形相比，分散化供應鏈零售商最優訂貨量降低、最優價格升高，整個供應鏈的最大期望利潤降低。③限額政策下，當碳排放限額較低時，批發價格合同就能實現供應鏈協調；當碳排放限額較高時，基於收益分享合同設計了供應鏈協調策略並且找到了能夠實現帕累托改進的收益分享比例的範圍。④限額與交易政策下，分散化供應鏈製造商最優批發價格、零售商最優零售價格和訂貨量存在且唯一。⑤限額與交易政策下，與集中化（數量承諾）情形相比，分散化供應鏈零售商的最優訂貨量降低，最優價格升高且供應鏈的最大期望利潤降低。⑥限額與交易政策下，基於收益分享合同設計了供應鏈協調策略並且找到了能夠實現帕累托改進的收益分享比例的範圍。

（4）考慮綠色技術投資的分散化供應鏈決策與協調

針對上述供應鏈系統，考慮製造商能夠進行綠色技術投資，研究了限額政策和限額與交易政策下供應鏈決策，並以數量承諾情形為基準設計了供應鏈協調策略。研究表明：①限額政策下，分散化供應鏈製造商最優批發價格和綠色技術投資、零售商最優零售價和訂貨量存在且唯一。②限額政策下，由於考慮綠色技術投資，無論碳排放限額為多少，與集中化（數量承諾）情形相比，分散化供應鏈製造商最優綠色技術投資降低，零售商最優訂貨量降低、最優價格升高，供應鏈最大期望利潤降低。③限額政策下考慮綠色技術投資時，收益分享合同無法實現供應鏈協調。考慮製造商進行數量承諾，基於收益分享—成本分擔合同設計了供應鏈協調策略。④限額與交易政策下，當模型參數滿足一定條件時，分散化供應鏈製造商最優批發價格、碳交易策略和綠色技術投資策略、零售商最優訂貨量和價格均存在且唯一。⑤限額與交易政策下，與集中化（數量承諾）情形相比，分散化供應鏈製造商最優綠色技術投資降低，零售商最優訂貨量降低、最優價格升高，供應鏈最大期望利潤降低。⑥限額與交易政策下考慮綠色技術投資時，收益分享合同無法實現供應鏈協調。考慮製造商進行數量承諾，基於收益分享—成本分擔合同設計了供應鏈協調策略。

通過對上述結果進行比較分析，還可以得到以下重要管理啟示：

（1）限額與交易政策給供應鏈企業提供了更多柔性

在限額政策下，不考慮和考慮綠色技術投資、集中化和分散化供應鏈企業最優策略與協調策略均與政府設定的初始碳排放限額的大小相關。限額政策對製造商來講是硬約束，儘管綠色技術投資能夠提供部分柔性，但是只要碳排放限額低於不考慮碳排放政策時的最優碳排放量，無論是否考慮綠色技術投資，製造商的產量均會降低，製造商/零售商的價格會升高。而且限額政策的設定會直接決定製造商是否進行綠色技術投資，批發價格是否能夠直接協調整個供應鏈。

在限額與交易政策下，碳排放政策約束不再是硬約束，而是轉變為軟約束。不管是否考慮綠色技術投資，製造商和零售商的營運決策都不再受到碳排放限額的影響，而是受到碳排放權交易價格的影響。這表明，限額與交易政策能夠為供應鏈企業提供了更多柔性。雖然，供應鏈營運決策不會受到碳排放限額的影響，但是製造商（供應鏈）最大期望利潤大於（等於、小於）限額政策和無碳排放政策兩種情形下的最大期望利潤則取決於政府設定的初始碳排放限額。因此，政府仍然需要謹慎制定碳排放限額。科學合理的碳排放限額可以實現供應鏈企業在不降低企業績效的基礎上實現碳排放量的降低。

（2）綠色技術投資能夠增加分散化供應鏈零售商和製造商的最大期望利潤

與不考慮綠色技術投資的情形相比，限額政策和限額與交易政策下、集中化（理性預期均衡和數量承諾）和分散化供應鏈中，考慮綠色技術投資總是能夠為供應鏈企業決策提供一定的柔性，使得供應鏈最優產量增加或不變、最優價格減小或不變、最優單位產品碳排放量減小或不變。因此，綠色技術投資總是對環境和顧客有利。

考慮綠色技術投資是否能夠增加製造商和供應鏈的最大期望利潤，在不同的決策情境下不盡相同。由於戰略顧客行為的存在，在理性預期均衡時，考慮綠色技術投資不一定能夠給製造商帶來額外的利潤。是否能夠帶來額外的利潤，取決於政府碳排放政策參數和綠色技術投資的效率等參數的關係。在數量承諾時，考慮綠色技術投資總是能夠提高製造商的最大期望利潤。在分散化供應鏈中，考慮綠色技術投資總是能夠增加零售商和供應鏈的利潤。因此，在協調前後的分散化供應鏈中，考慮綠色技術投資對環境、企業和顧客均有利。這表明，政府應盡快形成碳排放權交易機制並通過稅收減免、財政補貼等方式促使企業進行綠色技術投資，從而實現環境與經濟的協調發展。

（3）限額/限額與交易政策制定對製造商綠色技術投資決策有重要影響

在限額政策下，集中化（包括理性預期均衡和數量承諾兩種情境）和分散化情形，製造商進行綠色技術投資的前提是碳排放限額低於一定閾值。這表明，製造商是否願意進行綠色技術投資，取決於政府設定初始碳排放限額的高低。政府必須科學制定初始碳排放限額的大小，才能促使製造商不斷投入資源進行綠色技術改進，從而使產品不斷變「綠」。

在限額與交易政策下，集中化（包括理性預期均衡和數量承諾兩種情境）和分散化情形，製造商肯定會進行綠色技術投資，但是最優綠色技術投資決策取決於碳排放權交易價格和碳排放限額的關係。限額與交易政策對製造商綠色技術投資決策有重要影響。本書的研究結論為政府科學設計碳排放政策提供了依據。

（4）基於戰略顧客行為的低碳供應鏈協調策略更為複雜

供應鏈成員企業在追求自身利益最大化時，往往會導致供應鏈整體績效降低，如雙重邊際效應。為了促使零售商多訂貨，許多文獻提出了不同的交易合同來提高供應鏈績效，從而實現供應鏈協調。收益分享合同即是最常用的合同之一。

但在本書的研究過程中發現，由於考慮了限額與交易政策和戰略顧客行為，不論是不考慮還是考慮綠色技術投資，要協調整個供應鏈的關鍵都不再是促使零售商多訂貨，而是促使製造商多生產和多進行綠色技術投資。此時，傳統的供應鏈協調策略不一定完全適用。研究發現，收益分享合同無法實現限額與交易政策下考慮戰略顧客行為時供應鏈的協調。在設計供應鏈企業合作機制時，除了收益分享還需成本分擔，這樣才能實現供應鏈協調，促使整個供應鏈績效達到最優水準。

6.2 局限性及研究展望

本書結合戰略顧客行為消費特徵，系統研究了考慮綠色技術投資的低碳供應鏈企業決策與協調問題，得到了一系列創新性的研究結論及管理啟示。主要研究結論能夠為低碳供應鏈企業生產、定價、碳交易和綠色技術投資決策制定提供理論指導，為政府相關的碳排放政策制定提供微觀理論基礎和參考價值。但是，本書的研究仍然存在一些不足，尚有一系列值得完善和深入研究的問題，主要有以下五個方面：

（1）考慮短視顧客和戰略顧客共存的市場環境

本書研究過程中，假設所有顧客為同質的戰略顧客。但在現實生活中，往往是短視顧客和戰略顧客並存且戰略顧客的戰略等待程度也不完全一樣。現有研究中，已經有部分學者研究了考慮短視顧客和戰略顧客並存時的供應鏈企業決策問題，但是均沒有與低碳供應鏈相結合。本書開拓的研究思路能夠為進一步考慮混合顧客的低碳供應鏈管理提供借鑑，將本書的研究做此拓展將會使得研究情境更加符合實際情況。

（2）考慮碳排放交易價格隨機的情形

本書假定碳排放交易政策下，碳排放限額和碳排放權交易價格均為外生變量且為定值。而為了發揮市場對碳排放權的調節功能，碳排放權交易價格往往是動態的。根據歐盟等國外碳排放權交易體系以及中國目前碳排放權交易試點的實施情況來看，碳排放權交易價格會根據供求關係不斷調整。因此，將碳排放交易價格拓展為動態的情形，這會使研究更具有價值，這將會是本書研究的重要拓展方向之一。

（3）考慮製造商生產兩產品甚至多產品的情形

本書研究的集中化情形和分散化情形均考慮製造商生產一種產品。而隨著科技更新加快，產品種類日益豐富，每個企業往往會生產多種產品。不同產品之間又會存在著互補、替代等關係。基於戰略顧客行為，考慮產品替代、產品互補等的多產品製造商的生產與定價決策的建模求解會非常複雜，但卻是企業面臨的實際問題。因此，將該領域的研究成果延伸到多產品將是一個非常值得研究的問題。

（4）考慮一對多、多對一和多對多的供應鏈結構

本書研究的供應鏈結構僅考慮一個製造商和一個零售商。在企業實踐中，往往存在著多個製造商對一個零售商、一個製造商對多個零售商甚至是多個製造商對多個零售商等複雜的供應鏈結構。在本書研究的基礎上，將供應鏈結構從一對一拓展至一對多、多對一和多對多等複雜供應鏈結構開展相關研究是本書的重要研究方向之一。

（5）更加深入的實證研究

本書的研究主要是以理論研究為主，通過建模求解，得到了不同情境下供應鏈企業的最優決策。儘管在研究過程中通過數值分析對相應的研究結論進行了驗證，但是利用行業真實數據進行實證研究和案例研究還需要進一步加強。只有通過實證和案例研究，才能更好地驗證本書的研究結論，並為後續研究提供新的方向，以此實現產、學、研的有機結合。

參考文獻

[1] CHERYL H, JEFF J, JYLLIAN K. Global-warming warnings [J]. Chemical & Engineering News, 2013, 91(3): 4.

[2] IPCC. 氣候變化 2007：綜合報告 [R]. 日內瓦：IPCC, 2007.

[3] CHEN X, HAO G. Sustainable pricing and production policies for two competing firms with carbon emissions tax [J]. International Journal of Production Research, 2014, DOI: 10. 1080/00207543. 2014. 932928.

[4] Global Carbon Project. 2013 全球碳排放量數據公布　中國人均首超歐洲. 環球網, 2014-09-23, http://finance.huanqiu.com/view/2014-09/5146643.html.

[5] 中國設定 2016 至 2020 年碳排放上限年百億噸 [OL]. 參考消息, http: //china. cankaoxiaoxi.com/2014/1211/594341.shtml, 2014-12-10.

[6] 國家發展和改革委員會. 國家應對氣候變化規劃（2014—2020 年）. 2014-09-19, http://www.ndrc.gov.cn/zcfb/zcfbtz/201411/t20141104_642612.html.

[7] S. TRIDECH, CHENG K. Low Carbon Manufacturing: characterisation, theoretical models and implementation [J]. International Journal of Manufacturing Research, 2011, 6(2): 110-121.

[8] 曹華軍，李洪丞，杜彥斌，等. 低碳製造研究現狀、發展趨勢及挑戰 [J]. 航空製造技術, 2012 (9): 26-31.

[9] SWAMI S, SHAH J. Channel coordination in green supply chain management [J]. Journal of the Operational Research Society, 2013 (64): 336-351.

[10] JIN M, GRANDA N A, DOWN I. The impact of carbon policies on supply chain design and logistics of a major retailer [J]. Journal of Cleaner Production, 2014 (85): 453-461.

[11] 周宏春. 世界碳交易市場的發展與啟示 [J]. 中國軟科學, 2009 (12): 39-48.

[12] CHEN X, BENJAAFAR S, ELOMRI A. The carbon-constrained EOQ [J]. Operations Research Letters, 2013, 41(2): 172-179.

[13] KEOHANE N O. Cap and trade, rehabilitated: Using tradable permits to control US greenhouse gases [J]. Review of Environmental Economics and Policy, 2009, 3(1): 42-62.

[14] LIU B, HOLMBOM M, SEGERSTEDT A, et al. Effects of carbon emission regulationson remanufacturing decisions with limited information of demand distribution [J]. International Journal of Production Research, 2015, 53(2): 532-548.

[15] KEOHANE N O. Cap and trade, rehabilitated: Using tradable permits to control US greenhouse gases [J]. Review of Environmental Economics and Policy, 2009, 3(1): 42-62.

[16] 中國碳排放交易網，碳排放權交易六大行業碳排放交易量達40億噸. http://www.tanpaifang.com/tanjiaoyi/2015/0825/47000.html, 2015-08-25.

[17] ZHU L, FAN Y. A real options based CCS investment evaluation model: case study of China's power generation sector [J]. Applied Energy, 2011, 88(12): 4320-4333.

[18] WANG X, DU L. Study on carbon capture and storage (CCS) investment decision-making based on real options for China's coal-fired power plants [J]. Journal of Cleaner Production, 2015. DOI: 10. 1016/j. jclepro. 2015. 07. 112.

[19] LEVIN Y, MCGILL J, NEDIAK M. Dynamic pricing in the presence of strategic consumers and oligopolistic competition [J]. Management Science, 2009, 55 (1): 32-46.

[20] PARLAKTÜRK A K. The value of product variety when selling to strategic consumers [J]. Manufacturing & Service Operations Management, 2012, 14(3): 371-385.

[21] SU X, ZHANG F. On the value of commitment and availability guarantees when selling to strategic consumers [J]. Management Science, 2009, 55(5): 713-726.

[22] ELMAGHRABY W, LIPPMAN S A, TANG C S, et al. Will more purchasing options benefit customers? [J]. Production and Operations Management, 2009, 18(4): 381-401.

[23] 黄松，楊超，張曦. 考慮戰略顧客行為時的兩階段報童模型 [J]. 系統管理學報, 2011, 20(1): 63-70.

[24] 江文，陳旭. 限額與交易下考慮戰略顧客行為的供應鏈決策與協調研究 [J]. 控制與決策，2015，DOI：10. 13195/j. kzyjc. 2014. 1909.

[25] HUGO A, PISTIKOPOULOS E N. Environmentally conscious long-range planning and design of supply chain networks [J]. Journal of Cleaner Production: Recent advances in Industrial Process Optimization, 2005, 13(15): 1471-1491.

[26] SYED S. A green technology for recovery of gold from non-metallic secondary sources [J]. Hydrometallurgy, 2006, 82(1): 48-53.

[27] WANG W, DU Y, QIU Y, et al. A new green technology for direct production of low molecular weight chitosan [J]. Carbohydrate Polymers, 2008, 74(1): 127-132.

[28] SENGUPTA A. Investment in cleaner technology and signaling distortions in a market with green consumers [J]. Journal of Environmental Economics and Management, 2012, 64(3): 468-480.

[29] CHONG M F, FOO D C Y, NG D K S, et al. Green Technologies for Sustainable Processes [J]. Process Safety and Environmental Protection, 2014, 6(92): 487-488.

[30] LEE S H, PARK S, KIM T. Review on investment direction of green technology R&D in Korea [J]. Renewable and Sustainable Energy Reviews, 2015, 50: 186-193.

[31] HUISINGH D, ZHANG Z, MOORE J C, et al. Recent advances in carbon emissions reduction: policies, technologies, monitoring, assessment and modeling [J]. Journal of Cleaner Production, 2015, 103: 1-12.

[32] ZHAO R, NEIGHBOUR G, HAN J, et al. Using game theory to describe strategy selection for environmental risk and carbon emissions reduction in the green supply chain [J]. Journal of Loss Prevention in the Process Industries, 2012, 25(6): 927-936.

[33] NALIANDA D K, KYPRIANIDIS K G, SETHI V, et al. Techno-economic viability assessments of greener propulsion technology under potential environmental regulatory policy scenarios [J]. Applied Energy, 2015, 157: 35-50.

[34] HUISINGH D, ZHANG Z, MOORE J C, et al. Recent advances in carbon emissions reduction: policies, technologies, monitoring, assessment and modeling [J]. Journal of Cleaner Production, 2015. DOI: 10. 1016/j. jclepro. 2015. 04. 098.

[35] LIU A D, ZHANG A W, LIN HAIBO, et al. A green technology for the preparation of high capacitance rice husk-based activated carbon [J]. Journal of Cleaner Production, 2015, DOI: 10. 1016/j. jclepro. 2015. 07. 005.

[36] LEE K H, MIN B. Green R&D for eco-innovation and its impact on carbon emissions and firm performance [J]. Journal of Cleaner Production, 2015, DOI: 10. 1016/j. jclepro. 2015. 05. 114.

[37] XIA D, CHEN B, ZHENG Z. Relationships among circumstance pressure, green technology selection and firm performance [J]. Journal of Cleaner Production, 2015, 106: 487-496.

[38] ROSE A, STEVENS B. The Efficiency and Equity of Marketable Permits for CO2 Emission [J]. Resource and Energy Economics, 1993, 15(1): 117-146.

[39] CRAMTON P, KERR S. Tradeable carbon permit auctions: How and why to auction not grandfathering [J]. Energy Policy, 2002, 30(4): 333-345.

[40] BODE S. Multi-period emissions trading in the electricity sector-winners and losers [J]. Energy Policy, 2006, 34(6): 680-691.

[41] STERN N. The economics of climate change [J]. American Economic Review, 2008, 98(2): 1-37.

[42] LOPOMO G, MARX L M, MCADAMS D. Carbon allowance auction design: An assessment of options for the United States [J], Review of Environmental Economics and Policy, 2011, 5(1): 25-43.

[43] BETZ R, SEIFERT S, CRAMTON P. Auctioning greenhouse gas emissions permit in Australia [J]. Australian Journal of Agricultural and Resource Economics, 2010, 54(2): 219-238.

[44] GOEREE J K, PALMER K, HOLT C A. An experimental study of auctions versus grandfathering to assign pollution permits [J]. Journal of the European Economic Association, 2010, 8(2-3): 514-525.

[45] JOHNSON E, HEINEN R. Carbon trading: time for industry involvement [J]. Environment International, 2004, 30(2): 279-288.

[46] REHDANZ K, TOL R S J. Unilateral Regulation of Bilateral Trade in Greenhouse Gas Emission Permits [J]. Ecological Economics, 2005, 54(4): 397-416.

[47] SMALE R, HARTLEY M, HEPBURN C. The impact of CO2 emissions trading on firm profits and market prices [J]. Climate Policy, 2006, 6(1): 31-48.

[48] SUBRAMANIAN R, GUPTA S, TALBOT B. Compliance Strategies under Permits for Emissions [J]. Production and Operations Management, 2007, 16(6): 763-779.

[49] STRANLUND J. The regulatory choice of noncompliance in emissions trading programs [J]. Environmental and Resource Economics, 2007, 38(1): 99-117.

[50] DEMAILLY D, QUIRION P. European emission trading scheme and competitiveness: a case study on the iron and steel industry [J]. Energy Economics, 2007, 30(4): 2009-2027.

[51] DIABAT A, SIMCHI-LEVI D. A carbon-capped supply chain network problem [C]. IEEE International Conference on Industrial Engineering and Engineering Management, Hong Kong, China, 2009: 523-527.

[52] PAKSOY T. Optimizing a supply chain network with emission trading factor [J]. Scientific Research and Essays, 2010, 5(17): 2535-2546.

[53] AHN C, LEE S H, PEÑA-MORA F, et al. Toward environmentally sustainable construction processes: the U. S. and Canada's perspective on energy consumption and GHG/CAP emissions [J]. Sustainability, 2010, 2(1): 354-370.

[54] HAHN R W, STAVINS R N. The effect of allowance allocations on Cap-and-Trade system [R]. National Bureau of Economic Research, 2010.

[55] LEE Y B, LEE C K. A Study on International Emissions Trading [J]. The Journal of American Academy of Business. 2011, 16(2): 173-181.

[56] PENKUHN T, SPENGLER T, PÜCHERT H, et al. Environmental integrated production planning for ammonia synthesis [J]. European Journal of Operational Research, 1997, 97(2): 327-336.

[57] DOBOS I. The effects of emission trading on production and inventories in the Arrow-Karlin model [J]. International Journal of Production Economics, 2005, 93(8): 301-308.

[58] LETMATHE P, BALAKRISHNAN N. Environmental consideration on the optimal product mix [J]. European Journal of Operational Research, 2005, 167(2): 398-412.

[59] RONG A Y, LAHDELMA R. CO_2 emissions trading planning in combined heat and power production via multi-period stochastic optimization [J]. European Journal of Operational Research, 2007, 176(3): 1874-1895.

［60］杜少甫，董駿峰，梁樑，張靖江. 考慮排放許可與交易的生產優化［J］. 中國管理科學，2009，17(3)：81-86.

［61］ROSIČ H，BAUER G，JAMMERNEGG W. A framework for economic and environmental sustainability and resilience of supply chains［M］. Rapid Modelling for Increasing Competitiveness. Springer London，2009：91-104.

［62］ZHANG J，NIE T，DU S. Optimal emission-dependent production policy with stochastic demand［J］. Journal International Journal of Society Systems Science. 2011，3(1-2)：21-39.

［63］桂雲苗，張廷龍，龔本剛. CVaR 測度下考慮碳排放的生產策略研究［J］. 計算機工程與應用，2011，47(35)：7-10.

［64］HUA G，CHENG T C E，WANG S. Managing carbon footprints in inventory management［J］. International Journal of Production Economics，2011，132(2)：178-185.

［65］何大義，馬洪雲. 碳排放約束下企業生產與存儲策略研究［J］. 資源與產業，2011，13(2)：63-68.

［66］HONG Z，CHU C，YU Y. Optimization of production planning for green manufacturing［C］. 9th IEEE International Conference on Networking，Sensing and Control (ICNSC)，Paris，Frances，2012：193-196.

［67］BOUCHERY Y，GHAFFARI A，JEMAI Z. Including sustainability criteria into inventory models［J］. European Journal of Operational Research，2012，222(2)：229-240.

［68］SONG J，LENG M. Analysis of the single-period problem under carbon emissions policies［M］，Handbook of Newsvendor Problems：International Series in Operations Research & Management Science. Springer，New York，2012：297-313.

［69］LU L，CHEN X. Optimal production policy of complete monopoly firm with Carbon Emissions Trading［C］. Computer Science and Information Processing，2012 International Conference on IEEE，Xi'an，China，2012：482-485.

［70］ARSLAN M C，TURKAY M. EOQ revisited with sustainability considerations［J］，Foundations of Computing and Decision Sciences，2013，38(4)：223-249.

［71］LU L，CHEN X. Two Products Manufacturer's Production Decisions with Carbon Constraint［J］. Management Science & Engineering，2013，7(1)：31-34.

［72］ZHANG B，XU L. Multi-item production planning with carbon cap and trade mechanism [J]. International Journal of Production Economics, 2013, 144(1): 118-127.

[73] CHEN X, CHAN C K, LEE Y C E. Responsible production policies with substitution and carbon emissions trading. Working paper, The Hong Kong Polytechnic University, 2013.

[74] ROSIC H, JAMMERNEGG W. The economic and environmental performance of dual sourcing: A newsvendor approach [J]. International Journal of Production Economics, 2013, 143(1): 109-119.

[75] 侯玉梅, 尉芳芳. 碳權交易價格對閉環供應鏈定價的影響 [J]. 燕山大學學報 (哲學社會科學版), 2013, 14(2): 103-108.

[76] 馬秋卓, 宋海清, 陳功玉. 碳配額交易體系下企業低碳產品定價及最優碳排放策略 [J]. 管理工程學報, 2014, 2(28): 127-136.

[77] GIRAUD-CARRIER F C. Pollution regulation and production in imperfect markets [D]. The University of Utah, 2014.

[78] HE P, ZHANG W, XU X, et al. Production lot-sizing and carbon emissions under cap-and-trade and carbon tax regulations [J]. Journal of Cleaner Production, 2014, 103: 241-248.

[79] XU X, HE P. Joint production and pricing decisions for multiple products with cap-and-trade and carbon tax regulations [J]. Journal of Cleaner Production, 2015. DOI: 10. 1016/j. jclepro. 2015. 08. 081.

[80] CHANG X, XIA H, ZHU H, et al. Production decisions in a hybrid manufacturing-remanufacturing system with carbon cap and trade mechanism [J]. International Journal of Production Economics, 2015, 162: 160-173.

[81] KLINGELHÖFER H E. Investments in EOP-technologies and emissions trading-Results from a linear programming approach and sensitivity analysis [J]. European Journal of Operational Research, 2009, 196(1): 370-383.

[82] ZHAO J, HOBBS B F, PANG J S. Long-Run Equilibrium Modeling of EmissionsAllowance Allocation Systems in Electric Power Markets [J]. Operations Research, 2010, 58(3): 529-548.

[83] DRAKE D, KLEINDORFER P R, VAN WASSENHOVE L N. Technology choice and capacity investment under emissions regulation [J]. Faculty Res, 2010, 93(10): 128-145.

[84] YALABIK B, FAIRCHILD R J. Customer, regulatory, and competitive

pressure as drivers of environmental innovation [J]. International Journal of Production Economics, 2011, 131(2): 519-527.

[85] SENGUPTA A. Investment in cleaner technology and signaling distortions in a market with green consumers [J]. Journal of Environmental Economics and Management, 2012, 64(3): 468-480.

[86] 常香雲, 朱慧贊. 碳排放約束下企業製造/再製造生產決策研究 [J]. 科技進步與對策, 2012, 29(11): 75-78.

[87] 範體軍, 楊鑒, 駱瑞玲. 碳排放交易機制下減排技術投資的生產庫存 [J]. 北京理工大學學報 (社會科學版), 2012, 14(6): 14-21.

[88] 夏良杰, 趙道政, 李友東. 考慮碳交易的政府及雙寡頭企業減排合作與競爭博弈 [J]. 統計與決策, 2013(9): 44-48.

[89] TOPTAL A, ÖZLÜ H, KONUR D. Joint decisions on inventory replenishment and emission reduction investment under different emission regulations [J]. International Journal of Production Research, 2014, 52(1): 243-269.

[90] 魯力. 限額與交易政策下企業的綠色生產決策 [J]. 技術經濟, 2014, 33(3): 47-53.

[91] ROCHA P, DAS T K, NANDURI V, et al. Impact of CO2 cap-and-trade programs on restructured power markets with generation capacity investments [J]. International Journal of Electrical Power & Energy Systems, 2015, 71: 195-208.

[92] MANIKAS A S, KROES J R. A newsvendor approach to compliance and production under cap and trade emissions regulation [J]. International Journal of Production Economics, 2015, 159: 274-284.

[93] XIA D, CHEN B, ZHENG Z. Relationships among circumstance pressure, green technology selection and firm performance [J]. Journal of Cleaner Production, 2015, 106: 487-496.

[94] 王明喜, 鮑勤, 湯鈴, 汪壽陽. 碳排放約束下的企業最優減排投資行為 [J]. 管理科學學報, 2015, 18(6): 41-54.

[95] 程發新, 邵世玲, 徐立峰, 孫立成. 基於政府補貼的企業主動碳減排最優策略研究 [J]. 中國人口·資源與環境, 2015, 25(7): 32-39.

[96] 周穎, 韓立華. 碳政策約束對企業生產和減排決策的影響研究 [J]. 生態經濟, 2015, 31(6): 70-74.

[97] DIABAT A, SIMCHI-LEVI. A carbon-capped supply chain network problem [C]. IEEE International Conference on Industrial Engineering and Engineering

Management, IEEM, 2009: 523-527.

[98] SUBRAMANIAN R, TALBOT B, GUPTA S. An approach to integrating environmental considerations within managerial decision-making [J]. Journal of Industrial Ecology, 2010, 14(3): 378-398.

[99] 張靖江. 考慮排放許可與交易的排放依賴型生產運作優化 [D]. 合肥: 中國科學技術大學, 2010.

[100] WAHAB M I M, MAMUN S M H, ONGKUNARUK P. EOQ models for a coordinated two-level international supply chain considering imperfect items and environmental impact [J]. International Journal of Production Economics, 2011, 134(1): 151-158.

[101] LEE K H. Integrating carbon footprint into supply chain management: the case of Hyundai Motor Company (HMC) in the automobile industry [J]. Journal of Cleaner Production, 2011, 19(11): 1216-1223.

[102] DU S, MA F, FU Z. Game-theoretic analysis for an emission-dependent supply chain in a「cap-and-trade」system [J]. Annals of Operations Research, 2011: 1-15.

[103] CACHON G P. Carbon footprint and the management of supply chains [C]. The Informs Annual Meeting. SanDiego, USA, 2009: 50-53.

[104] CACHON G P. Supply chain design and the cost of greenhouse gas emissions [J]. Working paper, University of Pennsylvania, 2011.

[105] CHAABANE A, RAMUDHIN A, PAQUET M. Design of sustainable supply chains under the emission trading scheme [J]. International Journal of Production Economics, 2012, 135(1): 37-49.

[106] YANG H, CHUNG C Y, WONG K P. Optimal fuel, power and load-based emissions trades for electric power supply chain equilibrium [J]. IEEE Transactions on Power Systems, 2012, 27(3): 1147-1157.

[107] LIU Z L, ANDERSON T D, CRUZ J M. Consumer environmental awareness and competition in two-stage supply chains [J]. European Journal of Operational Research, 2012, 218(3): 602-613.

[108] ERICA L, PLAMBECK. Reducing greenhouse gas emissions through operations and supply chain management [J]. Energy Economics. 2012, 34(S1): S64-S74.

[109] YANN B, ASMA G, ZIED J, et al. Including sustainability criteria into

inventory models [J]. European Journal of Operational Research, 2012, 222(2): 229-240.

[110] GHOSH D, SHAH J. A comparative analysis of greening policies across supply chain structures [J]. International Journal of Production Economics, 2012, 135(2): 568-583.

[111] BENJAAFAR S, LI Y, DASKIN M. Carbon footprint and the management of supply chains: Insights from simple models [J]. IEEE Transactions on Automation Science and Engineering, 2013, 10(1): 99-116.

[112] 付秋芳，忻莉燕，馬健瑛. 考慮碳排放權的二級供應鏈碳減排 Stackelberg 模型 [J]. 工業工程, 2013, 16(2): 41-47.

[113] JABER M Y, GLOCK C H, EI SAADANY A M A. Supply chain coordination with emissions reduction incentives [J]. International Journal of Production Research, 2013, 51(1): 69-82.

[114] CHOI T M. Carbon footprint tax on fashion supply chain systems [J]. The International Journal of Advanced Manufacturing, 2013, 68(4): 835-847.

[115] DU S, ZHU L, LIANG L. Emission-dependent supply chain and environment-policy-making in the「cap-and-trade」system [J]. Energy Policy, 2013, 57 (6): 61-67.

[116] BADOLE C M, JAIN D R, RATHORE D A P S. Research and Opportunities in Supply Chain Modeling: A Review [J]. International Journal of Supply Chain Management, 2013, 1(3): 270-282.

[117] 徐麗群. 低碳供應鏈構建中的碳減排責任劃分與成本分攤 [J]. 軟科學, 2013, 27(12): 104-108.

[118] 李友東，趙道致. 考慮政府補貼的低碳供應鏈研發成本分攤比較研究 [J]. 軟科學, 2014, 28(2): 21-31.

[119] 趙道致，王楚格. 考慮低碳政策的供應鏈企業減排決策研究 [J]. 工業工程, 2014, 1(17): 105-111.

[120] 趙道致，徐春秋，王芹鵬. 考慮零售商競爭的聯合減排與低碳宣傳微分對策研究 [J]. 控制與決策, 2014, 29(10): 1809-1815.

[121] TSENG S C, HUNG S W. A strategic decision-making model considering the social costs of carbon dioxide emissions for sustainable supply chain management [J]. Journal of Environmental Management, 2014, 133: 315-322.

[122] 謝鑫鵬，趙道致. 低碳供應鏈生產及交易決策機制 [J]. 控制與決

策，2014，29(4)：651-658.

[123] 王芹鵬，趙道致. 兩級供應鏈減排與促銷的合作策略研究 [J]. 控制與決策，2014，29(2)：307-314.

[124] XU X，ZHANG W，HE P，et al. Production and pricing Problems in make-to-order supply chain with cap-and-trade regulation [J]. Omega，2015. DOI：10. 1016/j. omega. 2015. 08. 006.

[125] REN J，BIAN Y，XU X，et al. Allocation of product-related carbon emission abatement target in a make-to-order supply chain [J]. Computers & Industrial Engineering，2015，80：181-194.

[126] ZHANG G T，ZHONG G Y，HAO S，et al. Multi-period closed-loop supply chain network equilibrium with carbon emission constraints [J]. Resources，Conservation and Recycling，2015. DOI：10. 1016/j. resconrec. 2015. 07. 016.

[127] 徐春秋，趙道致，原白雲. 低碳環境下供應鏈差異化定價與協調機制研究 [J]. 運籌與管理，2015，24(1)：19-26.

[128] 劉名武，萬謐宇，吳開蘭. 碳交易政策下供應鏈橫向減排合作研究 [J]. 工業工程與管理，2015，20(6)：28-35.

[129] 祝靜，林金釵. 供應鏈企業間碳排放權共享協調策略研究 [J]. 重慶理工大學學報（社會科學），2015，29(8)：49-53.

[130] SWAMI S，SHAH J. Channel coordination in green supply chain management [J]. Journal of the Operational Research Society，2012，64(3)：336-351.

[131] 趙道致，張學強. 面向碳減排投資優化的低碳供應鏈網絡設計及優化研究 [J]. 物流技術，2013，32(3)：215-218.

[132] 李友東，趙道致，夏良杰. 低碳供應鏈環境下政府和核心企業的演化博弈模型 [J]. 統計與決策，2013(20)：38-41.

[133] 李友東，趙道致，謝鑫鵬. 考慮消費者低碳偏好的兩級供應鏈博弈分析 [J]. 內蒙古大學學報（哲學社會科學版），2013，45(5)：64-69.

[134] 謝鑫鵬，趙道致. 低碳供應鏈企業減排合作策略研究 [J]. 管理科學，2013，26(3)：108-119.

[135] 謝鑫鵬，趙道致. 零供兩級低碳供應鏈減排與促銷決策機制研究 [J]. 西北工業大學學報（社會科學版），2013，33(1)：57-62.

[136] 王芹鵬，趙道致，何龍飛. 供應鏈企業碳減排投資策略選擇與行為演化研究 [J]. 管理工程學報，2014，28(3)：181-189.

[137] 駱瑞玲，範體軍，夏海洋. 碳排放交易政策下供應鏈碳減排技術投

資的博弈分析 [J]. 中國管理科學, 2014, 22(11): 44-53.

[138] 趙道致, 原白雲, 徐春明. 低碳供應鏈縱向合作減排的動態優化 [J]. 控制與決策, 2014, 29(7): 1340-1344.

[139] COASE R H. Durability and monopoly [J]. Journal of Law & Economics, 1972, 15(1): 143-149.

[140] ANDERSON C K, WILSON J G. Wait or Buy? The Strategic Consumer: Pricing and Profit Implications [J]. Journal of the Operational Research Society, 2003, 54(3): 299-306.

[141] OVCHINNIKOV A, MILNER J M. Strategic response to wait-or-buy: revenue management through last-minute deals in the presence of customer learning [J]. Toronto: University of Toronto, 2005.

[142] SU X. Intertemporal pricing with strategic customer behavior [J]. Management Science, 2007, 53(5): 726-741.

[143] ZHANG D, COOPER W L. Managing clearance sales in the presence of strategic customers [J]. Production and Operations Management, 2008, 17(4): 416-431.

[144] AVIV Y, PAZGAL A. Optimal pricing of seasonal products in the presence of forward-looking consumers [J]. Manufacturing & Service Operations Management, 2008, 10(3): 339-359.

[145] CACHON G P, SWINNEY R. Purchasing, pricing, and quick response in the presence of strategic consumers [J]. Management Science, 2009, 55(3): 497-511.

[146] CHEN Y, ZHANG Z J. Dynamic targeted pricing with strategic consumers [J]. International Journal of Industrial Organization, 2009, 27(1): 43-50.

[147] LEVIN Y, MCGILL J, NEDIAK M. Optimal dynamic pricing of perishable items by a monopolist facing strategic consumers [J]. Production and Operations Management, 2010, 19(1): 40-60.

[148] OSADCHIY N, VULCANO G. Selling with binding reservations in the presence of strategic consumers [J]. Management Science, 2010, 56(12): 2173-2190.

[149] JERATH K, NETESSINE S, VEERARAGHAVAN S K. Revenue management with strategic customers: Last-minute selling and opaque selling [J]. Management Science, 2010, 56(3): 430-448.

[150] LAI G, DEBO L G, SYCARA K. Buy now and match later: Impact of posterior price matching on profit with strategic consumers [J]. Manufacturing & Service Operations Management, 2010, 12(1): 33-55.

[151] DASU S, TONG C. Dynamic pricing when consumers are strategic: Analysis of posted and contingent pricing schemes [J]. European Journal of Operational Research, 2010, 204(3): 662-671.

[152] SU X. Optimal pricing with speculators and strategic consumers [J]. Management Science, 2010, 56(1): 25-40.

[153] 計國君，楊光勇. 戰略顧客下最惠顧客保證對提前購買的價值 [J]. 管理科學學報，2010，13(7)：16-25.

[154] CACHON G P, SWINNEY R. The value of fast fashion: Quick response, enhanced design, and strategic consumer behavior [J]. Management Science, 2011, 57(4): 778-795.

[155] SWINNEY R. Selling to strategic consumers when product value is uncertain: The value of matching supply and demand [J]. Management Science, 2011, 57 (10): 1737-1751.

[156] 黃松，楊超，張曦. 考慮戰略顧客行為帶預算約束的多產品報童問題 [J]. 中國管理科學，2011，19(3)：70-78.

[157] SUN W, WANG Y, TIAN N. Pricing and setup/closedown policies in unobservable queues with strategic customers [J]. 4OR, 2012, 10(3): 287-311.

[158] MERSEREAU A J, ZHANG D. Markdown pricing with unknown fraction of strategic customers [J]. Manufacturing & Service Operations Management, 2012, 14(3): 355-370.

[159] OVCHINNIKOV A, MILNER J M. Revenue Management with End-of-Period Discounts in the Presence of Customer Learning [J]. Production and operations management, 2012, 21(1): 69-84.

[160] HUANG T, VAN MIEGHEM J A. The promise of strategic customer behavior: On the value of click tracking [J]. Production and Operations Management, 2013, 22(3): 489-502.

[161] LIU Q, ZHANG D. Dynamic pricing competition with strategic customers under vertical product differentiation [J]. Management Science, 2013, 59(1): 84-101.

[162] LIM W S, TANG C S. Advance selling in the presence of speculators and

forward-looking consumers [J]. Production and Operations Management, 2013, 22 (3): 571-587.

[163] 計國君, 楊光勇. 存在戰略顧客的模仿創新研究 [J]. 管理科學學報, 2013, 16(4): 51-62.

[164] WHANG S. Demand uncertainty and the bayesian effect in markdown pricing with strategic customers [J]. Manufacturing & Service Operations Management, 2014, 17(1): 66-77.

[165] TILSON V, ZHENG X. Monopoly production and pricing of finitely durable goods with strategic consumers' fluctuating willingness to pay [J]. International Journal of Production Economics, 2014, 154: 217-232.

[166] 黃松, 楊超. 基於戰略顧客行為的最優定價與容量選擇模型 [J]. 運籌與管理, 2014, 23(3): 16-24.

[167] 楊光勇, 計國君. 存在戰略顧客的退貨策略研究 [J]. 管理科學學報, 2014, 17(8): 23-33.

[168] 李熙春. 基於戰略顧客行為的零售商定價策略研究 [J]. 商業經濟研究, 2015, 14: 018.

[169] JIANG W, CHEN X. Manufacture's production and pricing strategies with carbon tax policy and strategic customer behavior [J], Management Science and Engineering, 2015, 9(1) 30-35.

[170] DU J, ZHANG J, HUA G. Pricing and inventory management in the presence of strategic customers with risk preference and decreasing value [J]. International Journal of Production Economics, 2015, 164: 160-166.

[171] PRASAD A, VENKATESH R, MAHAJAN V. Product bundling or reserved product pricing? Price discrimination with myopic and strategic consumers [J]. International Journal of Research in Marketing, 2015, 32(1): 1-8.

[172] SU X, ZHANG F. Strategic customer behavior, commitment, and supply chain performance [J]. Management Science, 2008, 54(10): 1759-1773.

[173] YANG H. Impact of discounting and competition on benefit of decentralization with strategic customers [J]. Operations Research Letters, 2012, 40(2): 123-127.

[174] 黃松, 楊超, 張曦. 考慮戰略顧客行為時的供應鏈性能分析與協調 [J]. 管理科學學報, 2012, 15(2): 47-58.

[175] 劉咏梅, 孫玉華, 範辰. 基於條件風險值準則的戰略顧客報童模型

[J]. 計算機集成製造系統, 2013, 19(10): 2572-2581.

[176] CHEN Z, SU S I I. Photovoltaic supply chain coordination with strategic consumers in China [J]. Renewable Energy, 2014, 68: 236-244.

[177] 楊光勇, 計國君. 戰略顧客行為對競爭性供應鏈績效的影響 [J]. 系統工程理論實踐, 2014, 34(8): 1998-2006.

[178] YANG D, QI E, LI Y. Quick response and supply chain structure with strategic consumers [J]. Omega, 2015, 52: 1-14.

[179] 陳劍. 低碳供應鏈管理研究 [J]. 系統管理學報, 2012, 21(6): 721-728.

[180] 魯力, 陳旭. 不同碳排放政策下基於回購合同的供應鏈協調策略 [J]. 控制與決策, 2014, 29(12): 2212-2220.

[181] MUTH J F. Rational expectations and the theory of price movements [J]. Econometrica: Journal of the Econometric Society, 1961, 29(3): 315-335.

[182] CACHON G P, LARIVIERE M A. Supply chain coordination with revenue-sharing contracts: strengths and limitations [J]. Management science, 2005, 51(1): 30-44.

致謝

2003 年 9 月，我踏入大學開始我的大學生活，在大學攻讀碩士和博士學位,不經意間,我已求學整整 12 年。求學路上,我得到了很多老師、同學、朋友和家人的指導、關心和幫助。本書定稿之際， 我心中感慨萬分,希望借此機會向他們表達我最誠摯的謝意。

首先， 衷心感謝我敬愛的碩士生和博士生導師陳旭教授,陳老師在學習和生活上給予了我悉心的指導和無微不至的關懷。在學習科研方面,每當我在寫作時遇到了瓶頸,陳老師總是能夠以其淵博的知識、敏銳的思維、睿智的引導和足夠的耐心為我梳理科研思路,指引科研方向。這種學術思維的訓練讓我不斷成長,也定將讓我受益終生。在生活上，每當遇到困難，陳老師總是能夠給予關心，我還清晰記得在我急需趕回家時陳老師親自為我預訂機票的情景。陳老師在團隊聚餐晚宴上對我的叮囑和鼓勵以及期盼的眼神讓我銘記於心。畢業後我也將走上教師的崗位，我定當以陳老師為榜樣，用心教書育人。

再次，我要感謝我的同門師兄弟魯力、馬常松、鄭義、王衝和羅政，以及同窗汪敢甫、付紅、張俊等在本書寫作過程中給予我的幫助。感謝好友馮振華和郭世月夫婦、洪定軍及女友陳月紅、沙浩偉、張弘磊、萬偉、李餘輝、賴輝等，陪我度過了學習期間，讓我克服了讀博期間的困難，為我的學術生活增添了色彩。

最後，我要特別感謝我的家人。感謝我的父親、母親、岳父、岳母和哥哥、嫂子，是你們默默的付出和無私的愛，督促著我不斷前行。沒有你們的支持和鼓勵，我很難取得今天的成績。特別感謝我的妻子張琳在我讀博期間的陪伴、安慰和鼓勵，而且在我最艱難的時候嫁給了我，並為我誕下我摯愛的兒子江誠晨。這股正能量不斷激勵我前進，是我讀博期間以及今後工作和生活中永不枯竭的動力。

江文

國家圖書館出版品預行編目（CIP）資料

低碳供應鏈運營決策優化與協調 / 江文 著. -- 第一版.
-- 臺北市：財經錢線文化, 2019.10
面； 公分
POD版

ISBN 978-957-680-364-2(平裝)

1.供應鏈管理

494.5　　　　108016350

書　　名：低碳供應鏈運營決策優化與協調
作　　者：江文 著
發 行 人：黃振庭
出 版 者：財經錢線文化事業有限公司
發 行 者：財經錢線文化事業有限公司
E-mail：sonbookservice@gmail.com
粉 絲 頁：　　網 址：
地　　址：台北市中正區重慶南路一段六十一號八樓 815 室
8F.-815, No.61, Sec. 1, Chongqing S. Rd., Zhongzheng Dist., Taipei City 100, Taiwan (R.O.C.)
電　　話：(02)2370-3310 傳　真：(02) 2370-3210
總 經 銷：紅螞蟻圖書有限公司
地　　址：台北市內湖區舊宗路二段 121 巷 19 號
電　　話 :02-2795-3656 傳真 :02-2795-4100　　網址：
印　　刷：京峯彩色印刷有限公司（京峰數位）

定　　價：380元
發行日期：2019 年 10 月第一版
◎ 本書以 POD 印製發行